Technology
实用技术

图解电工基础

THE ELECTRICIAN
FOUNDATION

君兰工作室◎编　黄海平◎审校

科学出版社
北　京

内 容 简 介

本书共10章，内容包括电工基础、电与磁、直流电路、交流电路、常用电工工具的使用与养护、电工常用元器件及应用、电动机原理及选用、变压器、照明和室内线路等。

本书内容丰富、形式新颖，配有大量的电工图帮助读者理解，实用性强，易学易用，具有较高的实用和参考阅读价值。

本书适合广大初、中级电工技术人员，电子技术人员，电气施工人员，职业技术院校相关专业师生，以及岗前培训人员参考阅读。

图书在版编目（CIP）数据

图解电工基础 / 君兰工作室 编；黄海平审校. — 北京：科学出版社，2018.4

（零基础轻松学电工技术）

ISBN 978-7-03-056726-0

Ⅰ.图… Ⅱ.①君… ②黄… Ⅲ.电工技术-图解 Ⅳ. TM-64

中国版本图书馆CIP数据核字（2018）第044513号

责任编辑：孙力维 杨 凯 / 责任制作：魏 谨

责任印制：张克忠

北京东方科龙图文有限公司 制作

http://www.okbook.com.cn

科 学 出 版 社 出版

北京东黄城根北街16号

邮政编码：100717

http://www.sciencep.com

天津市新科印刷有限公司 印刷

科学出版社发行 各地新华书店经销

*

2018年4月第 一 版 开本：890×1240 1/32

2018年4月第一次印刷 印张：10 1/2

字数：318 000

定价：38.00元

（如有印装质量问题，我社负责调换）

近年来随着新技术的发展，电气设备不断更新，电工从业人员也越来越多，为了更好地帮助电气工作人员自学一门专业技术，尽快尽早地走向成功的理想就业之路，并能将学到的知识快速应用到工作当中，我们特编写了《图解电工基础》一书，这本书在实用性、可读性方面都具有明显优势，尤其对初级电工人员，具有很大的帮助与提高价值。

为了帮助电工技术的初学者更好地学习电工理论知识，理解抽象的电气术语和内容，我们根据初学人员的特点和要求，结合多年从事实际电工操作的工作经验，采用图片和文字解释相结合的方式，按照各个主题，采用独特的插图配合讲解，使读者能够“一看即懂、一读就会”。力求使读者阅读后，能很快将知识应用到实际工作当中，从而达到花最少的时间，学会基础理论知识的目的。希望读者通过阅读本书能对电工技术产生兴趣，增强自己的实际工作能力，希望本书能帮助电工技术初学者从入门走向精通。

本书内容全面，结构合理。全书共10章，以图片和表格相结合的方式讲解多种电工基础知识，直观、明了，方便读者阅读使用。重点介绍了初级电工必须掌握的基础知识，包括电工基础、电与磁、直流电路、交流电路、常用电工工具及元器件、电动机原理及选用、变压器、照明和室内线路等内容。

参加本书编写的人员有邢军、王兰君、黄鑫、刘守真、李渝陵、凌玉泉、李霞、高惠瑾、凌珍泉、凌万泉、李燕、朱雷雷、张杨、刘彦爱、贾贵超等，威海广播电视台的黄海平老师为本书做了大量的审校工作，在此表示衷心的感谢。

由于编者水平有限，书中难免存在不当之处，敬请广大读者批评指正。

作 者

2018 年 1 月

目录

第1章 电工基础

第2章 电与磁

第3章 直流电路

第4章 交流电路

第5章 常用电工工具的使用与养护

第6章 电工常用元器件及应用

第7章 电动机

第8章 电动机的选用

第9章 变压器

第10章 照明和室内线路

第1章 电工基础

001 摩擦生电

我们发现，如果用毛皮摩擦玻璃棒，玻璃棒就带电并能吸引轻小物体，同时毛皮上也有等量的电。这个现象是由于毛皮摩擦玻璃棒而使物体具有的特殊性质。我们说，在这种情况下玻璃棒和毛皮带电，并规定玻璃棒带的是正电，毛皮带的是负电。

物体与其他相适应的物体摩擦生电，所带的电不是正电就是负电。其带电的正负，通常是依据带电玻璃棒受到的是斥力还是引力来判别的。两种适当的物体相互摩擦时，两种物体通常是带上不同种类的电。两种物体之所以带正电或负电，是由于每种物体带电性质的不同。如图1.1所示的排列顺序，前面的物体相对后面的物体而言，摩擦时带正电，其间隔越大带电越多。

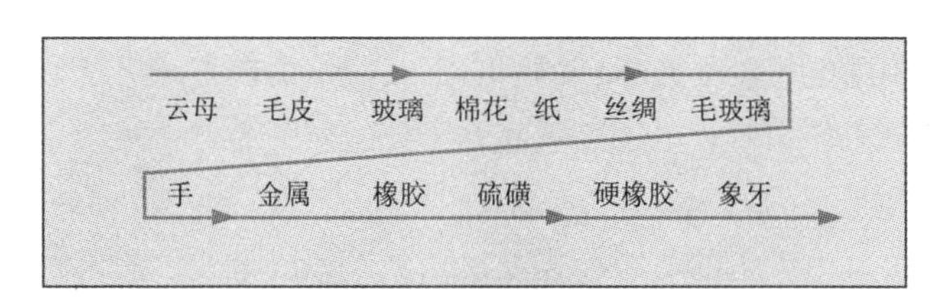

图1.1 摩擦起电

002 物体带电的起因

物质由原子构成，原子由带正电的原子核及绕其旋转的电子构成。这些电子均是带一定量的负电并具有质量的基本粒子，电子带负电的总量和原子核带正电的总量相等，所以就整体而言，物体处于电中和状态，通常不显电性。

我们称电的总量，即电量为电荷，单位为库［仑］，符号为C。1个电子带的负电荷约1.6×10^{-19}C，这是带电的最小单位。电子的质量约为9×10^{-31}kg，是氢原子质量的1/1836左右。因此，在原子质量中电子的质量只占很小的部分，考虑原子的质量时可以只考虑原子核的质量。

由于摩擦破坏了正负电荷的中和状态，使物体带电从而产生电力。这时产生的引力或斥力将使绝缘体发生运动。图1.2演示了用带电的尼龙绒毛在电场中运动来制造人工草坪的实验。

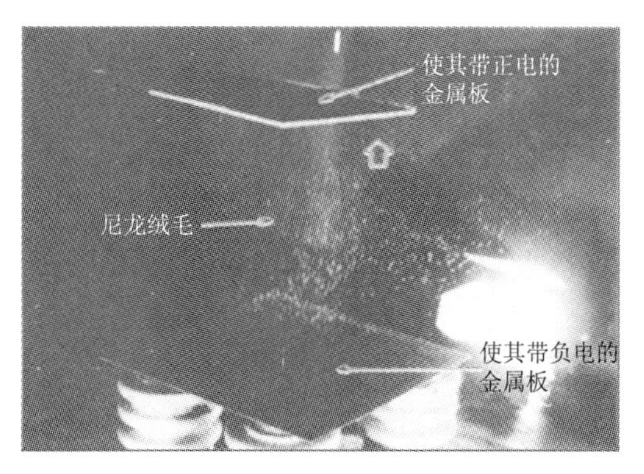

图1.2 电力作用于电荷，若电荷不动，电力就作用于物体

原子中的电子因受原子核的引力而按一定的轨道绕原子核旋转，当受到外部电力作用时，电子会脱离原子核的束缚而自由运动，这样的电子叫做自由电子。

电是由自由电子的增减而表现出来的。也就是说，如果将一定数量的电子从尚未带电的物体中移到其他物体，则失去自由电子的物体带正电，得到自由电子的物体带负电，如图1.3所示。

绝缘体带电就是指得到或失去自由电子的状态。即使从电池或发电机获得大电流的情况，也是从自由电子在导线中移动开始的。

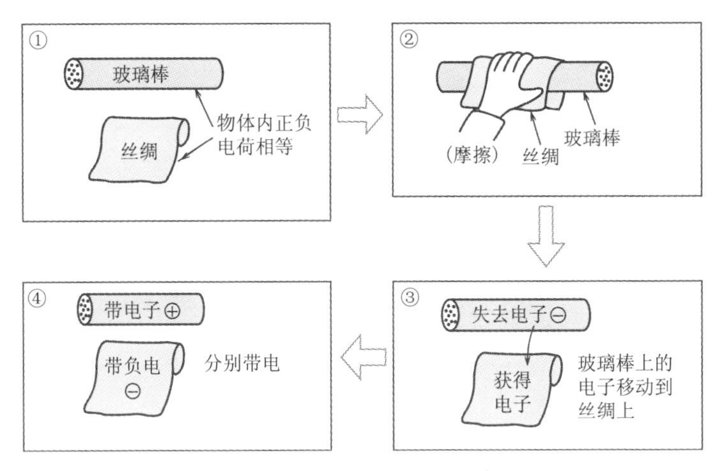

图1.3 带电过程

003 库仑定律

带有电荷的物体，称为带电体。带电体之间具有相互作用力，作用力的方向沿着两电荷的连线，同号电荷相斥，异号电荷相吸。

库仑精密地测定了电荷间作用力的大小，发现了两个带电体之间相互作用力的大小，与每个带电体的电量成正比，与它们之间距离的平方成反比，作用力的方向沿着两电荷的连线，如图1.4所示。

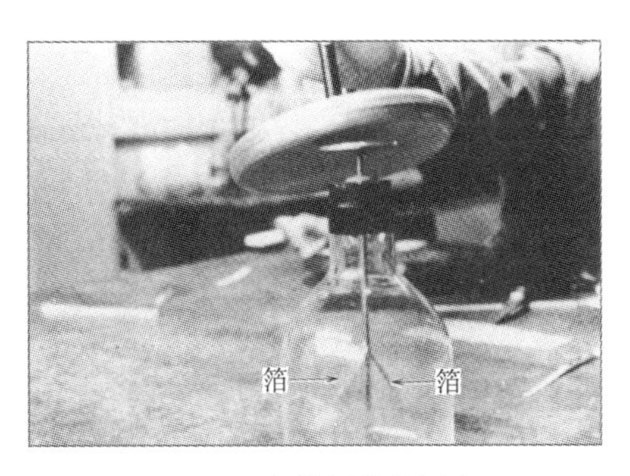

图1.4 电荷间的作用力

这就是库仑定律，用公式表示如下：

$$F \propto \frac{Q_1 Q_2}{r^2} \quad (1.1)$$

式中，Q_1，Q_2是以库仑（C）为单位的电量；r是以米（m）为单位的两带电体之间的距离；F是以牛顿（N）为单位的力，如图1.5所示。

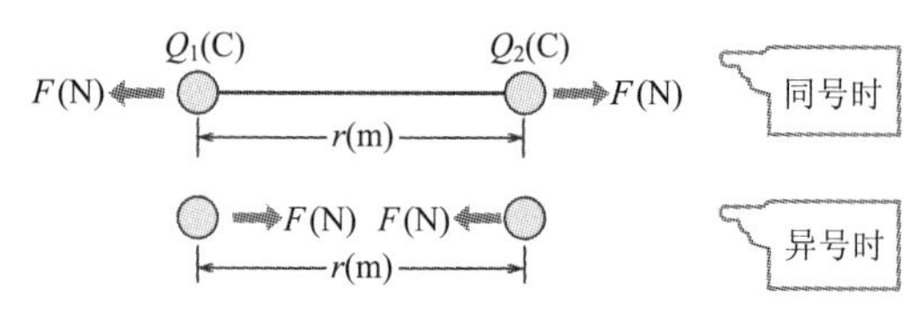

图1.5 电荷间作用力的关系

设介质的介电常数是ε，相对介电常数是ε_S，真空介电常数是ε_0，因$\varepsilon=\varepsilon_0\varepsilon_S$，则库仑定律可表示为

$$F = \frac{1}{4\pi\varepsilon}\frac{Q_1 Q_2}{r^2} = \frac{1}{4\pi\varepsilon_S\varepsilon_0}\frac{Q_1 Q_2}{r^2} \quad (1.2)$$

力F也叫做库仑力。

004 介电常数的变化

真空介电常数ε_0被定义为如下数值：

$$\varepsilon_0 = \frac{10^7}{10\pi c^2} = 8.855 \times 10^{-12} \text{（F/m）} \quad (1.3)$$

式中，c是光速，$c=2.998\times10^8\approx3\times10^8$ m/s。

介于电荷之间的绝缘体，就传导静电作用的意义而言称之为电介质。在研究静电作用时，使用的介质必须是绝缘体，这是因为如果使用导体，正负电荷会被立即中和。相对介电常数ε_S是由绝缘体决定的常数。因为空气的相对介电常数ε_S是1，所以将空气中的情况与真空中的情况作同样处理也无妨。绝缘油的相对介电常数ε_S是2.3，而水的相对介电常数ε_S约为80。

005 电场强度

在电场中置入单位正电荷，其受力的大小和方向随位置而异。这个

力是表示电场中该点状态的物理量，称它为该点的电场强度。在电场强度为E处，放置点电荷Q（C），则点电荷受力为

$$F = QE \text{（N）} \tag{1.4}$$

$$E = \frac{F}{Q} \text{（V/m）} \tag{1.5}$$

电场强度是个矢量，其方向规定为当正电荷置于电场中时，其受力方向为电场强度的正方向。

006 点电荷电场强度

求距电量为Q（C）的点电荷r（m）远处P点的电场强度E。根据电场强度的定义，假想在P点放置单位正电荷，只要求出该电荷受力即可，如图1.6所示。

$$E = \frac{Q}{4\pi\varepsilon r^2} \text{（V/m）} \tag{1.6}$$

电场强度的单位，直接想到的是N/C，之所以使用V/m表示，是因与后面要学习的电位有关。对存在两个以上电荷的情况，要分别求出每个电荷的电场强度，再将它们矢量合成，求出总的电场强度。

电场强度不是标量，所以必须注意要按矢量计算。

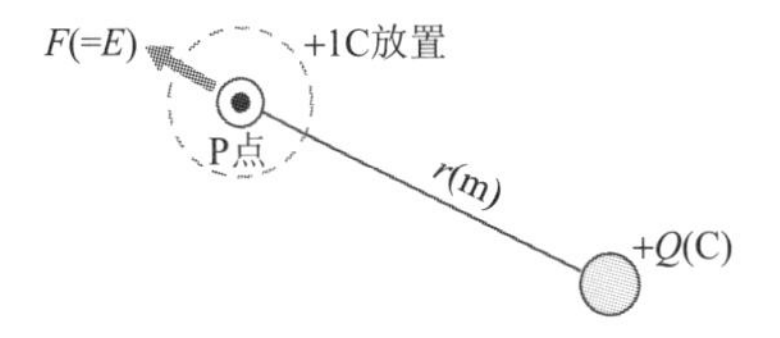

图1.6　P点的电场强度

007 电力线和电通量密度

在电场内放置单位正电荷，这个电荷受力而移动，假想电荷移动时画了条线，称为电力线，如图1.7所示。

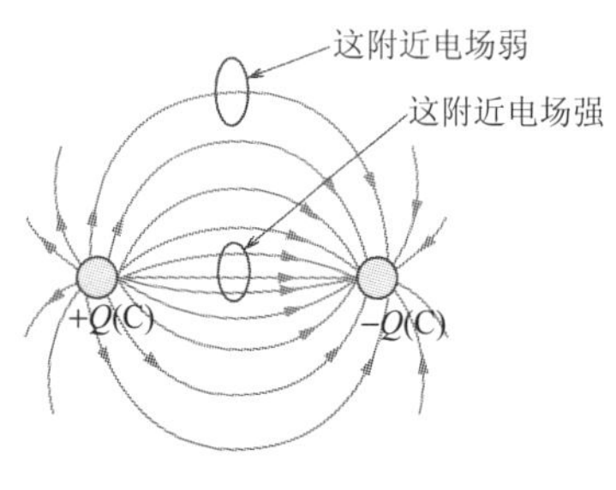

图1.7 电力线与电场强度的关系

这样一来，电力线上各点的切线方向表示该点电场强度的方向，因此，电力线成为了解电场状况的便利工具。

在与电场方向垂直的单位面积$1m^2$内，电场强度等于通过该面积的电力线根数。在1V/m的电场强度处，与电力线垂直的单位面积$1m^2$内有1根电力线通过，如图1.7所示。

按照这个定义，带有Q（C）电荷的带电体将发出多少根电力线呢？距离带有Q（C）电荷的带电体r远处的电场强度为

$$E = 9 \times 10^9 \frac{Q}{\varepsilon_S r^2} = \frac{Q}{4\pi\varepsilon_0\varepsilon_S r^2} \text{（V/m）} \tag{1.7}$$

在以r（m）为半径的球面上，无论怎样取单位面积，都可认为通过该面积的电力线数是E根。

E乘以球面积$4\pi r^2$，给出从Q（C）电荷发出的电力线总数如下：

$$E \times 4\pi r^2 = \frac{Q}{\varepsilon_0\varepsilon_S} \text{（根）} \tag{1.8}$$

在真空中或在空气中，电力线的总数如下：

$$\frac{1}{\varepsilon_0}Q = \frac{1}{8.85 \times 10^{-12}}Q = 1.13 \times 10^{11}Q \text{（根）} \tag{1.9}$$

由此可见，单位正电荷发出1.13×10^{11}根电力线，在相对介电常数为ε_S的介质中时，发出的电力线是真空的$1/\varepsilon_S$倍。这个电力线的数目非常大，并且因介质的不同电力线的根数也会发生变化。因此，我们重新设想，1C电荷发出1根电力线，称其为1C的电通量，则可避免空间介电常数的影响。

这样一来，变成电荷Q（C）发出电通量数Q（C），这就是对电通量的定义。如果电荷Q（C）是负的，可认为电通量是进入电荷Q的。

式（1.7）变形如下：

$$\frac{Q}{4\pi r^2} = \varepsilon_0\varepsilon_S E = \varepsilon E \tag{1.10}$$

在此，$4\pi r^2$是以电荷Q为中心、r为半径的球面面积。

因此，Q既是电荷Q（C），同时又是电荷发出的Q（C）电通量，如图1.8所示。因此，式（1.10）左边意味着通过r为半径的球面的电通量的面密度，用电通量密度D（$\mathrm{C/m^2}$）来表示，式（1.10）可以写成如下形式：

$$D=\varepsilon E\ (\mathrm{C/m^2}) \tag{1.11}$$

电通量密度D与电场强度E的比例系数就是介电常数ε。

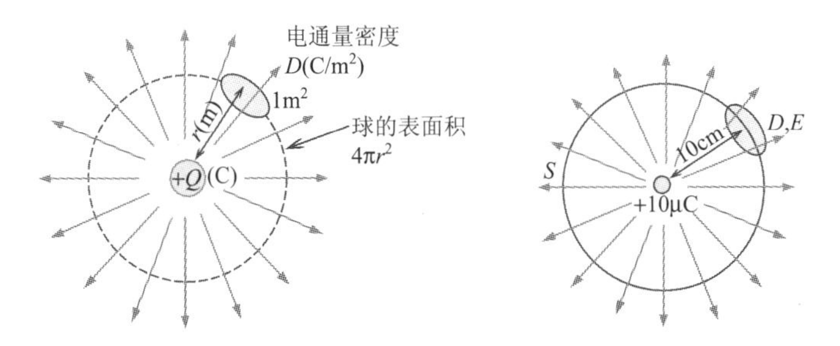

图1.8　从$+Q$(C)电荷发出Q（C）的电通量

008　带电导体球的电场强度

球形导体带电，无论带的是正电还是负电，都是同种电荷，按照库仑定律会产生斥力。所以电荷不能集中在球心，而是均匀地分布在导体表面。应该怎样求这样的球形导体表面的电场强度呢？把所有电荷集中于导体球中心即可。这是因为，只要假设给球形导体带电Q（C），就有Q（C）电荷发出电通量Q（C），即使电荷分散于球体表面，球体表面上的电通量密度也不变。换言之，给球形导体带上电，只要球形导体表面的电荷不逃走，电通量的总量就不变。因此，求球形导体表面的电场强度E时，可通过所带电荷求出电通量密度D，再根据$D=\varepsilon E$求解E即可。

这种求法，不只限于球形导体，导体的形状是圆柱形或圆筒形的情况均适用，但电荷必须分布在导体表面。

球形导体若带电，球形导体内部的电场强度为零。其理由如上所述，电荷只存在于导体表面，而内部没有电荷。因此，电通量由表面指向外部，而内部没有，这是因为电通量被表面切断的缘故，如图1.9所示。

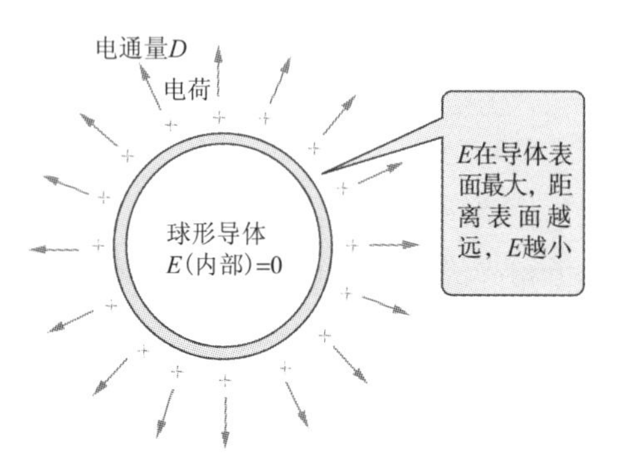

图1.9 球形导体带上电荷，切断了球内部的电通量

由式（1.7）$E=Q/4\pi\varepsilon_0\varepsilon_s s^2$可知，球形导体的半径$r$越小，表面的电场强度越强。这种情况会使绝缘体受到电的压力增加。由于这个原因，在设计使用高压的机器时，要考虑到导体不要有突起或曲率半径太小的部分，还应考虑到不要使电场强度过大。

009 高斯定理

为了帮助读者理解看不见的电场空间的存在，我们采用了电力线（假想线）来处理，即表示某点电场强度时，用通过单位垂直截面的电力线根数来表示该点的电场强度。于是，穿过以$+Q$（C）为中心、r（m）为半径的全部球面的电力线根数N为

$$N = 4\pi r^2 E = 4\pi r^2 \times \frac{Q}{4\pi r^2 \varepsilon} = \frac{Q}{\varepsilon} \text{（根）} \tag{1.12}$$

也就是说，置于介电常数为ε的电介质中的$+Q$（C）电荷，发出电力线$\dfrac{Q}{\varepsilon}$根。

在电场空间电力线的分布，可以认为如图1.10所示，有各种各样的情形。如图1.10（a）所示，电荷单独存在时，电力线呈辐射状。附近有电荷存在时，受其影响，电力线产生了疏密分布，如图1.10（b）和图1.10（c）所示。

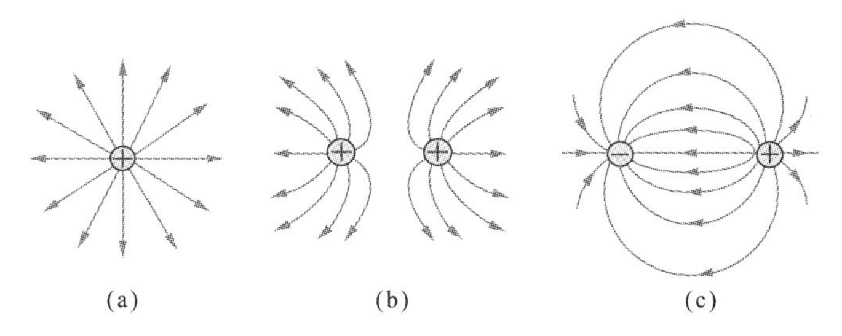

图1.10　电场空间电力线的分布

当多个点电荷存在于介电常数为ε的介质中时，考察电场中任意闭合曲面S。当这个闭合曲面包围q_1，q_2，q_3，…，q_n的n个点电荷时，从闭合曲面S垂直发出电力线的总数N等于该闭合曲面S内所含电荷总和的$1/\varepsilon$。

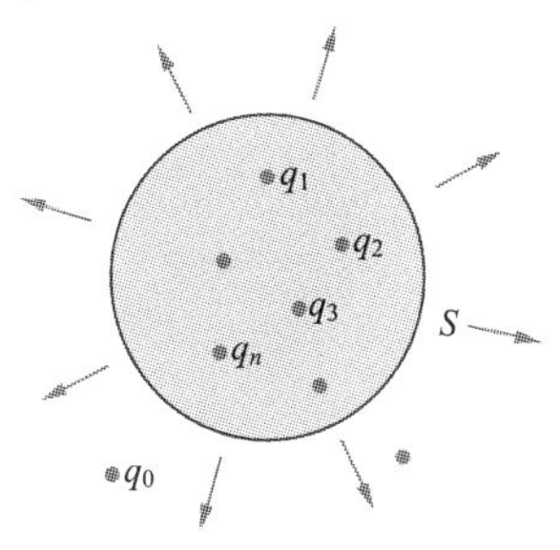

图1.11　高斯定理

这就是高斯定理，如图1.11所示，是求解电场强度非常重要的定理，具体表示如下式：

$$N = \frac{1}{\varepsilon}(q_1 + q_2 + q_3 + \cdots + q_n) = \frac{1}{\varepsilon}\sum_{i=1}^{n} q_i \quad (1.13)$$

具体讨论高斯定理可知，如图1.12所示，无论考察什么形状的闭合曲面，从其表面发出的电力线总和都如式（1.13）所示。

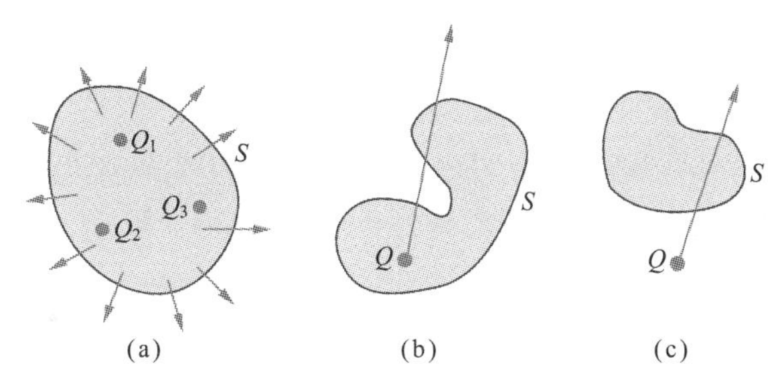

图1.12　无论对什么样的闭合曲线，高斯定理都成立

如图1.12（b）和图1.12（c）所示，闭合曲面S有内部和外部之分，当电力线穿出或穿入闭合曲面时怎样考虑才合适呢？

在这种情况下，给从闭合曲面穿出的电力线加上正号，穿入的电力线加负号，然后将它们求和。例如，图1.12（b）的情况，电力线穿出、穿入、穿出，因此有+1–1+1=+1，与穿出1根电力线的情况相同。另外，图1.12（c）是穿入、穿出的情况，所以，–1+1=0，可以认为从闭合曲面没有任何电力线穿出。

计算电场强度，在点电荷的情况下用库仑定律，在面电荷的情况下用高斯定理。

010 电 位

如图1.13所示，在电荷为+Q（C）的带电体O的电场内S点处，如果放+1C电荷，则这个电荷受到的斥力为

$$F = 9 \times 10^9 \times \frac{Q}{\overline{OS}^2} \text{（N）} \tag{1.14}$$

若使电荷逆着斥力移近O，则外力必须做功。于是，+1C电荷移动一定的距离（如$\overline{SP}$间距）所需要的功，当$\overline{SP}$距O越远，所需的功越小，距离越近，则所需的功越大。

电位是用做功的程度来表示的电场性质，定义如下：

电场中某点的电位，表示把单位正电荷+1C从无穷远移到该点所需要的功的大小，单位是伏特（V）。

这样定义后，某点的电位就意味着该点的电位能（Electric Potential Energy）。

在由+Q（C）电荷的带电体所形成的电场中，单位正电荷受到斥力作用，因此由这点移向+Q需要外界做功，所以认为+Q（C）电场中的电位是正的。但是，在–Q（C）电荷的电场中，单位正电荷受到吸引力，因此，由这点移向–Q不需要提供功，而是电场力做功，所以认为–Q（C）电场中的电位是负的。在这种情况下，单位正电荷逆着引力移动，距离越远需要的功越大，所以与正电荷情况相反，在负电荷电场中电位距–Q（C）越近，变得越低。

无论正电荷的电场还是负电荷的电场，+1C电荷通常都是由高电位

移向低电位。电荷由电场的一点移到另一点所做的功，决定了两点间电位差的大小，如图1.14所示。

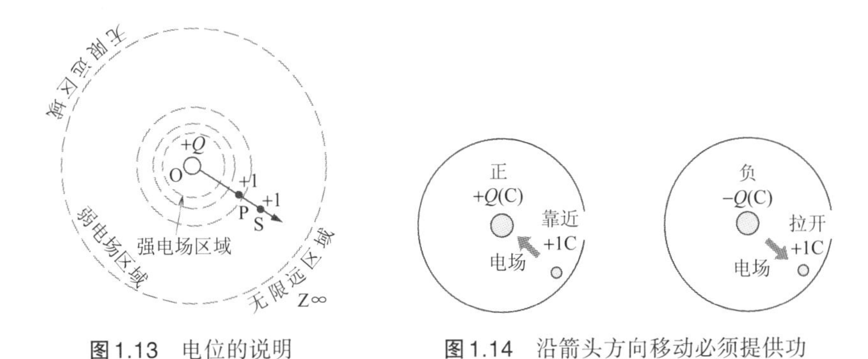

图1.13 电位的说明

图1.14 沿箭头方向移动必须提供功

011 电荷在空间产生的电位

试求距$+Q$（C）电荷的带电体r（m）远处P点的电位。因$+Q$无穷远处不受Q的作用，设其电位为零，所以，无穷远点和P点间的电位差U就是P点的电位。

P点的电场强度为$E = Q/4\pi\varepsilon_0\varepsilon_S r^2$，在微小距离d$r$（m）内可看作常数，因此，+1C的电荷逆着斥力移动dr所需要的功为

$$E\mathrm{d}r = \frac{Q}{4\pi\varepsilon_0\varepsilon_S r^2}\mathrm{d}r \tag{1.15}$$

这样的功从无穷远点累积到P点，即P点的电位。因此，P点的电位V为

$$V = -\int_{\infty}^{r} E\mathrm{d}r = -\int_{\infty}^{r} \frac{Q}{4\pi\varepsilon r^2}\mathrm{d}r = -\frac{Q}{4\pi\varepsilon}\int_{\infty}^{r}\frac{1}{r^2}\mathrm{d}r$$

$$= -\frac{Q}{4\pi\varepsilon}\left[-\frac{1}{r}\right]_{\infty}^{r} = \frac{Q}{4\pi\varepsilon r}\ (\mathrm{V}) \tag{1.16}$$

式中，$V = -\int_{\infty}^{r} E\mathrm{d}r$ 里加了负号，这是因为电位随距离r的增加而减少的缘故。

电位V的原点取为无限远点，所谓无限远如图1.13所示，意味着距离电荷非常远，可认为那里的电场强度为0。实际上，无限远并不是指无穷远的边际，也可用机器的外壳、大地等表示。

电位是由电场的功（电场强度×距离）求得，其单位本来应该是（N/C）·m=N·m/C，但实际上电位的单位是伏特（V），为此，多数情况下电场强度的单位也用电位的单位（V）来表示：

$$E = \frac{Q}{4\pi\varepsilon r^2} = \frac{Q}{4\pi\varepsilon r}\frac{1}{r} \tag{1.17}$$

即，

$$\mathrm{V \cdot m^{-1} = V/m}$$

012 两点间的电位差

设距$+Q$（C）点电荷r_1（m）远的P点和r_2（m）远的S点的电位分别为V_1和V_2：

$$V_1 = \frac{Q}{4\pi\varepsilon r_1}, V_2 = \frac{Q}{4\pi\varepsilon r_2}$$

因此，P点与S点的电位差V_{12}为

$$V_{12} = V_1 - V_2 = \frac{Q}{4\pi\varepsilon}\left(\frac{1}{r_1} - \frac{1}{r_2}\right)\ (\mathrm{V})$$

这个电位差等于单位正电荷+1C由S点移到P点所做的功。

013 两个以上点电荷电场的电位

如图1.15所示，在多个点电荷的情况下，P点的电位可由每个电荷产生的电位之和求得。

$$V_\mathrm{P} = \frac{+Q_1}{4\pi\varepsilon r_1} + \frac{-Q_2}{4\pi\varepsilon r_2} + \frac{+Q_3}{4\pi\varepsilon r_3}\ (\mathrm{V}) \tag{1.18}$$

电位与电场强度最大的不同是没有方向性，即为标量。而电场强度来源于库仑力，所以是矢量。

由于电位是标量，对多个点电荷电场的电位，可由点电荷单独存在时电位的代数和求得。

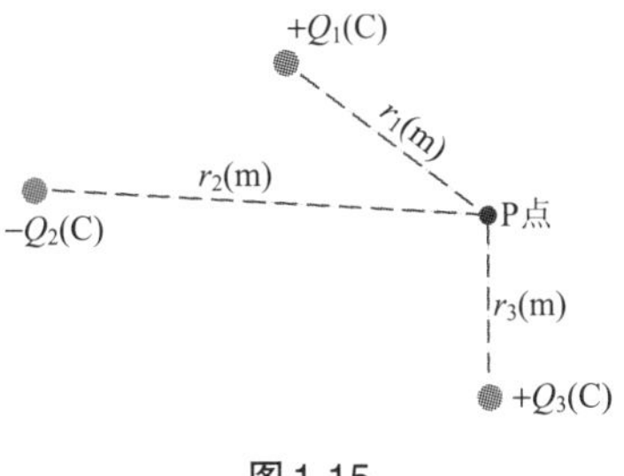

图1.15

014 电位梯度等于电场强度

电位梯度是电场中电位的变化与距离的变化之比。考虑电场中P，S两点，设PS间距离为Δx，且各点的电位分别为V_1，V_2，若设电位差$\Delta V=V_1-V_2$，电位的变化与距离的变化之比称为电位梯度g，即

$$g=\frac{V_1-V_2}{\Delta x}=\frac{\Delta V}{\Delta x} \tag{1.19}$$

如图1.16所示，与发电机相连的两块金属板，一块带正电$+Q$（C），一块带负电$-Q$（C），设两板间的电位差为V（V）。两金属板间产生等强度的电场，发出均匀的电通量。在此均匀电场中放入单位正电荷+1C，无论放在什么位置，因电场强度为E，都受到E（N）的力。若逆着力的方向，将单位正电荷+1C从$-Q$电极移到$+Q$电极，所需要做的功Et（J）和两板间的电位差V（V）相等，即

$$V=Et\ (\mathrm{V}) \tag{1.20}$$

因此，

$$E=\frac{V}{t}\ (\mathrm{V/m})$$

上式也表示电位梯度g，即电位梯度等于电场强度。

给绝缘体加电压，其绝缘击穿电压不是取决于对材料所加电位的大

小，而是取决于电位梯度的大小。

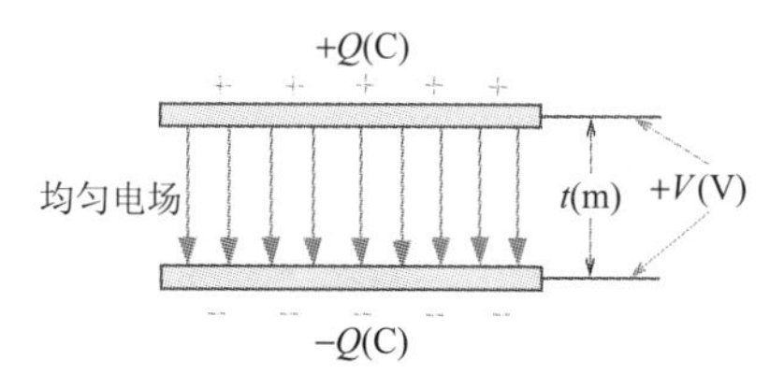

图1.16 在均匀电场中的电位梯度

第2章 电与磁

015 磁铁的性质

磁铁的性质如图2.1和图2.2所示。

作用在磁极间的力F为

$$F = 6.33 \times 10^4 \times \frac{m_1 m_2}{r_2} \text{(N)(库仑定律)} \tag{2.1}$$

设两个磁极的强度分别为m_1（Wb），m_2（Wb），相互间的距离为r（m），则利用式（2.1）可求出作用于磁极间的力F（N）。

6.33×10^4可理解为是根据力、磁极的强度、距离的单位而决定的一个系数。

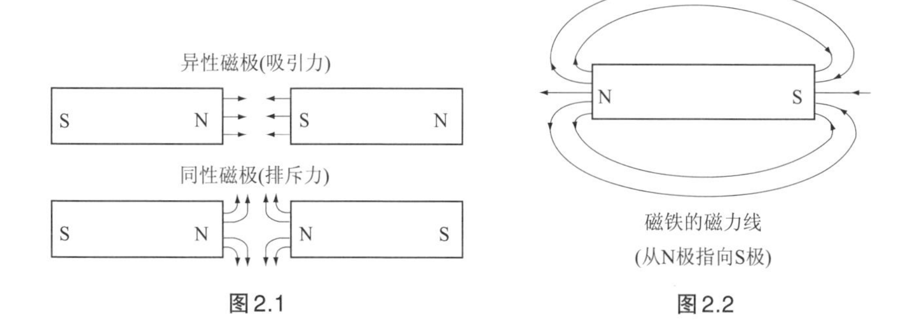

图2.1

图2.2

016 磁场强度和磁通密度的关系

一般情况下，真空中或空气中磁场强度H（A/m）和磁通密度（Magnetic Flux Density）B（T）的关系为

$$B = \mu_0 H = 4\pi \times 10^{-7} H \text{ (T)} \tag{2.2}$$

017 直流电流产生的磁场

在直线长导体中通过的电流为I（A）时，距离导体r（m）处的磁场强度H（A/m）为（安培右手螺旋定则（图2.3））：

$$H = \frac{I}{2\pi r} \text{（A/m）} \quad (2.3)$$

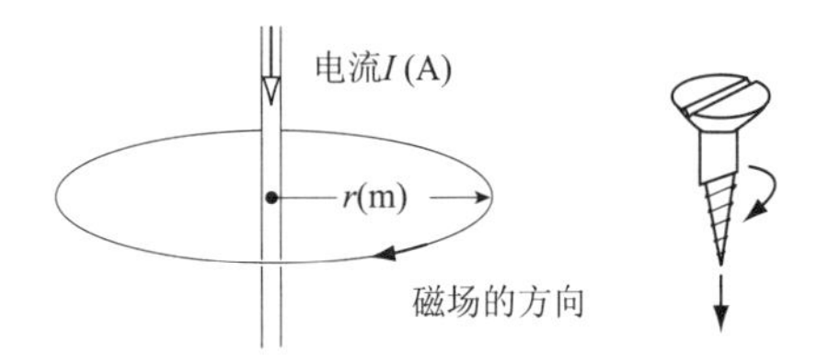

图2.3 右手螺旋定则

018 磁路的构成

磁路的构成如图2.4所示。

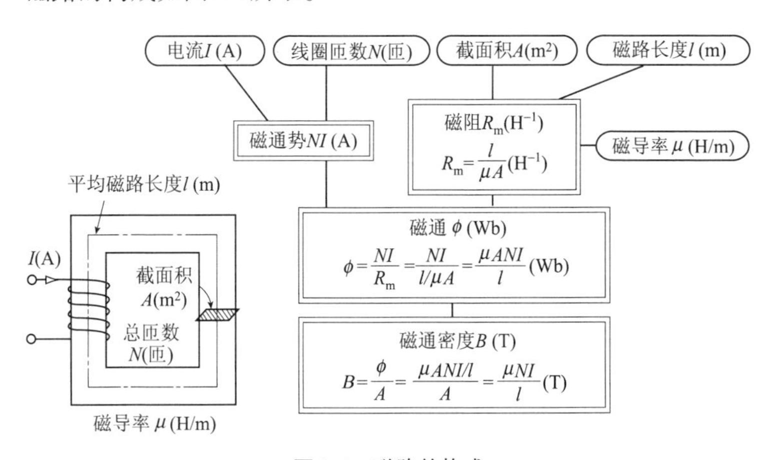

图2.4 磁路的构成

019 磁路的计算

磁路及其等效电路如图2.5所示。

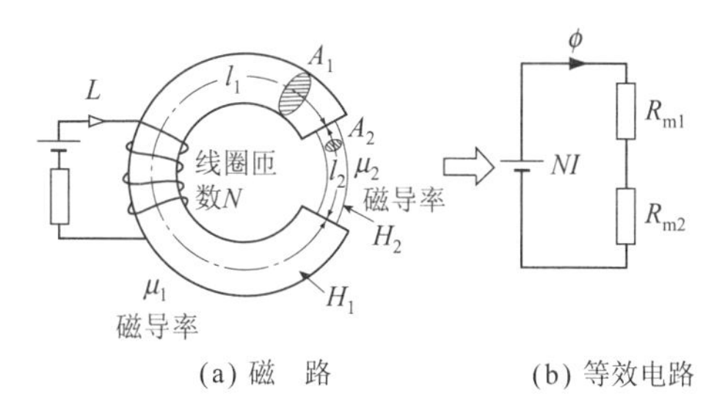

(a) 磁　路　　(b) 等效电路

图2.5　磁路及其等效电路

$$\phi = \frac{NI}{R_{m1} + R_{m2}} = \frac{NI}{\dfrac{l_1}{\mu_1 A_1} + \dfrac{l_2}{\mu_2 A_2}} \quad (\text{Wb}) \tag{2.4}$$

$$NI = \frac{\phi l_1}{\mu_1 A_1} + \frac{\phi l_2}{\mu_2 A_2} \quad (\text{A}) \tag{2.5}$$

$$NI = H_1 l_1 + H_2 l_2 \quad (\text{A}) \tag{2.6}$$

020 物质的磁导率

物质的磁导率μ，由下式给出：

$$\mu = \mu_0 \mu_s = 4\pi \times 10^{-7} \mu_s$$

式中，μ_s为物质的相对磁导率；μ_0为真空中的磁导率。

021 感应电动势的方向和大小

如图2.6所示，如果移动磁铁，则会在线圈中产生感应电流，该感应电流的方向总是使它所产生的磁通阻碍外部磁通的变化，这就是楞次定律。

感应电动势的大小，与穿过线圈的磁通变化率成正比。

$$e = \frac{\Delta\phi}{\Delta t} \quad (\text{V}) \tag{2.7}$$

$$e = N\frac{\Delta\phi}{\Delta t} \quad (\text{V}) \tag{2.8}$$

一匝线圈中的磁通，在1s内以1Wb的变化率变化时，所产生的感应电动势e的大小是1V。如果线圈为N匝，则感应电动势e变为N倍。

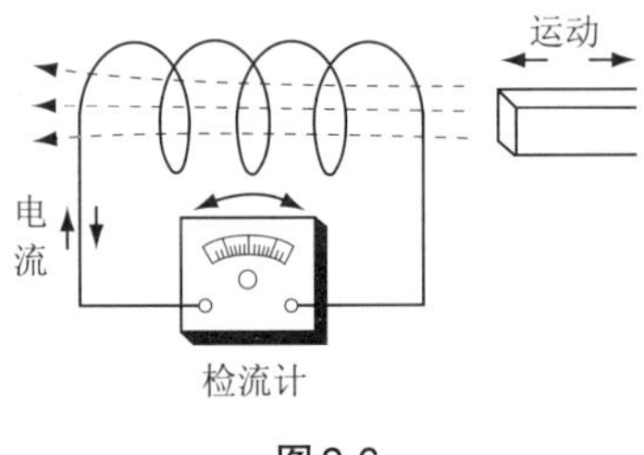

图2.6

022 自感作用

如果线圈中的电流发生变化，由该电流产生的磁通亦随之改变，此时线圈中将产生感应电压（电动势）e，此现象叫做自感作用，如图2.7所示。

$$e = L\frac{\Delta I}{\Delta t} \text{（V）} \tag{2.9}$$

代表线圈本身的电感（自感系数）

当圈数为N匝的线圈中有电流I通过，产生的与线圈交链的磁通为ϕ时，其自感系数（自感）为$L = N\phi/I$，单位用亨［利］（H）表示。

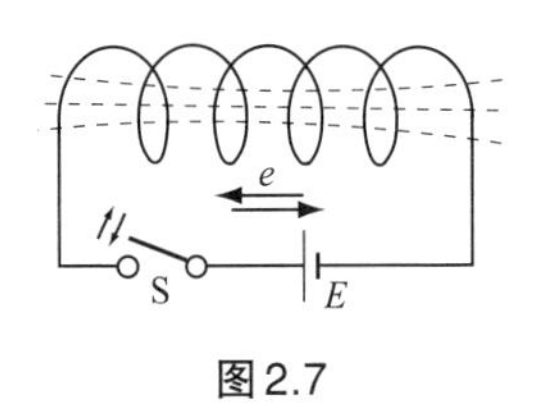

图2.7

023 环状线圈的自感系数

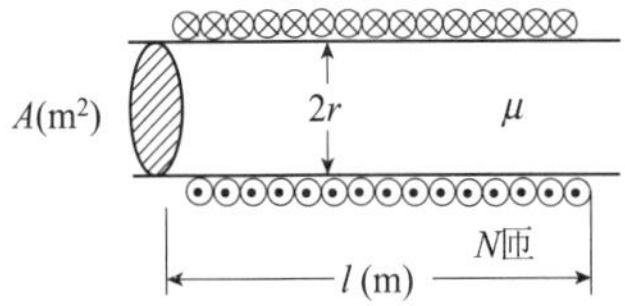

环状线圈如图2.8所示，其自感系数如下式：

$$L = \frac{\mu_0 \mu_s A N^2}{l} \text{（H）} \tag{2.10}$$

图2.8

024 电磁力

电磁力的大小与磁场的磁通密度B（T）和电流I（A）的乘积成正比，也与放入磁场中导体的长度成正比。

如图2.9所示，根据弗莱明左手定则可知作用于与磁通构成θ角导体l的电磁力F为

$$F = BlI\sin\theta \text{（N）} \tag{2.11}$$

$$F = BlI \text{（N）（}\theta = 90^0\text{时）} \tag{2.12}$$

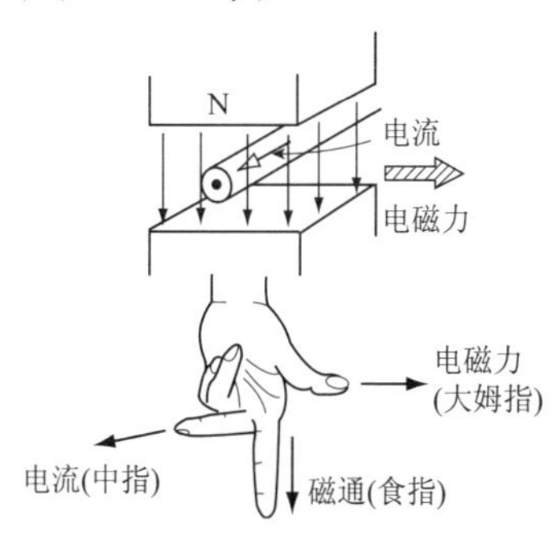

图2.9 弗莱明左手定则

025 作用于矩形线圈的力

如图2.10和图2.11所示，作用于线圈边沿的力F（N）为

$$F = 2IBaN \tag{2.13}$$

以xx′为中心旋转的力形成的力矩为

$$T = F \times \frac{b}{2} = 2IBaN \times \frac{b}{2} = IBabN \text{（N·m）} \tag{2.14}$$

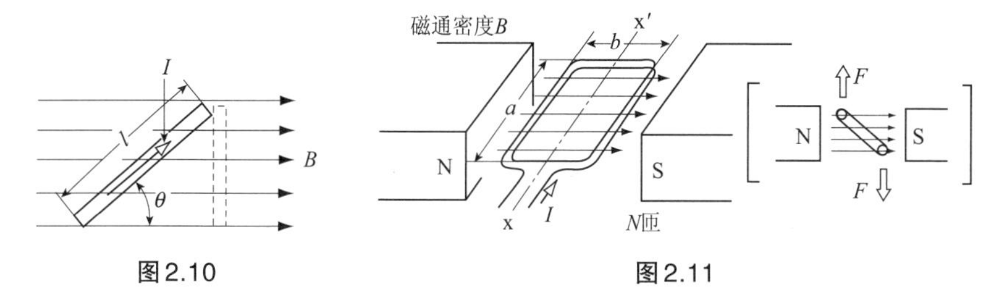

图2.10　　图2.11

026 导体在磁场中移动而产生的电动势

如图2.12所示，导体在磁场中移动产生的电动势符合弗莱明右手定则。

$$e = Blv \text{（V）} \tag{2.15}$$

式中，B为磁通密度（T）；l为有效长度（m）；v为切割磁通的速度（m/s）。

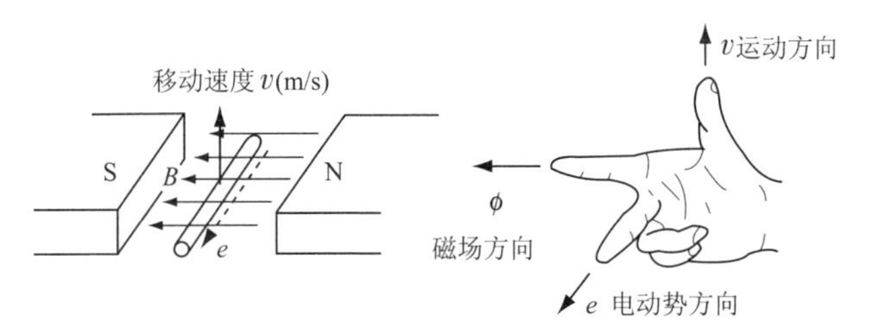

图2.12 弗莱明右手定则

027 关于电磁感应的法拉第定律

关于电磁感应的法拉第定律如下式：

$$e = N\frac{\Delta\phi}{\Delta t} \text{（V）} \tag{2.16}$$

$$\text{磁通链} = N\phi \text{（Wb）} \tag{2.17}$$

028 互感电动势

如图2.13所示，当初级线圈的电流在Δt内变化ΔI_1时，假设在次级线圈上交链磁通的变化为$\Delta\phi_1$，则在匝数为N_2的次级线圈上所产生的感应电动势e_2为

$$e_2 = N_2\frac{\Delta\phi}{\Delta t} \text{（V）} \tag{2.18}$$

因为$\Delta\phi_1$与ΔI_1成正比，若设比例系数为M，则

$$e_2 = M\frac{\Delta I_1}{\Delta t} \text{（V）} \tag{2.19}$$

称M为互感，单位为亨［利］，用H表示。

由上面两式可得

$$N_2 = \frac{\Delta\phi_1}{\Delta t} = M\frac{\Delta I_1}{\Delta t} \tag{2.20}$$

$$M = N_2\frac{\Delta\phi_1}{\Delta I_1}\ (\mathrm{H}) \tag{2.21}$$

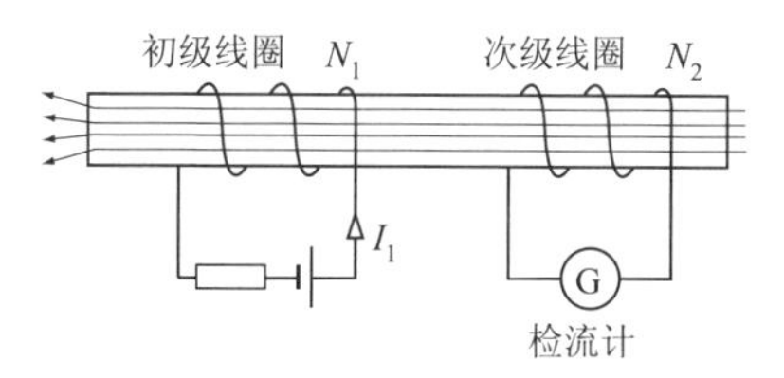

图2.13

029 变压器的结构

变压器的结构如图2.14所示，由$\frac{E_1}{E_2} = \frac{N_1}{N_2}$可得

$$E_2 = \frac{N_2}{N_1}E_1\ (\mathrm{V})$$

由$\frac{I_1}{I_2} = \frac{N_2}{N_1}$可得，

$$I_2 = \frac{N_1}{N_2}I_1\ (\mathrm{A})$$

$$\frac{E_1}{E_2} = \frac{N_1}{N_2} = \frac{I_2}{I_1}$$

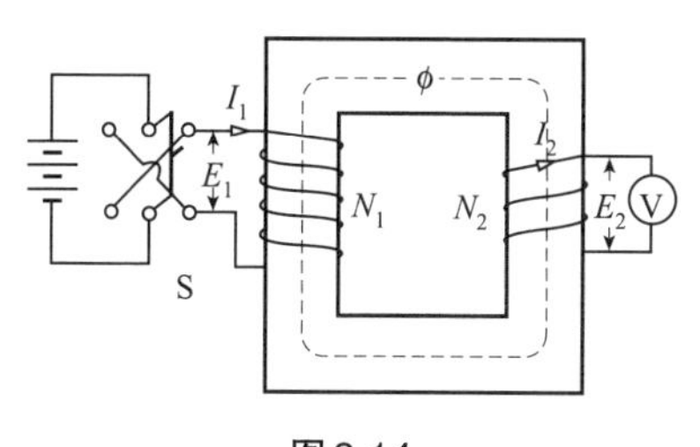

图2.14

030 电磁能

在自感L_1的线圈中通入I（A）的电流时，假设在该线圈中储存的电磁能为W（J），则有如下的关系：

$$W = \frac{1}{2}LI^2 \text{（J）} \tag{2.22}$$

031 单位体积所储存的能量

单位体积所储存的能量如下式：

$$W = \frac{1}{2}\mu H^2 Al \text{（J）}$$

$$W = \frac{1}{2}\mu H^2 \text{（J/m}^3\text{）}$$

$$W = \frac{1}{2}BH\left(\frac{J}{m^3}\right)$$

$$= \frac{1}{2}\frac{B^2}{\mu} \text{（J/m}^3\text{）}$$

式中，μ为磁导率；H为磁路的磁场强度；A为断面积（铁心）；l为有效长度；β为磁路的磁通密度。

032 磁芯材料和永磁材料

磁芯材料和永磁材料的特性如图2.15所示。

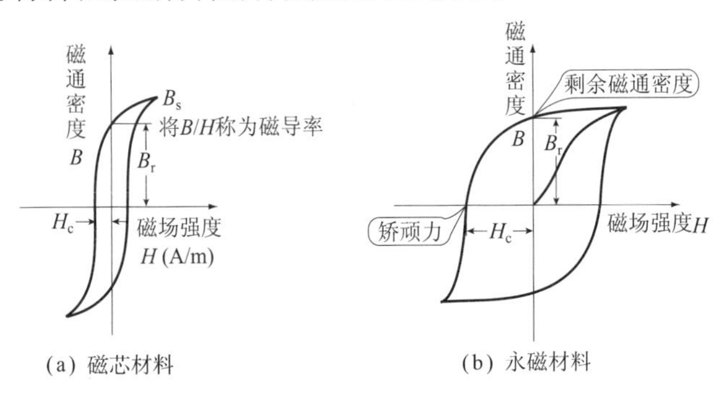

图2.15

第3章 直流电路

033 电　流

图3.1示出了水坝与电路的比较关系，它们在原理上是一样的。

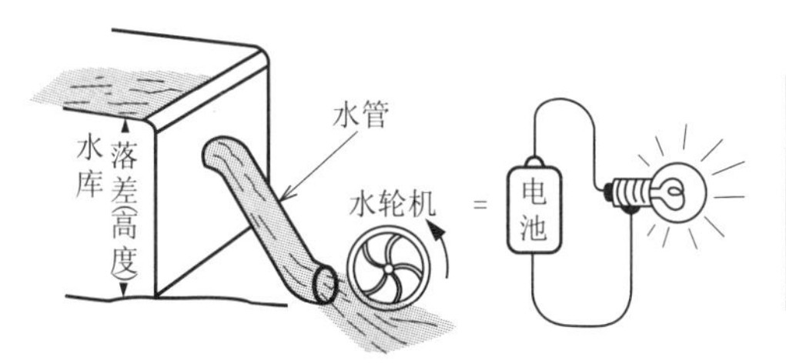

水　库	电 路
落　差	电 压
流　量	电 流
水管的粗细	电 阻

图3.1　水坝与电路的比较

如图3.2所示，若用电线将干电池与小灯泡相连，则众所周知小灯泡将点亮。研究一下它的原理，可以明白下面的结果。在电线（铜线）的电子排列中，最外圈电子数少，容易变成自由电子。电线中的自由电子带负电，因此一起被拉向电池的阳极一侧开始运动。另外，从电池的阴极不断地供给电子，因此实际上电线中的自由电子不过是承担运送电池电荷的作用。这样的电子流动称为电流，其流动方向是从电池阴极流向阳极。但是，我们习惯上将电子流动的反方向规定为电流的方向，因而结论是“电流从电池的阳极流向阴极”。

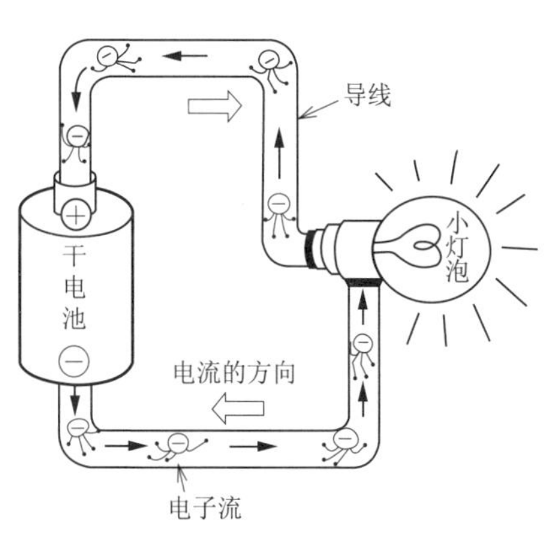

图3.2　电子与电流

电流的大小用1s内通过某一截面的电荷量来表示。表示电流大小的单位是安［培］(单位符号为A)。1A表示1s内有1库仑的电荷移动的电流大小。由于1个电子具有的电荷约为1.6×10^{-19}库［仑］，因此，1库［仑］的电荷为$1/1.6 \times 10^{-19}$个，即6.25×10^{18}个电子具有的电量。

库［仑］为电荷量的单位，用符号C表示。

现在若设t秒钟有Q（C）的电荷移动，由于1s移动的电荷量为电流I的大小，因此

$$I = \frac{Q}{t} \text{（A）}$$

034 电　压

电池具有使电流流动的作用。其理由是，电子集中分布在电池的阴极，呈现负电性质。阳极处于带正电荷的状态，因此若用电线将阳极与阴极相连，则电荷产生移动。因而，若用电线将图3.2所示的小灯泡与电池相连，就有电流流过，这样的电的压力就是电压。电压的单位是伏［特］(单位符号为V)。另外，将任意点电的压力值称为该点的电位，任意两点间的电位之差称为电位差，单位都用伏［特］表示。

图3.3所示为将水槽的水从几个取水口放水的情况，可知水深越深，水压越大，则放水量也越多。电压的情况也相同，通过将干电池叠加，电压就变大。

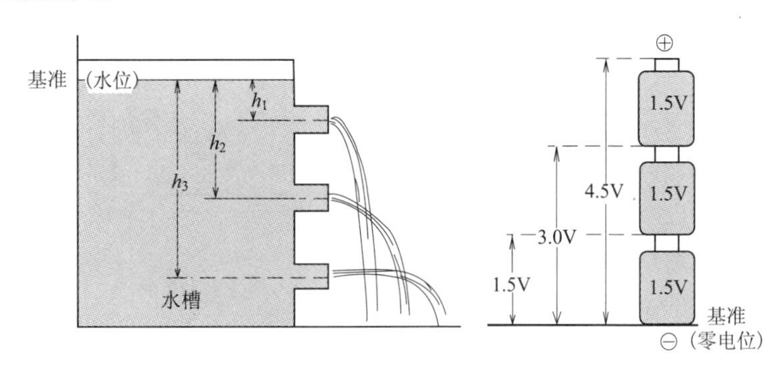

图3.3 水压与电压的关系

035 电 阻

一般金属容易导电，是由于自由电子沿金属原子轨道旋转，这一点很容易理解。但由于物质种类不同，最外圈电子的数量也不同，不会是一样的。通电还是不通电，则取决于材料中存在的自由电子的数量。一般状态下的导体多多少少都具有阻碍电流流通的作用，其阻碍程度称为电阻。单位采用欧[姆]（单位符号为Ω）。当该导体流过1A的电流，需要1V的电压时，这时的电阻值称为1Ω的电阻。

036 导体、半导体及绝缘体

金、银、铜、铝、铁等很容易使电流流过的物质称为导体。作为电路导线用的铜，电阻小，又比较便宜能够购得，因此是代表性的导体。除金属以外，在液体中如盐水、酸、将碱溶于水的液体等，由于能够通电，因此也看作导体。玻璃、橡胶、纸、木棉、塑料、陶瓷类等几乎不通电，因此这些物质称为非导体或绝缘体。而像硅、锗那样，处于导体与绝缘体之间，有时为导体，有时为绝缘体，这样的物质称为半导体。

037 各种电阻器

电阻器是电气设备中一种重要的元件。电阻器大致可分为两种，一种是具有固定电阻值的固定电阻器，另一种是可以在一定范围内改变电阻值的可变电阻器。图3.4（a）所示为可变电阻器，图3.4（b）及图3.4（c）所示为固定电阻器。

①电阻器的材料。采用锰铜丝、康铜丝、镍铬合金丝等金属丝及碳膜等材料，这些材料的电阻值较大，且随温度、湿度等环境的变化小。

②电阻器的使用。一旦随便乱用而流过大电流，则会过热或烧坏电阻器，因此必须特别注意。在铭牌上或电阻器表面标有电流或功率的额定值。图3.5所示为滑线电阻器及碳膜电阻的铭牌及额定值。

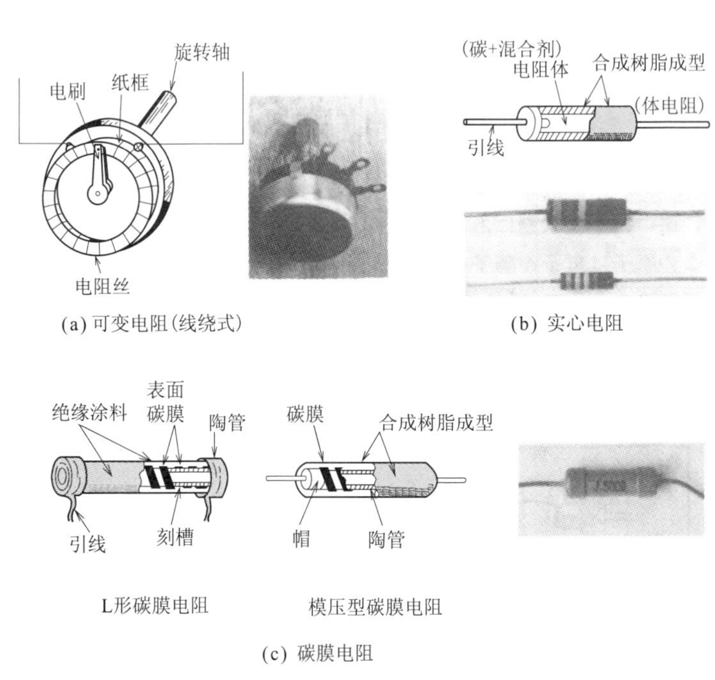

(a) 可变电阻(线绕式)

(b) 实心电阻

L形碳膜电阻

模压型碳膜电阻

(c) 碳膜电阻

图3.4 各种电阻器

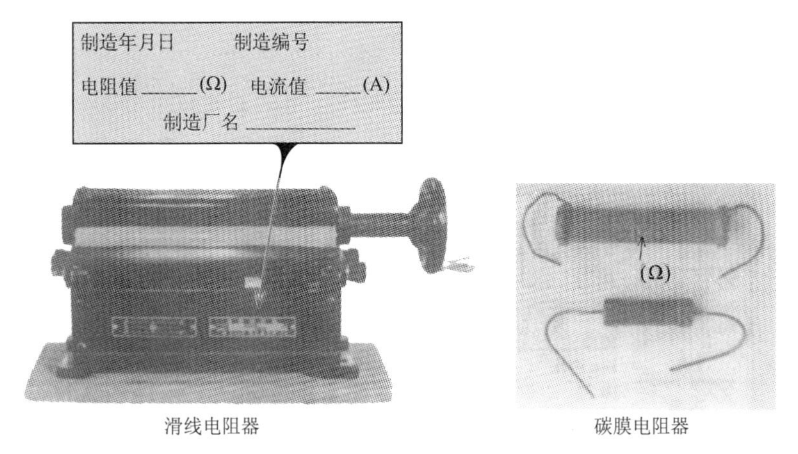

滑线电阻器

碳膜电阻器

图3.5 电阻器的铭牌及额定值

038 电动势

所谓电动势，英语为“Electromotive Force”，即产生电的力。例如，若将图3.6的带电体A（带有电荷的物体）用电线与大地相连，则瞬间有电流流过，但马上电流就消失，即电位差没有了，变为0。换句话说，是因为正电荷与大地的负电荷中和，使电荷的移动消失。但是，若如图3.7所示，将铜丝和镍丝刺入柠檬中，在其间连接电压表，则指针偏转。该偏转方向也始终一定，即铜为正极，镍为负极。

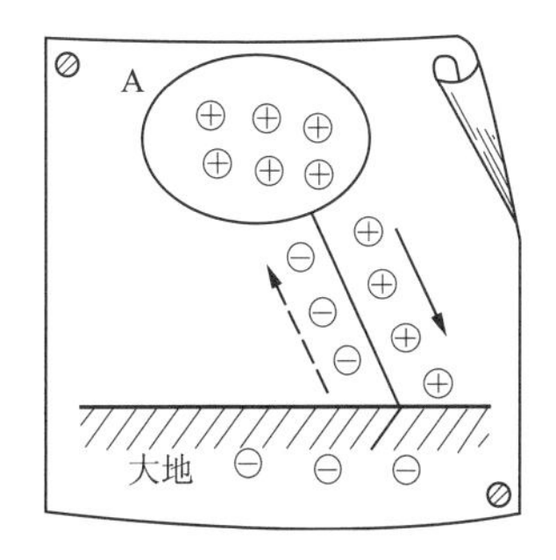

图3.6 电荷的移动

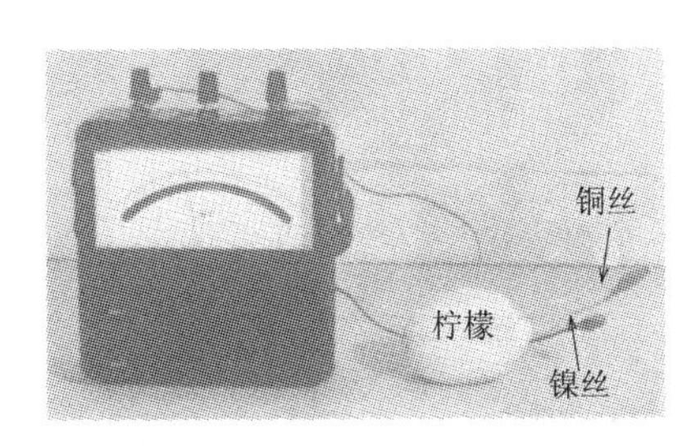

图3.7 柠檬产生的电动势

如图3.8所示，若用泵从A水槽向B水槽供水，则A、B间产生水位差，通过通道C使水位差消失，即产生了水流。若持续使该泵旋转，则连续不断地产生水流。若用电线将小灯泡连接在干电池的正端与负端之

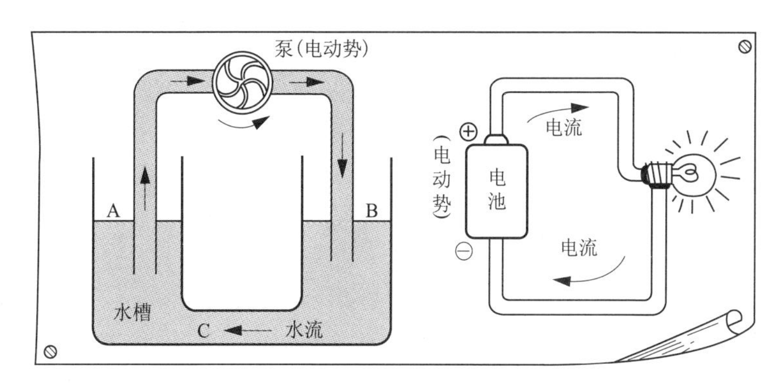

图3.8 泵与电池的比较

间，则电流流过，小灯泡持续点亮。就像水流中的泵的作用那样，用于电池以保持电位差，这样的作用称为电动势。电动势的大小与电位差相同，用伏特（单位符号为V）表示。

039 电动势的产生

若在稀硫酸溶液中插入铝片及铜片，并如图3.9所示那样连接电压表，则指针偏转。根据这一现象，来分析金属及溶液的机理。

一般金属容易产生自由电子，且容易溶于酸中。如图3.10所示，若在装有硫酸铜溶液的试管中放入铁钉及铂片，则在铁钉表面附着有铜，而铂片上什么变化也没有。这是为什么呢？

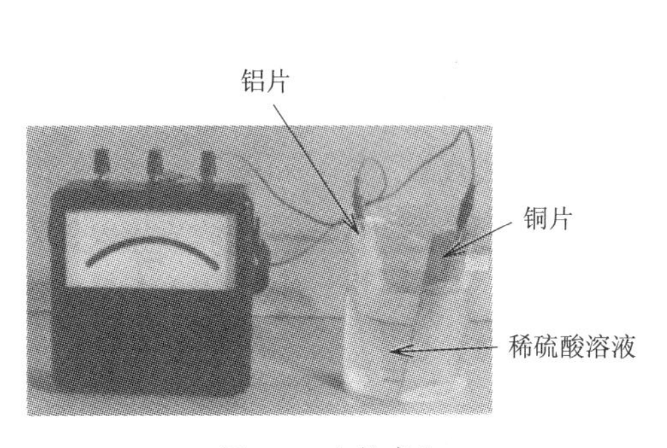

图3.9 电的产生

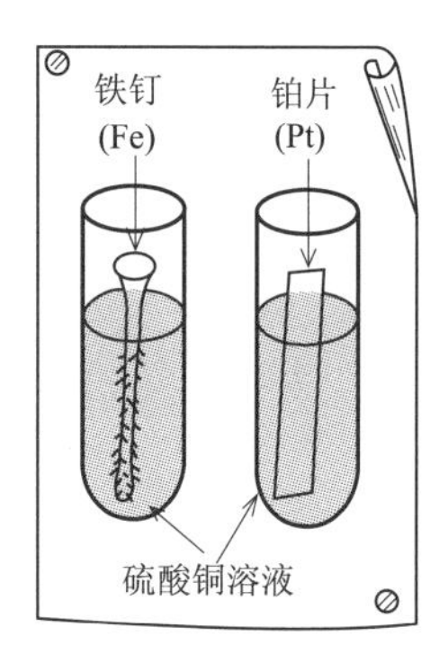

图3.10 金属的变化

在硫酸铜水溶液中，铜作为铜离子Cu^{2+}而存在。该离子为了作为单质而析出，离子必须接受两个电子。

$$Cu^{2+}+2e^{-}\rightarrow Cu$$

在该实验中，由于铁钉上附着了铜，而铂片上未附着铜，因此铁能够将电子给铜离子，而铂却不能。

$$Fe\rightarrow Fe^{2+}+\boxed{2e^{-}} \qquad Cu^{2+}+\boxed{2e^{-}}\rightarrow Cu$$

Pt → 没有变化

根据这一情况可知，铁比铜更容易变成离子，而铂比铜更难以变成离子，将该情况称为“铁比铜的电离趋势大，铂比铜的电离趋势小”。若研究各种金属的电离趋势，则得到图3.11所示的结果。

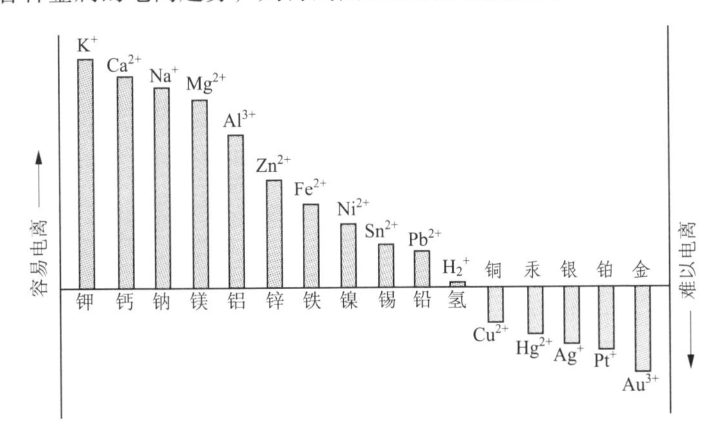

图3.11 金属的电离趋势

电离趋势之差越大的金属，离子移动进行得越厉害，因此可知，电的力即电动势越大。所以可以知道，插入柠檬的镍丝与铜丝之间产生的电动势要小于铝丝与铜丝之间产生的电动势。

040 电 池

具有电动势的电池在我们的生活中存在各种形式。

电池是根据前述金属的电离趋势，将电离趋势之差大的两种金属（电极）浸在电解液（不一定是水溶液）中而制成。1个电池称为单体电池（cell），1个单体电池产生的电压近似一定，取决于各种金属材料，在1～2V的范围内。若电池形状增大，则容量增加，但电压不变。如果单体电池产生的电压能达到几V或几十V，就非常理想了，但非常困难。因此为了提高产生的电压（电动势），可以将单体电池叠加起来，两个以上单体电池的组合称为电池组（battery）。这与英文中棒球的投接手组合（battery）是同一个词，即所谓构成组合（图3.12）

图3.12 棒球的投接手组合（battery）

的意思。表3.1所示为各种电池。

表3.1 各种电池

干电池	锰干电池、汞电池、叠层电池、空气电池
蓄电池	铅蓄电池、碱蓄电池
燃料电池	利用氢和氧化合时产生的热
太阳电池	将光能直接变为电能

产生电动势的方法中，有一种是像电池那样利用化学手段产生，还有一种是像发电机那样利用物理手段产生电能。

041 欧姆定律

如图3.13所示，在由具有若干挡电压的电源、开关、电压表、电流表及电阻连接而成的电路中，若研究加在电阻上的电压与流过电流的关系，则电压表及电流表的读数如图3.13中的表所示。这种情况下，

$$\frac{V}{I}=\frac{1.5}{0.15}=\frac{3.0}{0.3}=\frac{4.5}{0.45}=\frac{6.0}{0.6}=10$$

这是电压与电流之比，这个量用以表示阻碍电流流动作用的大小。这个值称为电阻，单位为欧［姆］（单位符号为Ω）。1Ω的电阻是加上1V电压时、流过1A电流情况下的电阻。图3.13中直线表示电压与电流的关系，由图可知，电压与电流成正比。这一关系用下式表示：

$$V=IR\ (\mathrm{V}) \tag{3.1}$$

式中，V为电压；I为电流；R为比例常数（电阻）。

在图3.14中，将电压固定（5V），通过改变电阻来研究电流与电阻的关系。这里必须注意的是，不能使$R=0$。$R=0$时电路处于短路状态，这是绝对要避免的。由图3.14的曲线及表格可知，存在下式的关系：

$$I=\frac{V}{R}\ (\mathrm{A}) \quad R=\frac{V}{I}\ (\Omega)$$

这些公式是前述公式（3.1）的变形。

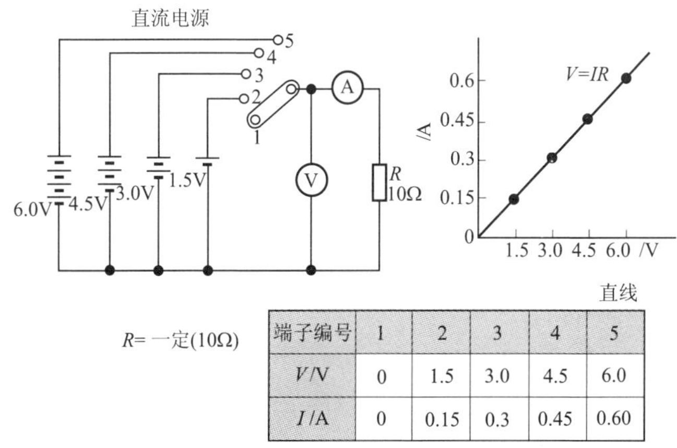

端子编号	1	2	3	4	5
V/V	0	1.5	3.0	4.5	6.0
I/A	0	0.15	0.3	0.45	0.60

图3.13 欧姆定律的实验

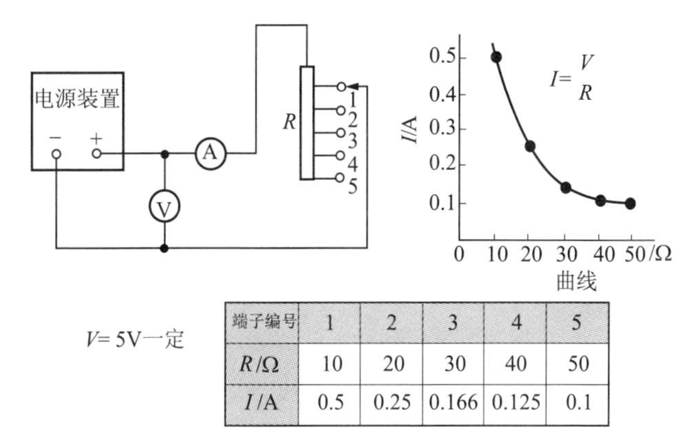

端子编号	1	2	3	4	5
R/Ω	10	20	30	40	50
I/A	0.5	0.25	0.166	0.125	0.1

图3.14 应用实验

德国科学家欧姆将以上的电压、电流及电阻的关系系统地加以总结，根据他的名字定名为欧姆定律，这已为大家所熟知。这是学习电气知识的人最初需要记住的最重要的定律：

电路中流过电流的大小与电压成正比，与电阻成反比。

042 电 路

电是严格遵循规则的，从电源流出的电流经过负载又回到电源。在自然界存在图3.15所示的水的循环路径，此路径与电的循环路径很相似。

图3.15 自然界中水的循环路径

在图3.16中，图3.16（a）是通过开关用导线将干电池与小灯泡连接，图3.16（b）是用电线将带熔丝的开关及电阻器与直流稳压电源连接，测量电路的电压及电流。其中电池或直流稳压电源是产生电压的，即为电源，一旦开关接通，则电流流过导线，使得小灯泡点亮，或使电表指针偏转。像小灯泡点亮那样，使吸尘器或电冰箱工作也都是由于流过电流的作用，将小灯泡、吸尘器及电冰箱称为负载。

因而，若将开关接通，则从电源正极有电流通过负载流至电源负极，将该电流流过的路径称为电路（也可称为回路）。

如图3.16（b）所示，电流表是测量流过电路的电流大小的仪表，连接在电源正端与负载之间，或连接在负载与电源负端之间。电压表是测量电路内电压大小的仪表，连接在电源的两端或负载的两端。两种情况下都特别要注意极性。

图3.17（a）所示为电车的电路，虚线表示从变电站经电车线、受电弓及电动机又回到变电站的电流流动路径。图3.17（b）所示为镀银的电路，电流从电池正极经银、硝酸银溶液，再通过汤匙回到负极。

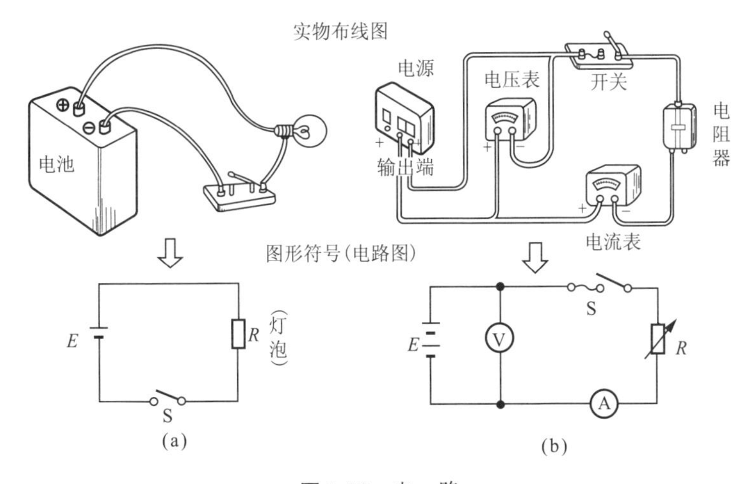

图3.16 电 路

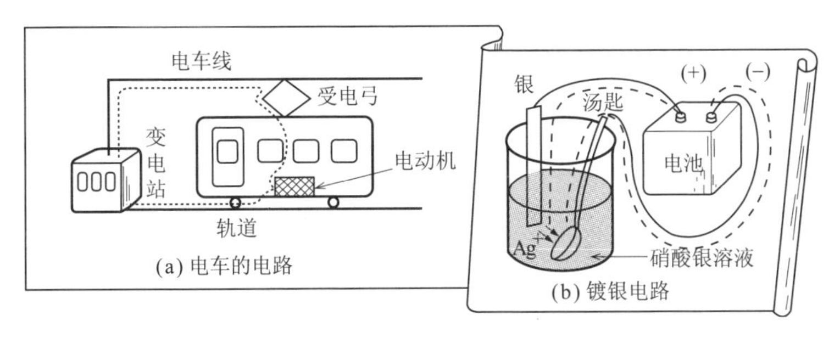

图3.17 实际的电路

043 电路图的表示方法

若用图画来表示电路，则非常麻烦，有时还因在物品的背面而很难看得见，因此用规定的图形符号表示。图3.18所示为主要的图形符号。

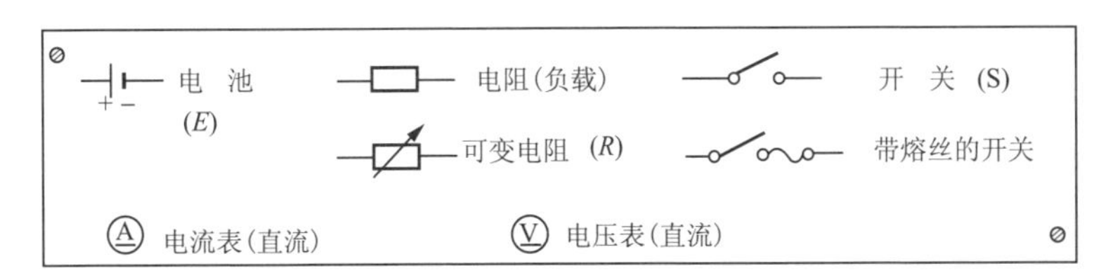

图3.18 主要的图形符号

044 电阻串联

如图3.19所示，两个以上电阻形成一串的连接形式称为串联，将这样的电路称为串联电路。

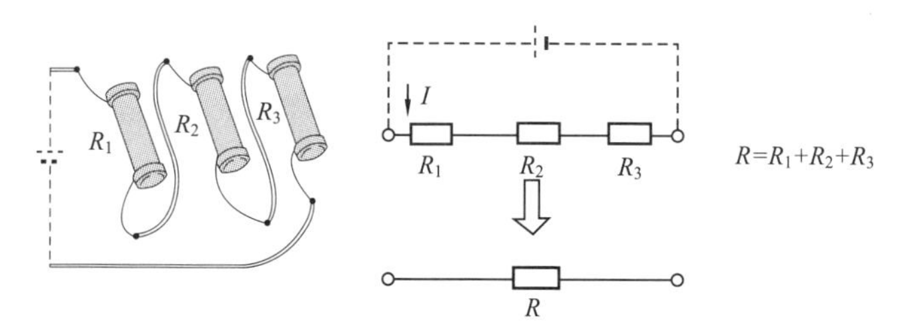

图3.19 串联等效电阻

在图3.20中，由于流过各电阻的电流相同，因此根据欧姆定律，各电阻的端电压V_1、V_2、V_3分别表示如下：

$$V_1=IR_1 \quad V_2=IR_2 \quad V_3=IR_3$$

由于电池两端的电压等于加在各电阻上的电压之和，因此，

$$V=V_1+V_2+V_3=I(R_1+R_2+R_3)=IR$$

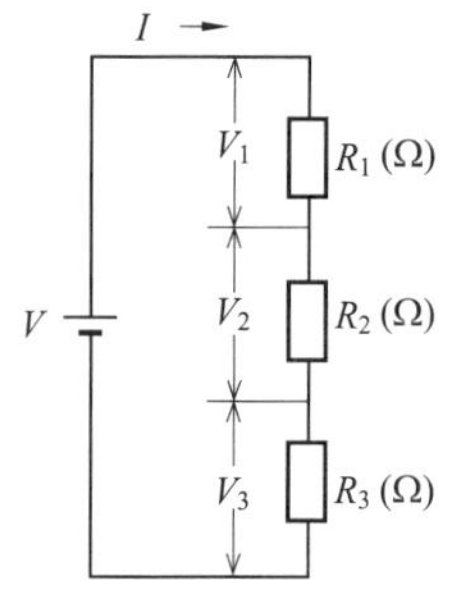

图3.20 电阻串联

式中，令

$$R=R_1+R_2+R_3(\Omega)$$

这样，形成与欧姆定律基本形式相同的形式。对于电池来说，在电压V作用下流过一个电阻R的电流也为I，因此如图3.20所示，串联电阻可等效为一个电阻，该R称为等效电阻。因而，电阻串联的通式表示如下：

$$R=R_1+R_2+R_3+\cdots+R_n\ (\Omega)$$

045 电阻并联

图3.21（a）及图3.21（b）所示为电阻并联的例子。将两个以上电阻的两端分别接于同一点的形式称为电阻并联，将这样的电路称为并联电路。

下面来计算图3.22（a）所示的两个电阻并联的从a端到b端的等效电阻。

由于在该电路的a、b两端之间加上电压V（V），因此，各电阻R_1及R_2分别加上相同的电压V。若设分别流过R_1及R_2的电流为I_1及I_2，则根据欧姆定律可得

$$I_1 = \frac{V}{R_1}, I_2 = \frac{V}{R_2}$$

另外，由于流过电池的总电流I为I_1与I_2之和，因此，

$$I = I_1 + I_2 = \frac{V}{R_1} + \frac{V}{R_2} = V\left(\frac{1}{R_1} + \frac{1}{R_2}\right)$$

式中，若将$V\left(\frac{1}{R_1} + \frac{1}{R_2}\right)$写成$V \times \frac{1}{R}$，则该$R$表示并联电路的等效电阻（图3.22（b）），即

$$\frac{1}{R_1} + \frac{1}{R_2} = \frac{1}{R}$$

所以，$R = \dfrac{1}{\dfrac{1}{R_1} + \dfrac{1}{R_2}}$。

图3.21（b）中三个电阻R_1、R_2、R_3并联时，等效电阻R可采用与两个电阻并联的同样方法，按下式求出：

$$\frac{1}{R} = \frac{1}{R_1} + \frac{1}{R_2} + \frac{1}{R_3} = \frac{R_1R_2 + R_2R_3 + R_3R_1}{R_1R_2R_3}$$

若将上式取倒数，则

$$R = \frac{R_1R_2R_3}{R_1R_2 + R_2R_3 + R_3R_1} \ (\Omega)$$

同样，R_1、R_2、…、R_n的n个电阻并联时等效电阻R为

$$\frac{1}{R} = \frac{1}{R_1} + \frac{1}{R_2} + \frac{1}{R_3} + \cdots + \frac{1}{R_n}$$

如果$R_1 = R_2 = R_3 = \cdots = R_n$时，则可知等效电阻为一个电阻阻值的$1/n$。

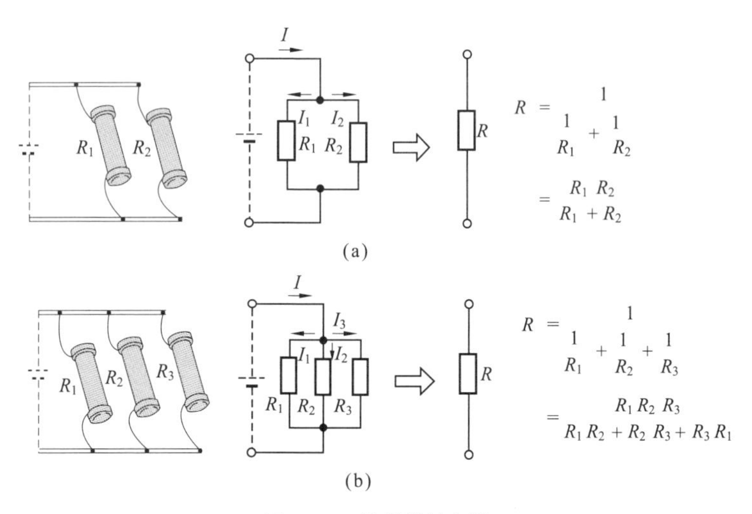

图3.21 并联等效电阻

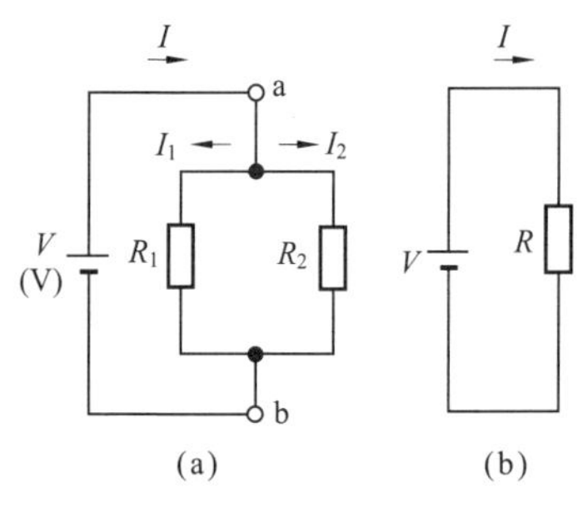

图3.22 电阻并联电路

046 串并联的等效电阻

电阻串并联电路如图3.23所示，考虑方法是首先注意电路中的并联部分，找出解决的线索。在图3.23中，根据电阻R_2及R_3的并联电路，求出其等效电阻R'，再接着求出R_1与R'的串联等效电阻R，则能求出整个电路的等效电阻R。

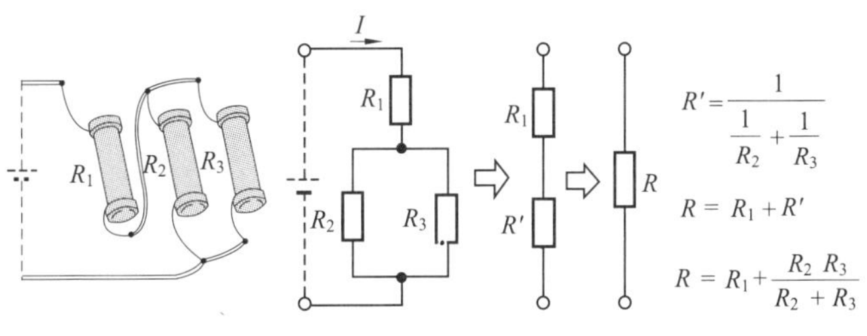

图3.23 串并联等效电阻

047 叠加定理

若在一个电路网络中包含两个以上的电动势，为了求出流过电路网络各支路的电流，可以求出各电动势单独存在时流过各支路的电流，再将它们合成起来求出的电流即为原来电路要求的电流，这称为叠加定理，如图3.24所示。利用这个定理，即使复杂的电路也能够作为简单的电阻串并联电路进行计算，因此容易求解。

由图3.24可知，叠加定理是将电源只剩下一个，其他的拿掉，将拿掉电源的地方短路，然后求各支路的电流。依次反复进行上述操作，最后还要考虑方向，求同一支路中的电流之和，即

$$I_1' = \frac{E_1}{R_1 + \dfrac{R_2R_3}{R_2 + R_3}} = \frac{E_1(R_2 + R_3)}{R_1R_2 + R_2R_3 + R_3R_1}$$

（R_2、R_3的并联等效电阻）

$$I_2' = I_1'\frac{R_3}{R_2 + R_3}$$

$$I_3' = I_1'\frac{R_2}{R_2 + R_3}$$

$$I_2'' = \frac{E_2}{R_2 + \dfrac{R_1R_3}{R_1 + R_3}} = \frac{E_2(R_1 + R_3)}{R_1R_2 + R_2R_3 + R_3R_1}$$

（R_1、R_3的并联等效电阻）

$$I_1'' = I_2''\frac{R_3}{R_1 + R_3} \quad I_3'' = I_2''\frac{R_1}{R_1 + R_3}$$

若各支路电流与原始电路中的方向相同，则取正；若相反，则取负。

$$I_1 = I_1' - I_1'' = \frac{E_1(R_2 + R_3)}{R_1R_2 + R_2R_3 + R_3R_1} - \frac{E_2R_3}{R_1R_2 + R_2R_3 + R_3R_1}$$

$$I_2 = -I_2'' + I_2'' = -I_1'\frac{R_3}{R_2 + R_3} + \frac{E_2(R_1 + R_3)}{R_1R_2 + R_2R_3 + R_3R_1}$$

$$I_3 = I_3' + I_3'' = I_1'\frac{R_2}{R_2 + R_3} + I_2''\frac{R_1}{R_1 + R_3}$$

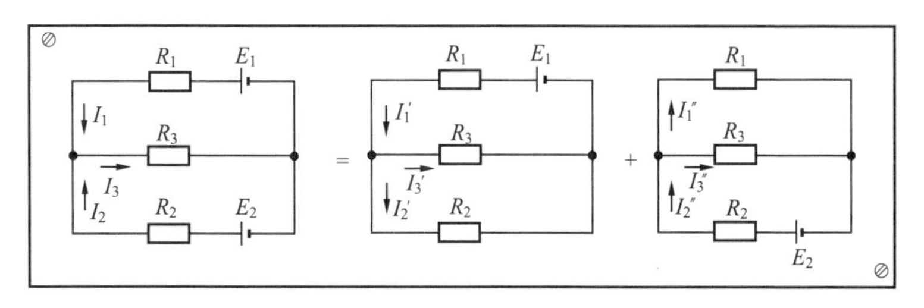

图3.24　叠加定理

048 两个基尔霍夫定律

用欧姆定律可计算串并联电路的电流，但对于串并联以外的电路，要使用基尔霍夫定律。基尔霍夫定律是适合任何电路的一般定律，如图3.25所示。

基尔霍夫定律由第一定律和第二定律组成。第一定律是关于电流的定律，第二定律是关于电压的定律。若想知道复杂电路的电流和电压，应用基尔霍夫第一定律和第二定律列出联立方程组，并求解该方程组即可，如图3.26所示。

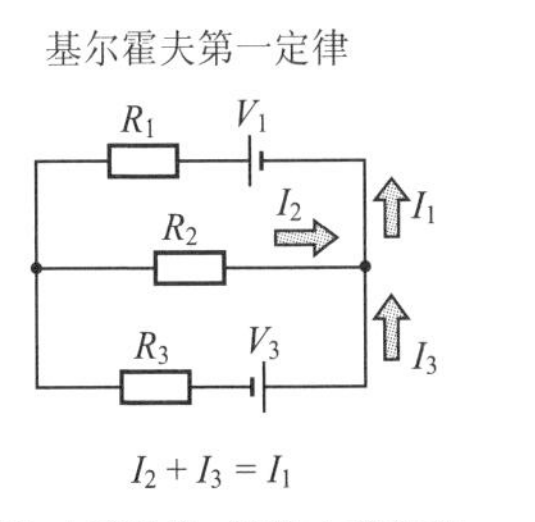

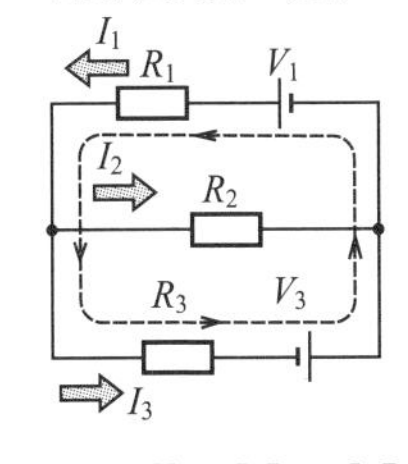

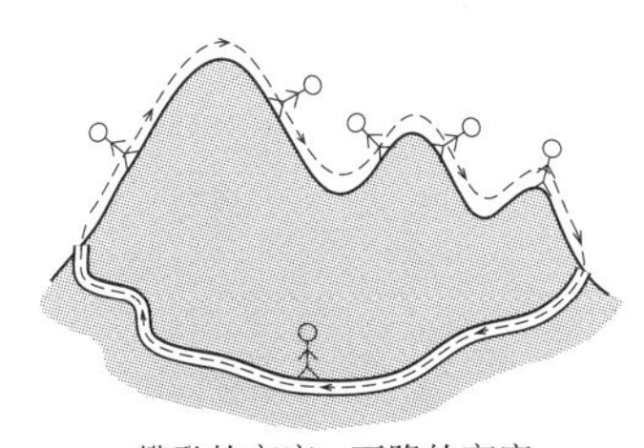

图3.25　基尔霍夫定律

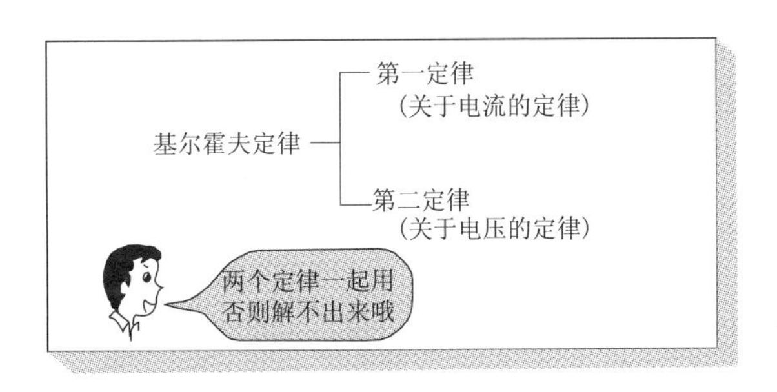

图3.26

049 基尔霍夫第一定律

基尔霍夫第一定律是关于电流的一般定律。在图3.27所示电路中的任意结点，流入电流的总和等于流出电流的总和，这称为基尔霍夫第一定律。

基尔霍夫第一定律用公式表示如下：

$$I_1+I_2+I_3=I_4+I_5$$

对于实际电路，因为起先并不知道电流是流入或是流出结点，所以可任意假设。这样，如果电流的计算结果为负值时，那就意味原先假设的电流方向与实际流向相反。

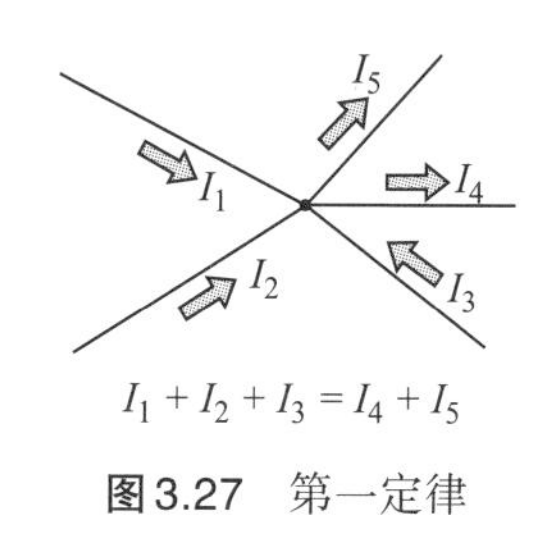

图3.27 第一定律

050 基尔霍夫第二定律

基尔霍夫第二定律是关于电压的一般定律。为了理解这一定律，先试求一下图3.28（a）的各部分电压。

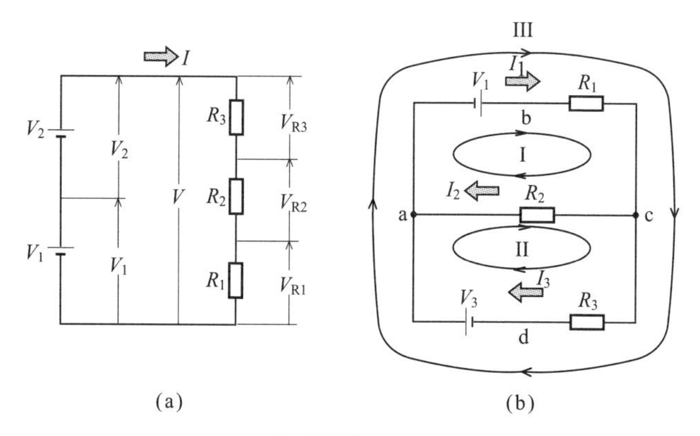

图3.28 基尔霍夫第二定律的思考方法

电源有两个，其电压和 V 为

$$V=V_1+V_2$$

各电阻上电流所产生的电压降的总和 V_R 为

$$V_{R} = V_{R1} + V_{R2} + V_{R3} = IR_1 + IR_2 + IR_3$$

因为电源电压的总和等于电压降的总和，所以，

$$V_1 + V_2 = IR_1 + IR_2 + IR_3$$

把这一想法扩展应用于任意闭合回路，就成为基尔霍夫第二定律。这里所说的闭合回路是指从电路中某一点出发按照绕行方向再回到出发点所走的闭合环路。图3.28（b）中有三个闭合回路，若对各闭合回路应用基尔霍夫第二定律，结果见表3.2。

表3.2

闭合回路	绕行方向	根据第二定律
I	a–b–c–a	$V_1 = I_1R_1 + I_2R_2$
II	a–c–d–a	$V_3 = -I_2R_2 + I_3R_3$
III	a–b–c–d–a	$V_1 + V_3 = I_1R_1 + I_3R_3$

051 电压的正和负

应用基尔霍夫第二定律时需注意的是电源电压和电压降有时为负。各电压的正（+）和负（–）规定如下：

① 电源电压［图3.29（a）］。

- 顺电路绕行方向电压升高时为正（+）。
- 顺电路绕行方向电压下降时为负（–）。

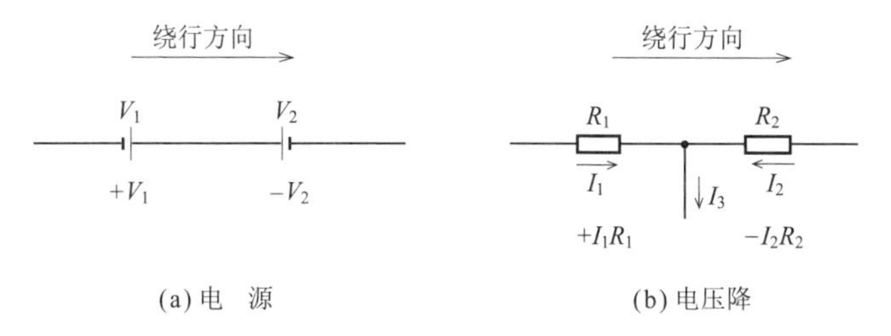

图3.29　电压的正和负

② 电压降［图3.29（b）］。

- 电路绕行方向和设定的电流方向相同时为正（+）。
- 电路绕行方向和设定的电流方向相反时为负（-）。

052 电桥平衡

在被称为水之国的荷兰，在街道中有运河，在田园中也有纵横交错的灌渠。上面架着美丽的桥，形成了一道宁静优雅的风景线。如果在电路中也架上桥，那就形成了电流的通路。这时桥的作用明确地由周围的状态决定，如果对此有深刻的理解，那么电路问题就可以不费劲地解决，如图3.30所示。

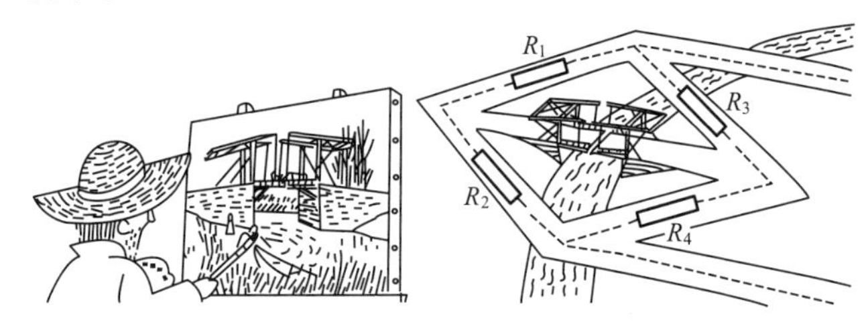

图3.30

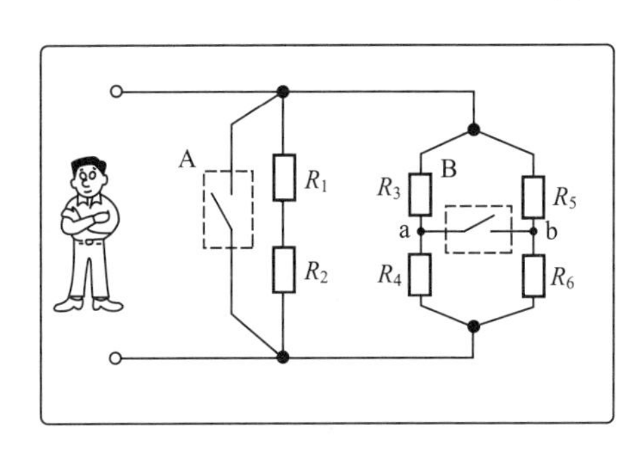

A桥　起与电阻R_1、R_2为零同样的作用，称为短路或将R_1、R_2短路

B桥　连接a、b两点，形成电流的通路，称为电桥或者桥接。电流在通路中如何流动由R_3~R_6的电阻大小及状态决定

图3.31　电桥电路

图3.31所示为电桥电路。在这个电路中，通过设定周围的4个电阻的值可以做到，即使把桥放下，或者把桥升起，对电路的状态都没有影响，把这种情况称为电桥平衡，在a、b两点电位相等时就是这种情况。

所谓把桥放下来就是将a、b两点之间短路，所谓把桥升起就是将a、b两点之间开路。这种状态由周围的4个电阻的值（平衡条件）决定。

053 使用电桥对电阻进行精密测量

电桥电路通常画成图3.32所示。并且，电桥平衡条件成立也就是c、d的电位相等，在图3.33中示出电位相等这一层意思的说明。电桥平衡时下面的关系成立：

$$PI_1 = QI_2, \qquad RI_1 = XI_2$$

所以，

$$\frac{P}{R} = \frac{Q}{X} \text{或者} \quad PX=QR$$

这里设X为未知电阻，P、Q、R为已知电阻，则由下式求X：

$$X = \frac{Q}{P}R$$

把使用此式测量未知电阻的电路称为惠斯通电桥。

由上式可知，适当调整R、P和Q分别仅取10Ω、100Ω、1000Ω三种数值的组合，Q/P也就有0.01～100倍的变化，因此把P和Q称为电桥的比例臂。

已知R和P、Q的比例臂就可计算出X。

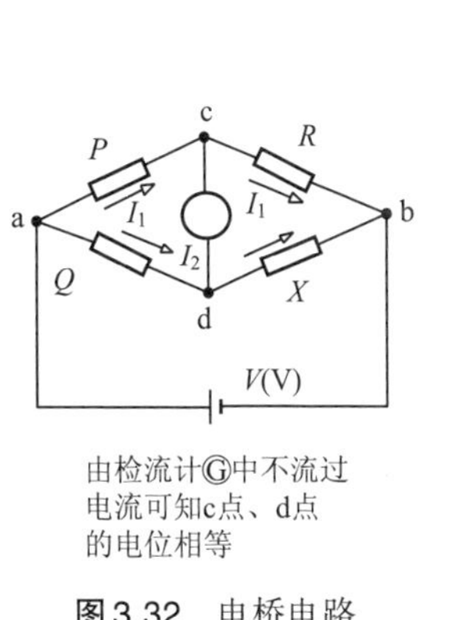

图3.32　电桥电路

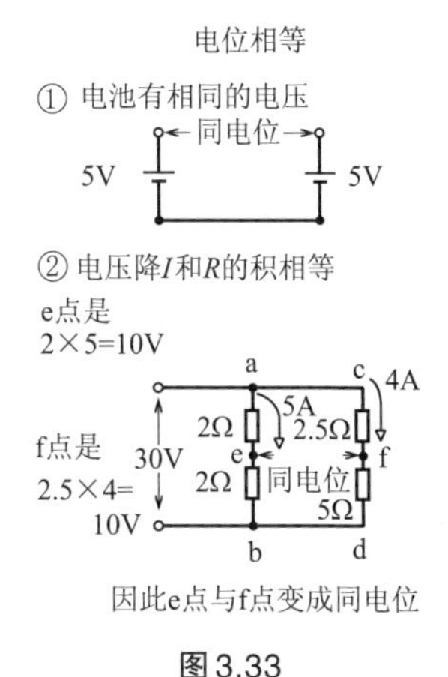

图3.33

第4章 交流电路

054 身边的直流电与交流电

在现代社会中，电在所有领域广泛用作能源。电大致可分为直流电与交流电。我们身边见得很多，要根据其特点灵活加以应用。

图4.1所示为三种直流电源。有收录机及计算器等用的便于携带的干电池，模型飞机及汽车引擎启动等使用的蓄电池和在一定范围内能自由改变电压的直流电源装置等，由这些电源得到的电称为直流电。

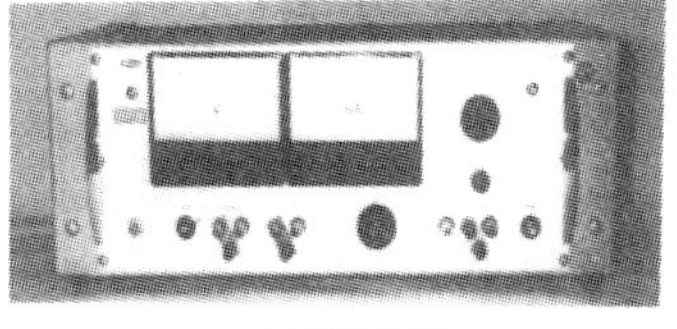

(a) 干电池
(1.5V)

(b) 蓄电池
(12V, 6A·h)

(c) 直流电源
(0 ~ 500V, 250mA)

图4.1 直流电源

图4.2所示为三种交流电源，有我们家庭用的电灯线的电源、便携式发电机和在一定范围内能自由改变频率的振荡器等，由这些电源得到的电称为交流电。

(a) 家用插座
(100V, 50/60Hz)

(b) 便携式发电机
(100V, 50/60Hz)

(c) 低频振荡
(25Hz ~ 100kHz)

图4.2 交流电源

055 直流电与交流电的性质

若用示波器观测直流电与交流电的波形，可得图4.3（a）、图4.3（b）所示完全不同的波形。

直流电的大小相对于时间是恒定的，方向也不改变。如果以干电池而言，它的极性（正端与负端）是不变的，因而直流电方向也不变。而交流电则与此不同，其大小及方向随时间作周期性变化，与直流电相比，其变化比较复杂。所谓方向变化也就表示极性的变化。

图4.4所示为直流电与交流电相对于时间的变化。

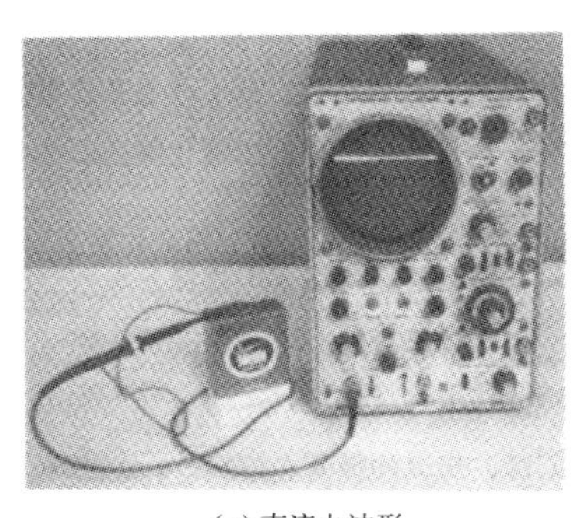

(a) 直流电波形

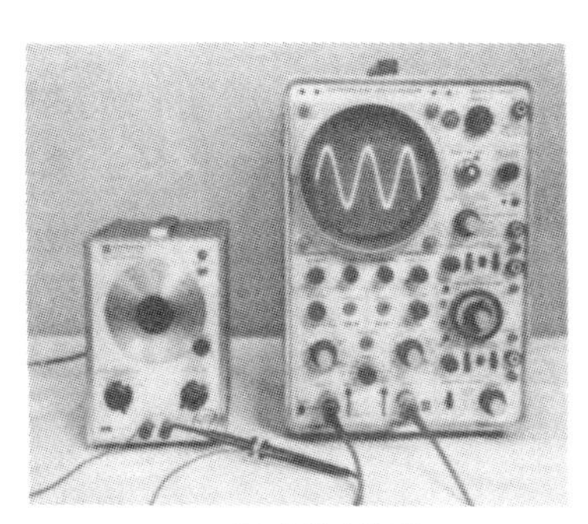

(b) 交流电波形

图4.3 波形观测

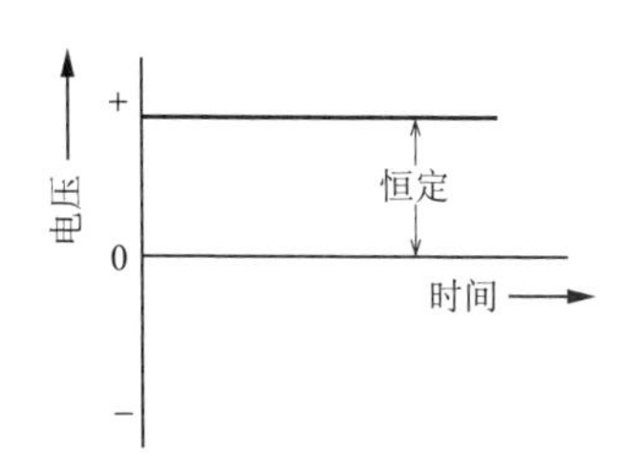

(a) 直流电（与时间无关，大小恒定）

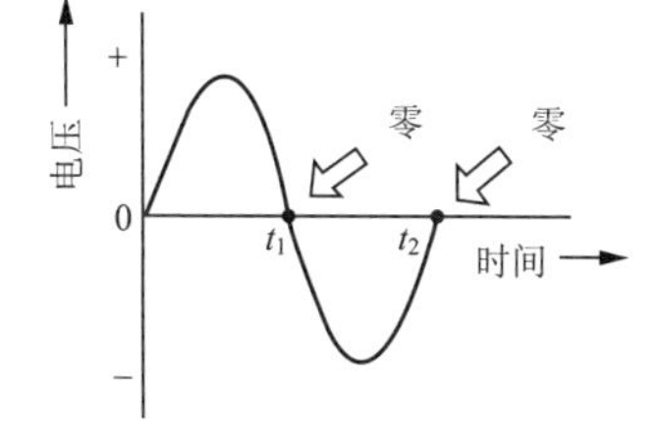

(b) 交流电（大小及方向随时间而变）

图4.4 直流电与交流电的波形

056 交流电波形的正负与零

从干电池可知，直流电的正负极性是固定的。而交流电则与此不同，其大小随时间而变化，且极性也随时间而变化，即具有正负极性随时间而交替变化的性质。

再有，交流电极性由正变为负及由负变为正时，在正与负的交替处应该为零，在图4.4的交流电波形中t_1及t_2所示的即为过零点。

送到我们家中的交流电也应该是这样变化的，下面以荧光灯的点灯状态为例来看交流电的变化情况。

荧光灯发出的光如图4.5所示，在i_1及i_3时发光，在i_2及i_4时熄灭，即荧光灯要产生闪烁。这可以将手靠近荧光灯，然后左右摆动手来证明，这时可看见有若干个手指。从这个实验还可知道，当闪烁与摆动的快慢满足一定关系时，就可看成静止状态。

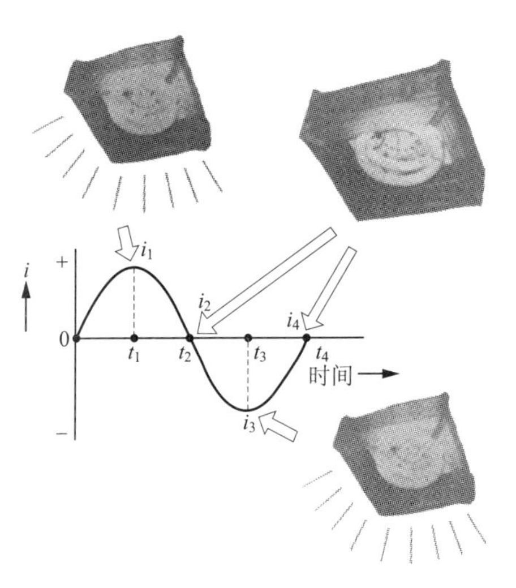

图4.5 荧光灯与电流波形

但是用该交流电作为电源的荧光灯仍可广泛用作一般照明。那是因为，人眼即使非常精巧，但若荧光灯1秒钟闪烁100多次，由于存在余辉现象，人眼感觉不到闪烁。因此理论上是按交流电波形不断亮灭，而实际上是作为亮度与时间无关的直流光源使用。

057 直流电与交流电的电源符号

由于直流电（DC，Direct Current）与交流电（AC，Alternating Current）的波形有很大不同，因此电源符号也不同，如图4.6所示。

直流电由于大小及方向不随时间而变，所以使用大写字母表示，电压用E表示，电流用I表示。电源方向一般用箭头表示，电流方向与该箭头方向相同。

而交流电由于电压及电流的大小和方向随时间而变（图4.7），因此使用小写字母表示，电压用e表示，电流用i表示。电源方向一般用箭头表示，图4.5时间轴上面波形i_1（即正半波）的方向即正方向。因而，时间轴下面的i_3为与电源箭头相反的反方向。

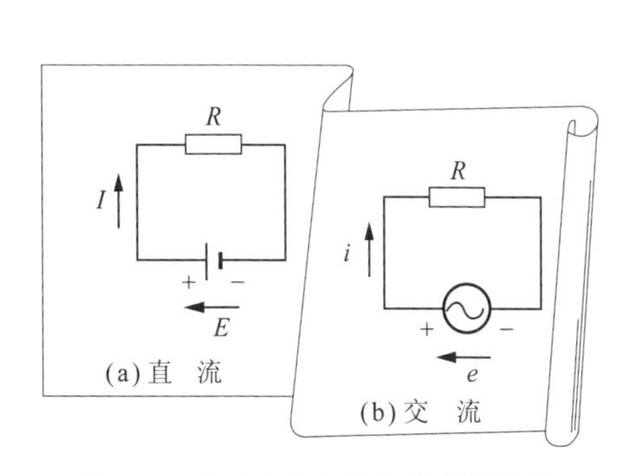

图4.6 直流电与交流电的电源符号

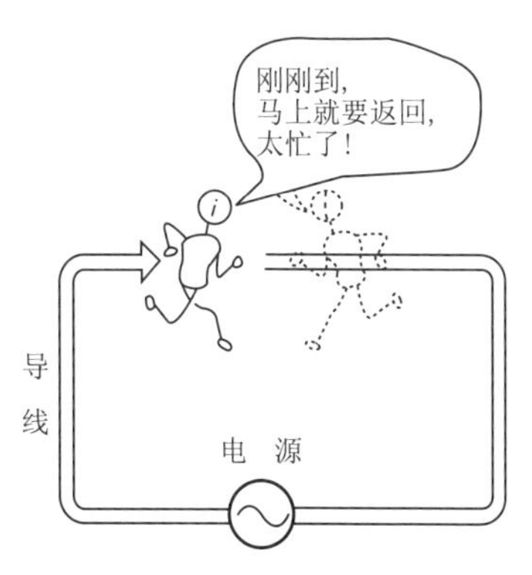

图4.7 频繁来回流动的交流电i

058 均匀磁场中线圈的移动

图4.8所示的装置是将绕成线圈状的导体置于均匀磁场中，在线圈两端连接检流计。

现在若用手将线圈左右摆动，则检流计的指针以零刻度位置作为中点左右摆动。若线圈快速摆动，则指针摆动加大，若线圈慢慢摆动，则指针振幅减小。若线圈上下运动或静止，则指针均不摆动。

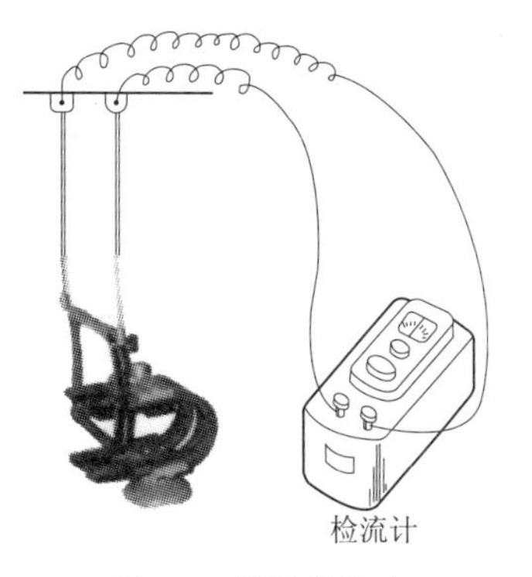

图4.8 线圈的移动

磁极间沿N→S的方向有磁通通过，若导体不切割磁通，则不产生电动势。根据已经学习过的弗莱明右手定则说明的发电机原理可以知道，由于在经过检流计的闭合电路中产生了电动势，因此有电流流过，使指针摆动。要使该摆动一直持续，只有始终使线圈移动，发电机就是应用了这一原理，如图4.9所示。

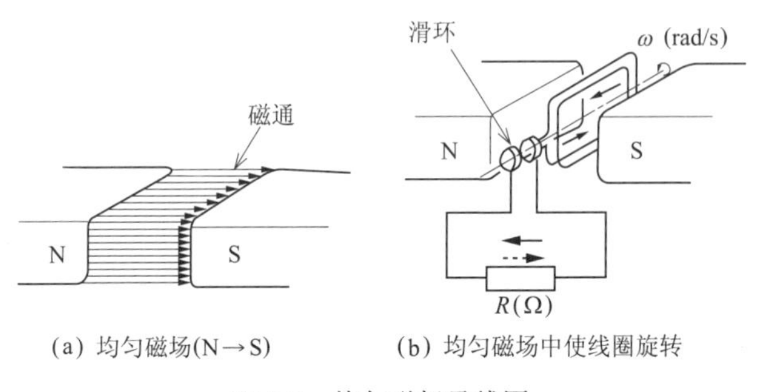

(a) 均匀磁场(N→S)　　(b) 均匀磁场中使线圈旋转

图4.9 均匀磁场及线圈

众所周知，我们家庭及工厂使用的交流电是由发电厂的发电机运转而产生的，即是将发电机与利用水力的水轮机或利用蒸汽的涡轮机等同轴安装，使发电机旋转而发电。

059 交流电的产生

将线圈置于均匀磁场内，若以某一定速度旋转，则会产生什么样的电压?

1）流过线圈的电流方向改变

如图4.10所示，将线圈的a边和b边置于磁极之间，使其旋转切割磁通，这样在线圈导体中流过电流，下面用弗莱明右手定则来求该电流的方向。

在XY轴的左半边，流过线圈的电流方向如中指所指方向，是从纸里向外（用符号⊙）流，而右半边则相反，是从外向纸里（用符号⊗）流。另外，线圈逆时针方向旋转180°，仍然相同。但是就线圈的导体a及b来讲，流过导体b的电流方向为从⊙→⊗，而流过导体a的电流方向为从⊗→⊙，方向发生变化。由此可知，以XY轴为界，流过线圈的电流反向。电流反向必然在中途有为零的时候。

这样，若线圈在均匀磁场中旋转1圈，考虑流过线圈导体的电流方向，则电流变化过程为+→0→-→0。表4.1所示为线圈旋转1圈时的变化。

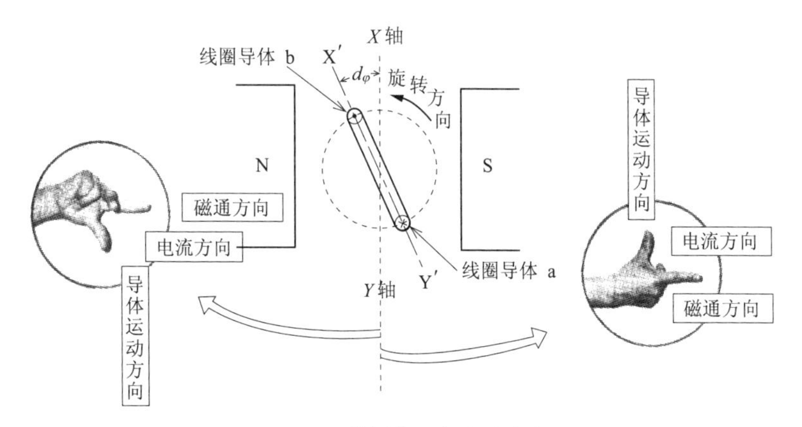

图4.10 线圈位置与电流方向

表4.1 流过线圈导体的电流方向（图4.10的状态）

线圈导体（b边的位置）	*XY*轴左侧	*XY*轴上	*XY*轴右侧
线圈导体b边	⊙	0	⊗
线圈导体a边	⊗	0	⊙

2）流过线圈的电流大小改变

前面已经学习了，在均匀磁场中导体垂直切割磁通将产生电动势。在图4.10中，旋转线圈的导体a及导体b不一定始终垂直切割从N极指向S极的磁通。

在图4.11（a）的瞬间，导体a及导体b如箭头所示，一个向上，一个向下，但都可看成垂直于磁通运动。由于垂直切割磁通，因此产生的电动势最大，电流也是最大。

而图4.11（b）则与图4.11（a）不同，导体a及导体b一个向左，一个向右，可看成是水平运动，因而导体a及导体b垂直切割磁通的分量为零，所以电流也应该为零。

这样当线圈以一定速度旋转时，虽然导体a及导体b的线速度相同，但相对于磁通方向（N→S）都在变化，即导体a及导体b垂直切割磁通的分量因旋转角度（位置）而变化。所以，产生的电动势大小也因线圈位置而变化，电流也同样发生变化。

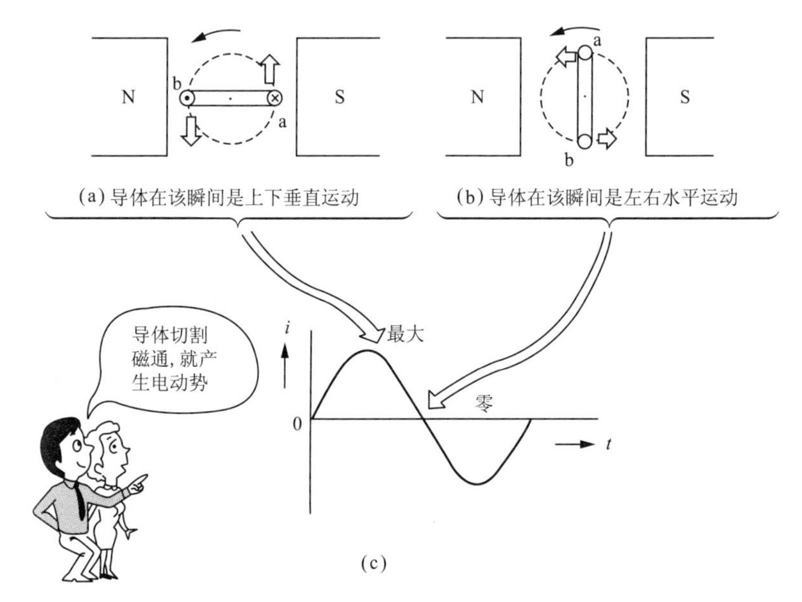

图4.11 线圈位置与磁通的方向

060 电动势的表示方法

图4.12所示为线圈导体从XY轴旋转φ角时的位置。这时导体相对于磁通方向N→S是斜向切割。由于电动势与导体垂直切割磁通的分量成正比，因此在这种情况下，电动势与$\sin\varphi$的值成正比，所以电动势e的大小为

$$e = E_{\mathrm{m}}\sin\varphi \ (\mathrm{V}) \qquad (4.1)$$

式中，E_{m}为最大值，取决于线圈的大小、匝数、转速、NS间的磁通密度等。

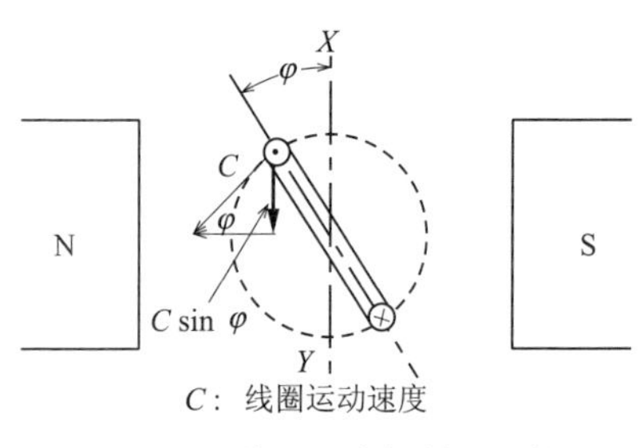

图4.12 线圈垂直切割磁通的分量为sin函数图

061 正弦交流

图4.13示出了正弦交流产生的全过程。

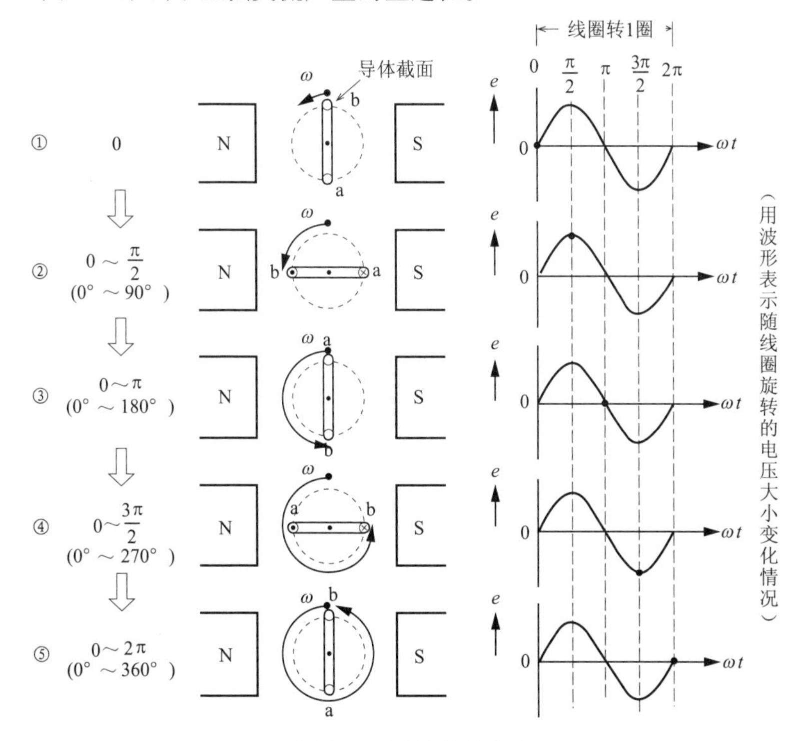

图4.13 正弦交流的产生

式(4.1)的交流为按sin函数而变化的波形，由于与数学上学习过的正弦波曲线一致，因此称为正弦交流(图4.14)。

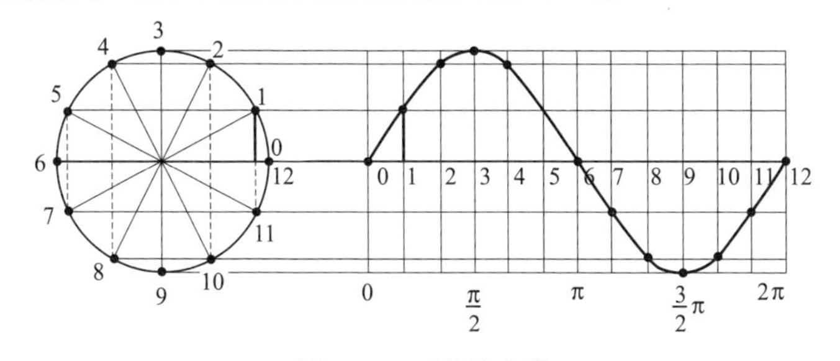

图4.14 正弦波曲线

062 正弦波以外的波形

图4.15所示为观察振荡器的波形变化。图4.16所示为若干个正弦波以外的波形。

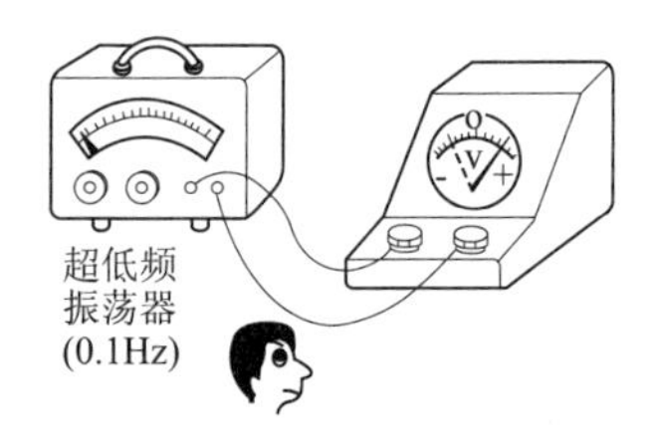

图4.15 观察确认超低频振荡器的输出大小与方向随时间而变化

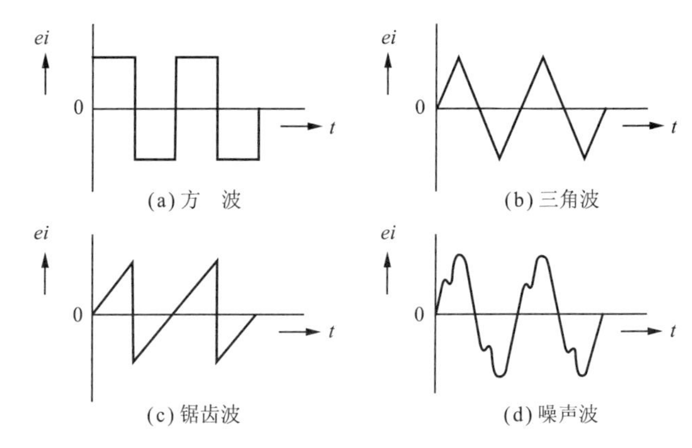

图4.16 正弦波以外的波形

063 速度与角速度

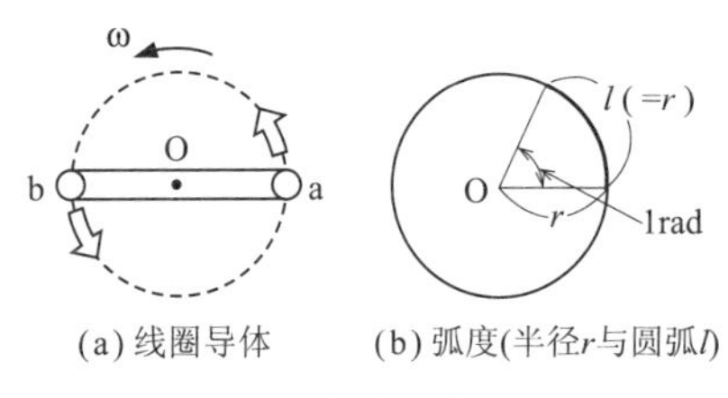

图4.17 角度的表示方法

平面上的速度是用单位时间前进的距离来表示的，但如图4.17（a）所示，以O为中心进行圆周运动的线圈导体a及b还是以每秒钟前进几度来表示速度比较方便。角度可以用度表示，也可以用弧度（单位符号为

rad）表示。

如图4.17（b）所示，当半径r与圆弧l的长度相等时，弧度为1rad。也就是说，将圆周按半径来分割。因而，设旋转体旋转1周，其弧度为

$$\frac{2\pi r\text{（圆周长）}}{r\text{（半径）}} = 2\pi \ \text{（rad）}$$

若以每秒n转的恒定速度旋转，则角速度为

$$\omega = 2\pi n \ \text{（rad/s）} \tag{4.2}$$

在由一对N极与S极形成的均匀磁场中，使线圈导体旋转产生的交流电是线圈导体每旋转1周而重复变化一次，因而每秒变化数与其转速一致。这样应该可以用频率（将在后述）f置换式（4.2）的转速n，角速度可表示为

$$\omega = 2\pi f \ \text{（rad/s）}$$

表4.2所示为弧度与度的关系，在有关电的计算中，多采用弧度来表示角度，这是因为其表示方便、容易记忆且计算简单。

表4.2 弧度与度

弧 度	2π
度	360

⇨

π	$\frac{2\pi}{3}$	$\frac{\pi}{2}$	$\frac{\pi}{3}$	$\frac{\pi}{4}$	$\frac{\pi}{6}$
180	120	90	60	45	30

064 正弦交流电的表示方法

所谓有效值是指用直流与交流电源将同样的白炽灯泡点亮，并使其照度相同，如图4.18所示。这时的波形如表4.3所示，交流的最大值为1.41A。但是，不是用1.41A表示该交流，而因为与1A的直流做了同样的功，因此用1A表示，这称为有效值。

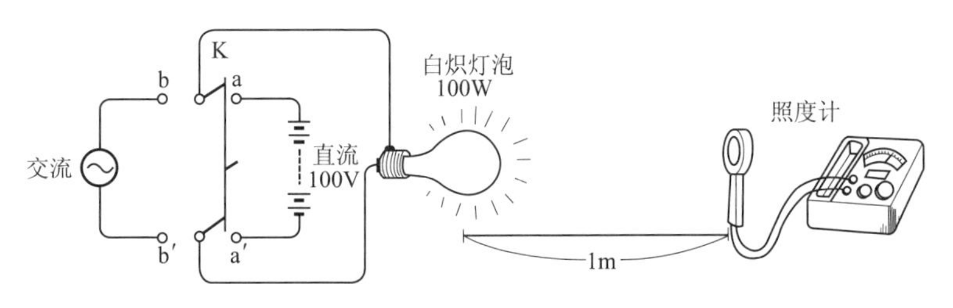

图4.18 用直流及交流电源使白炽灯泡点亮

表4.3 白炽灯泡的点灯数据

	将开关K倒向aa′侧（直流电源）	将开关K倒向bb′侧（交流电源）
同样照度	照度 100lx　1m	
功	如果照度相同，则直流与交流做同样的功	
波　形	i　1.41A　O　1.41A　t	i　1A　O　t

无论交流还是直流，做相同的功就用同样大小来表示。这样有效值定义的表达方法虽然稍微复杂了一点，但是，用有效值来处理及计算交流可以与直流的情况相同，因此是非常方便的。

065 正弦交流电的频率与周期

由于交流的大小及方向都随时间而变，因此不能像直流那样简单地表示，它有各种表示方法。

一种方法是用波形来描绘其变化情况，横轴为时间，纵轴表示大小及方向。不适宜用波形直接进行电路计算，也不适宜画成图形符号，但电流随时间变化的情况却能在波形里一目了然。

在图4.19（a）所示的波形中，重复变化一次的时间称为周期（符号为T)，单位用秒（s）表示，另外，单位时间（1秒钟）重复变化的次数称为频率（符号f)，单位用赫兹（Hz）表示。f与T之间有下列关系：

$$f=\frac{1}{T}\ (\mathrm{Hz})$$

$$T=\frac{1}{f}\ (\mathrm{s})$$

图4.19（a）中的频率，由于1秒钟重复变化两次，因此为2Hz，而周期为0.5s。

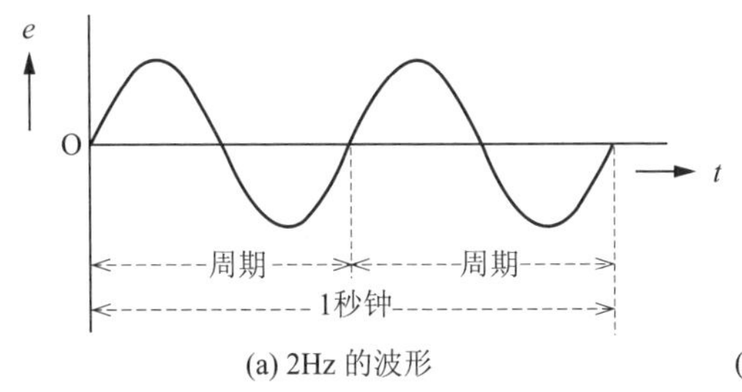

(a) 2Hz 的波形

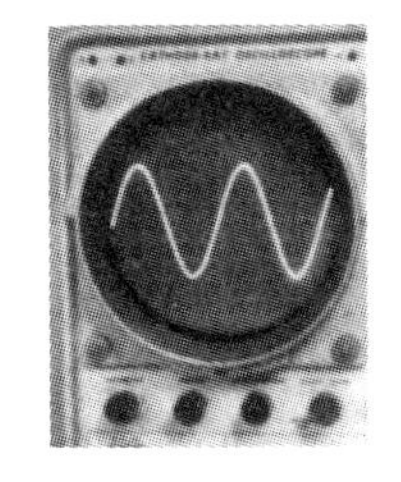
(b) 示波管屏幕上的交流波形

图4.19 交流波形

表4.4所示为一些频率的例子。

表4.4 频率举例

频率种类	频　率
声　音	20~20000Hz
工　频	50/60Hz
无线电波（中波）	535~1605kHz
电视电波（VHF）	90~222MHz

066 正弦交流电的瞬时值与最大值

如前述波形所示，交流的大小随时间而变化。某瞬间所具有的大小称为瞬时值。例如，在图4.20中，e_0~e_8为瞬时值，是使时间处于静止状态而显示的大小。

由于横轴的时间是任意无穷多的数，因此瞬时值也存在无数个，波形可以说是由无数个瞬时值连接而成的。

最大值是该瞬时值中最大的值。在正弦交流电的1/2周期中，必定有一个最大值（图4.20）。

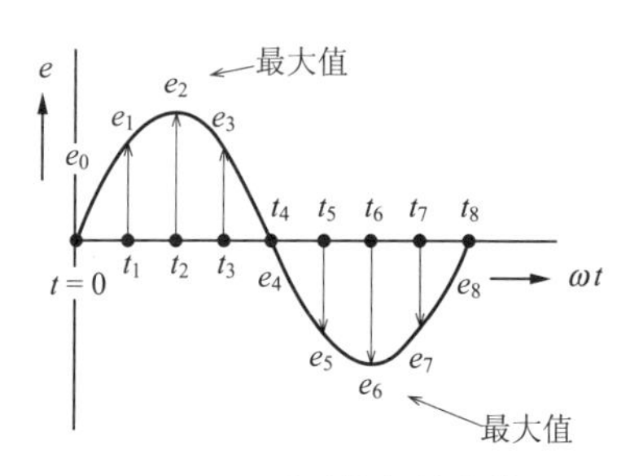

图4.20 瞬时值与最大值

067 正弦交流电的平均值

表示交流大小的另一个方法是用平均值。若将交流波形对一个周期进行平均，由于各半周期的波形大小相等，因此这样平均的结果为零。所以可以考虑对1/2周期求平均值。若近似求平均值，则如图4.21所示（sin10°=0.1736，sin30°=0.5000等）。

平均值与最大值的关系如下所示：

$$\left.\begin{aligned} E_{av} &= \frac{2}{\pi}E_m = 0.637E_m \text{（V）} \\ I_{av} &= \frac{2}{\pi}I_m = 0.637I_m \text{（A）} \end{aligned}\right\}$$

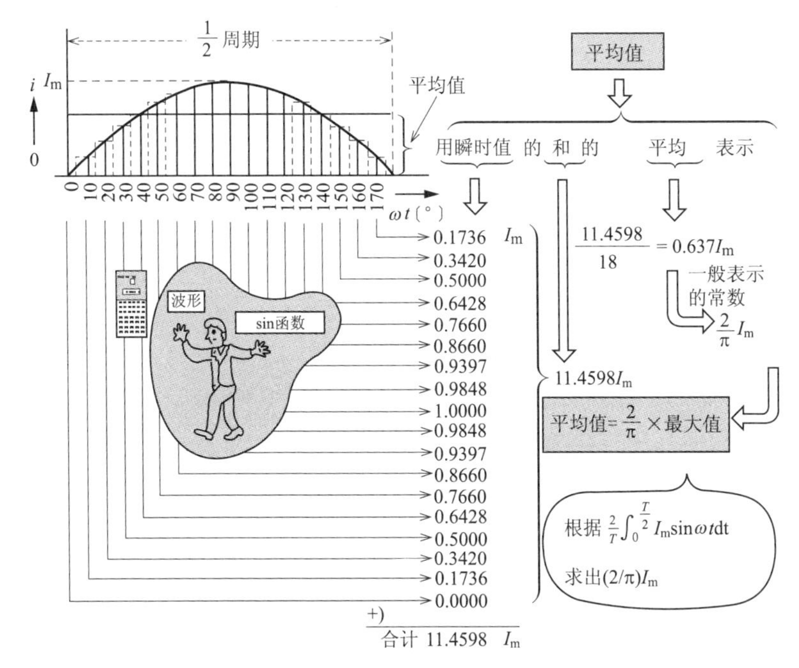

图4.21　平均值的考虑方法与近似计算

068 一般用有效值表示正弦交流电的电压及电流

例如，我们家庭的交流电压为220V，流过的电流为20A等，这些都是用有效值表示的。若用有效值表示，则交流的处理及计算与前面学习过的直流情况相同，因此一般在交流中用有效值表示电压及电流。

同样时间内电阻R（Ω）产生的热量，直流及交流都相同，有效值是以实际效果为基础来考虑的，如图4.22所示。

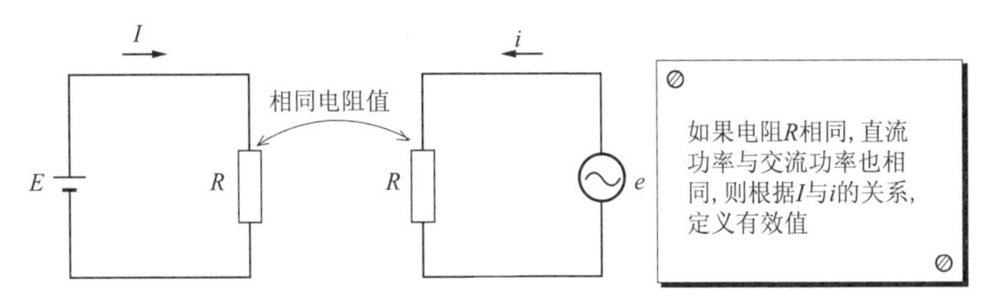

图4.22　直流与交流的功劳及有效值

现介绍有效值的考虑方法：

直流功率　$P_{DC}=I^2R$（W）　（4.3）

交流功率　$P_{AC}=$（i^2R的平均值）（W）　（4.4）

令式（4.3）及式（4.4）的右边相等，求电流I，则得下述结果，即用右边的内容I表示交流，这就是交流电的有效值。

$$I=\sqrt{i^2\text{的平均}}\ (\text{A})$$

有效值与最大值的关系如下所示：

$$\left.\begin{aligned}E&=\frac{1}{\sqrt{2}}E_m=0.707E_m(\text{V})\\I&=\frac{1}{\sqrt{2}}I_m=0.707I_m(\text{A})\end{aligned}\right\}$$

有效值是对一个周期进行定义的，但如图4.23的小圆内所示的那样，是相同波形重复，因此可以对1／2周期进行近似计算，如图4.23所示。

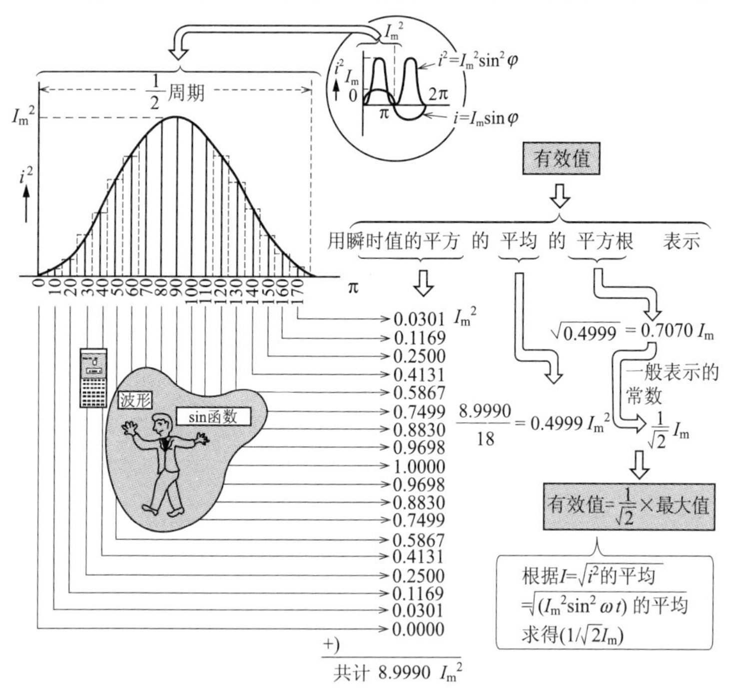

图4.23　有效值的考虑方法与近似计算

069 正弦交流电的角频率与电角度

利用一对NS极产生的正弦交流电，线圈旋转一周重复变化一次，即每秒钟重复变化的次数与线圈的转速一致，因此可以表示为式（4.5），这也称为角频率。

$$\omega = 2\pi f \text{ (rad/s)} \tag{4.5}$$

下面来研究一下该角频率与磁极数的关系。图4.24中①是线圈旋转一圈与正弦交流电的变化次数一致，而如图4.24中②及③那样，若增加磁极数，则变为不一致。线圈物理上旋转一圈的角度称为空间角度，而交流电变化一周的角度称为电角度，若磁极数增加，则两者不一致。图4.24所示为它们的变化情况。

频率因磁极数不同而不同，在电气领域中，是以产生一次变化（一个周期）为基准规定为2π（rad）。

因而，图4.24中③是①的频率的三倍，电角度为6π（rad）。

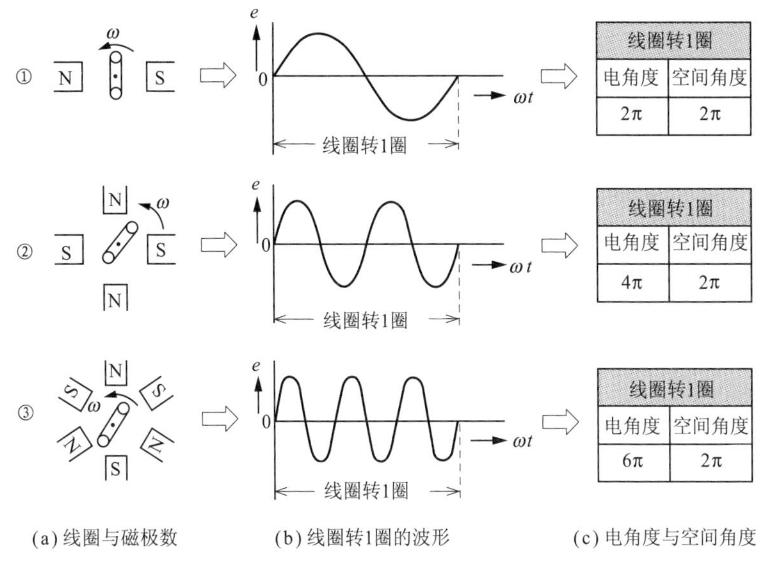

线圈转1圈	
电角度	空间角度
2π	2π

线圈转1圈	
电角度	空间角度
4π	2π

线圈转1圈	
电角度	空间角度
6π	2π

图4.24 磁极数与电角度及空间角度

070 相 位

若用辞典查“相位”这一术语可知，相位是表示周期运动中物理量处于什么状态及位置的一个量。

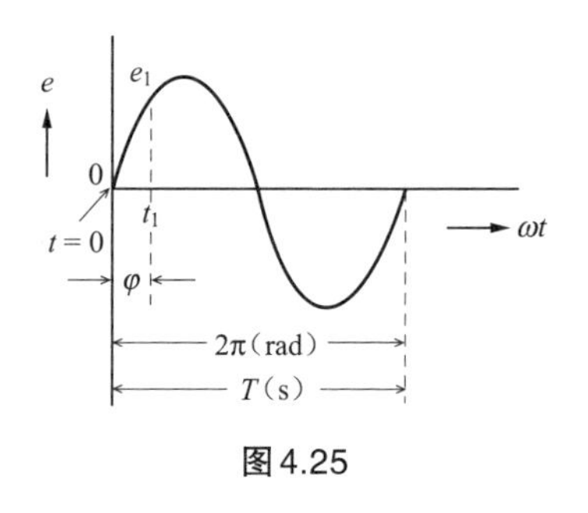

图4.25

交流电压波形及电流波形也是随时间作周期性变化。图4.25中时间t_1的瞬间，波形处于什么样的位置，这就要用相位这一术语来表示。因而，相位是用距离某一起点（t=0）的角度来表示，当然也可以用时间来表示，但一般由于用电角度表示比较方便，因此，用φ或θ等表示。

071 *e*与*i*的相位差

图4.26所示为电压e与电流i有时间差，该e与i的相位各不相同，将相位之差φ称为相位差。

在对两个以上交流进行比较时，其交流的频率必须相同（图4.27）。在图4.26中，任何位置（时间）的相位差φ总是一定的。如果频率不同，则相位差将随时间而变，就无法对其进行讨论了。

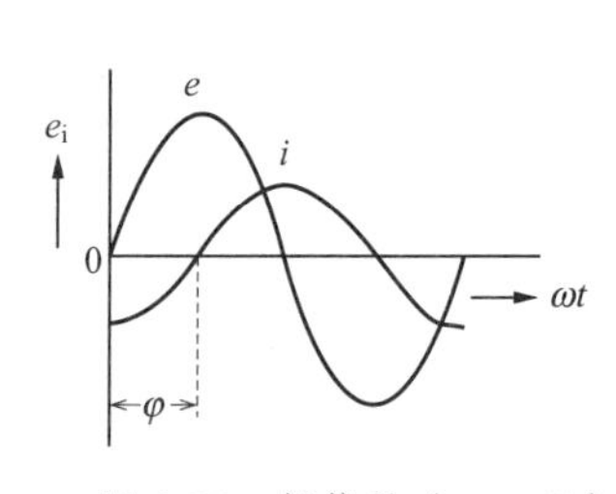

图4.26 相位差（$\varphi=\pi/2$）

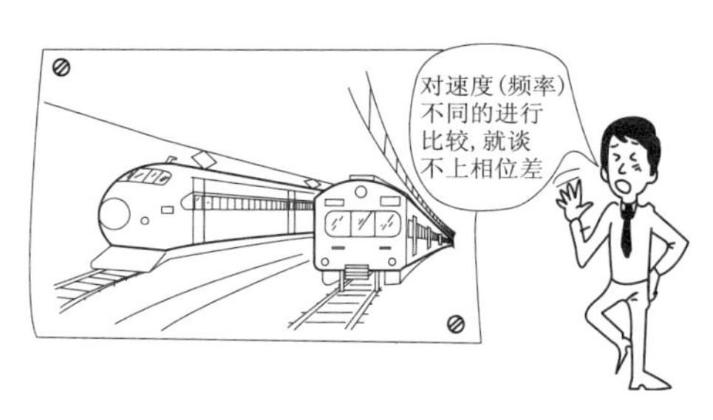

图4.27 比较的条件

图4.28所示为RC串联电路的端电压波形，图4.29所示为两组线圈的波形。

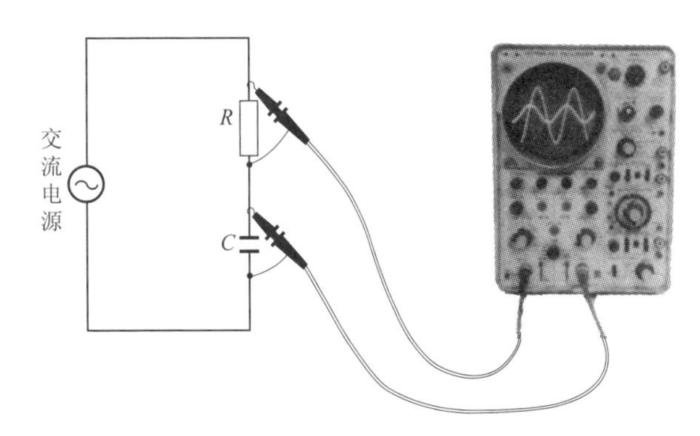

图 4.28 RC串联电路的端电压波形

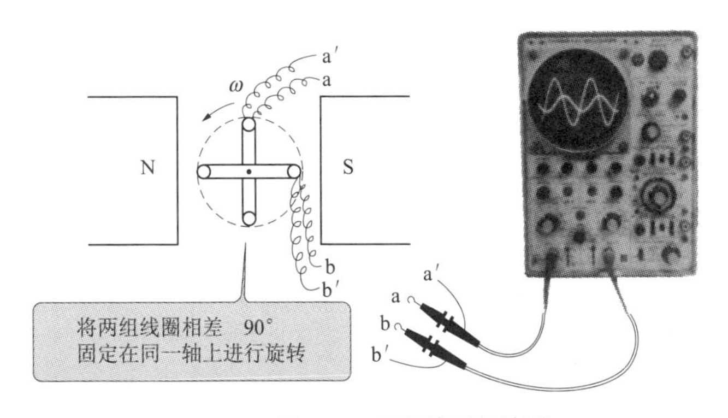

图 4.29 两组线圈的波形

072 相位超前与滞后

一般在讨论物理量超前及滞后时，取决于以什么为基准，其表现也不一样。即所取的基准不同，超前与滞后会反过来。例如，图 4.30 所示比较身高，若以 A 为基准，则 B 为矮；若以 B 为基准，则 A 为高。两者意思是一样的，但说起来就为低或高，表现就不一样。

相位的超前与滞后也相同，必须明确规定基准。相位的超前与滞后如图 4.31 所示，以时间轴为基准，来看波形的上升部分，处于左边为超前，处于右边为滞后。

图4.30　比较的基准

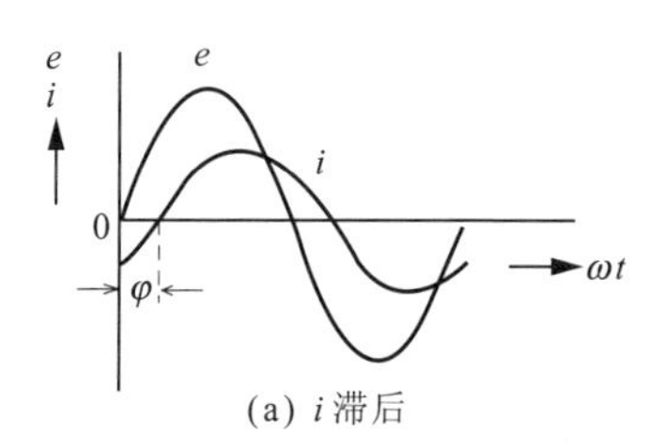

(a) i 滞后

e超前于i相位角φ(rad) (以i为基准)

i滞后于e相位角φ(rad) (以e为基准)

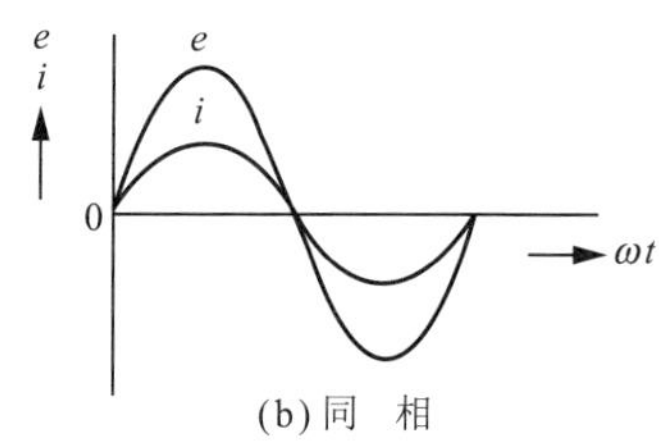

(b) 同　相

相位差为零称为同相, e与i在同一瞬间为零, 在同一瞬间为最大

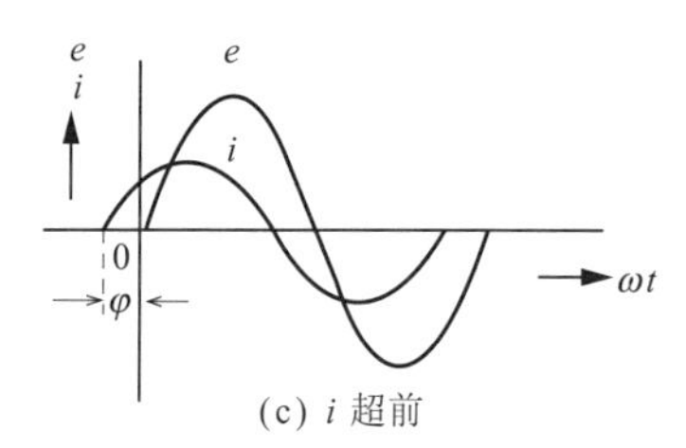

(c) i 超前

i超前于e相位角φ(rad) (以e为基准)

e滞后于i相位角φ(rad) (以i为基准)

图4.31　相位的表示方法

073 瞬时表达式与相位

用瞬时表达式表示相位时，令时间t=0来考虑比较容易懂。若这时为$+\varphi$，即为相位超前，若这时为$-\varphi$，即为相位滞后。

用瞬时表达式表示图4.31（a）、图4.31（b）、图4.31（c）的波形，则如下所示：

以电压为准 $e=\sqrt{2}E\sin\omega t$ （V）

图4.31（a）的电流 $i=\sqrt{2}I\sin(\omega t-\varphi)$ （A）

图4.31（b）的电流 $i=\sqrt{2}I\sin\omega t$ （A）

图4.31（c）的电流 $i=\sqrt{2}I\sin(\omega t\underbrace{+\varphi}_{\text{相位}})$ （A）

074 电阻与阻抗

直流电路中阻碍电流的元件是电阻，而在交流电路中，起到阻碍电流作用的除了电阻以外，还有电感与电容，图4.32所示即为这种情况。

将测量的电流加以比较，若将K_1及K_2闭合，即仅有电阻时，所示电流均为100mA。但是，若将K_1及K_2断开，即接入电感L及电容C，则电

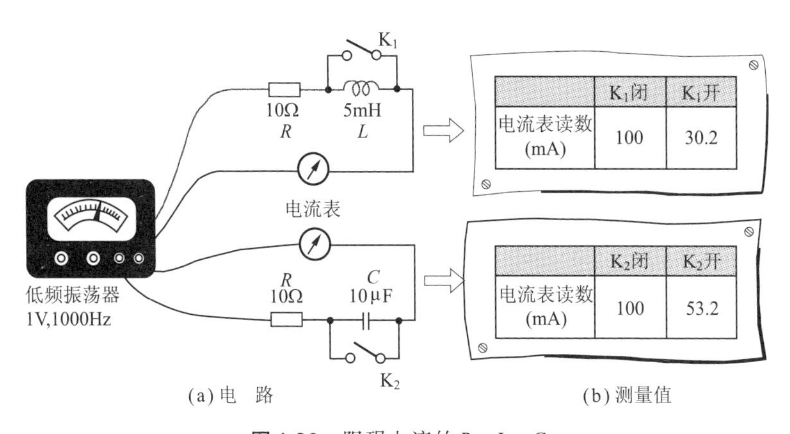

	K_1闭	K_1开
电流表读数(mA)	100	30.2

	K_2闭	K_2开
电流表读数(mA)	100	53.2

图4.32 阻碍电流的R、L、C

流减少为30.2mA及53.2mA。由此可知，电感L及电容C也起到阻碍交流电流的作用。

这样，将阻碍交流电流的元件总称为阻抗，用符号Z表示，单位为欧姆［Ω］。

$$I=\frac{E}{Z}(\mathrm{A})$$

Z为阻抗，是电阻R、电感L及电容C的总称。

下面研究交流电路基本组成的R、L、C对交流具有怎样的作用。

075 纯电阻电路

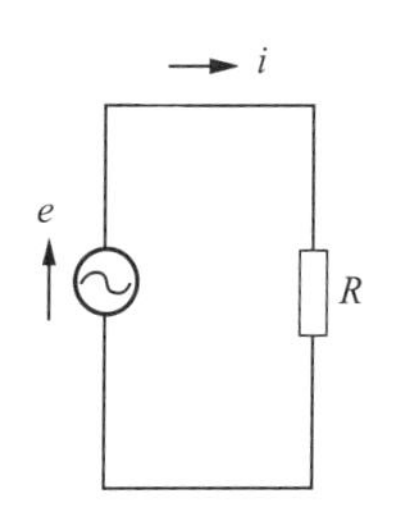

图4.33 电阻电路

若对纯电阻电路（图4.33）加上$e=E_{\mathrm{m}}\sin\omega t(\mathrm{V})$的电压，则流过的电流如下所示：

$$i=\frac{e}{R}=\frac{E_{\mathrm{m}}\sin\omega t}{R}=I_{\mathrm{m}}\sin\omega t=\sqrt{2}I\sin\omega t$$

式中，$I=E/R$。

因而，电阻电路的电压与电流的关系与直流电路的情况完全相同。

大小关系　$I=\dfrac{E}{R}$（I、E用有效值表示）

相位关系　电压与电流同相（图4.34）

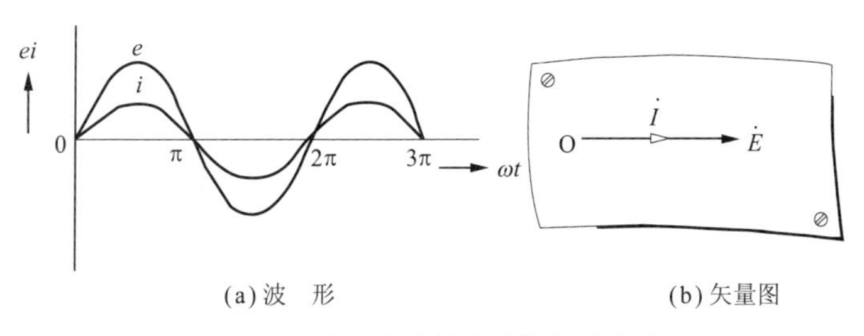

图4.34 电阻电路的波形与矢量关系

076 纯电感电路

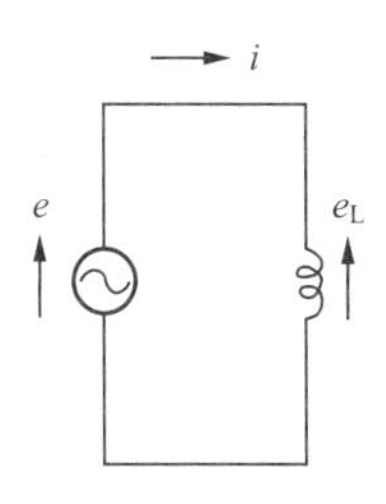

图4.35 电感电路

在图4.35所示的电感电路中，若因电压作用而产生电流，由于自感的作用，在L中产生感应电动势e_L。

$$e_L = -e = -L\frac{\Delta i}{\Delta t}\ (V)$$

该e_L具有与电源电压e相反的极性，换句话说，具有能满足e_L=$-e$的电流i流过。但是，由于电源电压e随时间而变化，因此i也随时间而变化，它们的关系如下所述（图4.36）。

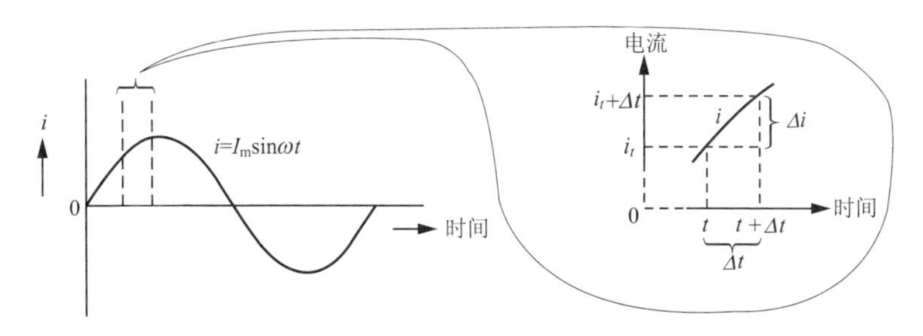

图4.36 电感电路的电流变化

流过自感L（H）的电流若在Δt秒钟变化Δi，则表示如下：

$$\begin{aligned} i_t + \Delta t &= I_m \sin \omega (t + \Delta t) \\ &= I_m (\sin \omega t \cos \omega \Delta t) + \cos \omega t \sin \omega \Delta t) \\ &= I_m \sin \omega t + I_m \omega \Delta t \cos \omega t \end{aligned}$$

由于电源电压e用$L(\Delta i/\Delta t)$表示，因此，

$$\begin{aligned} e &= L\frac{i_t + \Delta t - i_t}{\Delta t} = L\frac{(I_m \sin \omega t + I_m \omega \Delta t \cos \omega t) - I_m \sin \omega t}{\Delta t} \\ &= L\frac{I_m \omega \Delta t \cos \omega t}{\Delta t} = \omega L I_m \cos \omega t = E_m \sin\left(\omega t + \frac{\pi}{2}\right) \end{aligned}$$

式中，$E = \omega LI$ 。

上式是以电流为基准，若用有效值表示电感电路的电压与电流的关系，则如下所示：

大小关系 $I = \dfrac{E}{\omega L} = \dfrac{E}{2\pi f L}(\mathrm{A})$

相位关系 电流滞后于电压π/2（图4.37）

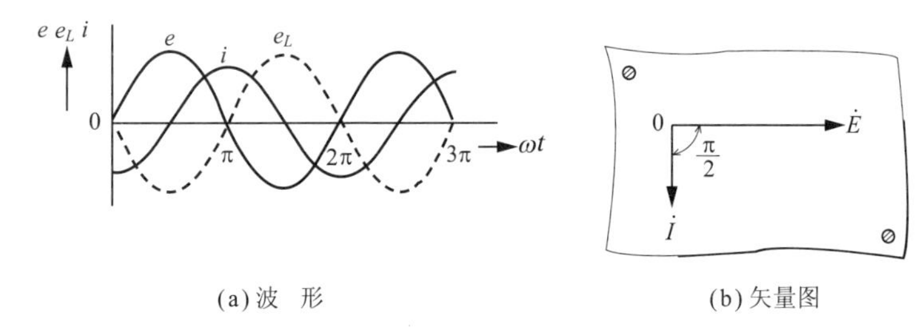

(a) 波 形　　(b) 矢量图

图4.37 电感电路的波形与矢量关系

077 纯电容电路

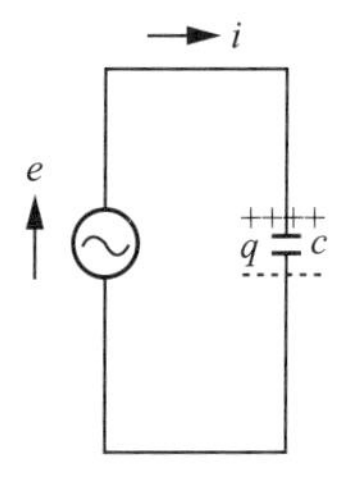

图4.38 电容电路

在图4.38所示的电容电路中，由于电压e的作用，在电容器C中储存有电荷q。

$$q = C \times e = CE_{\mathrm{m}} \sin \omega t \quad (\mathrm{C})$$

由于该电荷q与电压成正比，因此随时间而变化，而流过电路的电流i以$\Delta q/\Delta t$的变化率表示。

向电容器C（F）移动的电荷，若在Δt秒钟变化Δq，则电流i如下所示（图4.39）：

$$i = \frac{\Delta q}{\Delta t} = \frac{q_{\mathrm{t+\Delta t}} - q_{\mathrm{t}}}{\Delta t} = \frac{CE_{\mathrm{m}} \sin \omega (t + \Delta t) - CE_{\mathrm{m}} \sin \omega t}{\Delta t}$$

$$= CE_{\mathrm{m}} \frac{(\sin \omega t \cos \omega \Delta t + \cos \omega t \sin \omega \Delta t) - \sin \omega t}{\Delta t}$$

$$= CE_{\mathrm{m}} \omega \cos \omega t = \omega CE_{\mathrm{m}} \sin\left(\omega t + \frac{\pi}{2}\right) = I_{\mathrm{m}} \sin\left(\omega t + \frac{\pi}{2}\right)$$

$$= \sqrt{2} I \sin\left(\omega t + \frac{\pi}{2}\right)$$

式中，$I = \omega CE$ 。

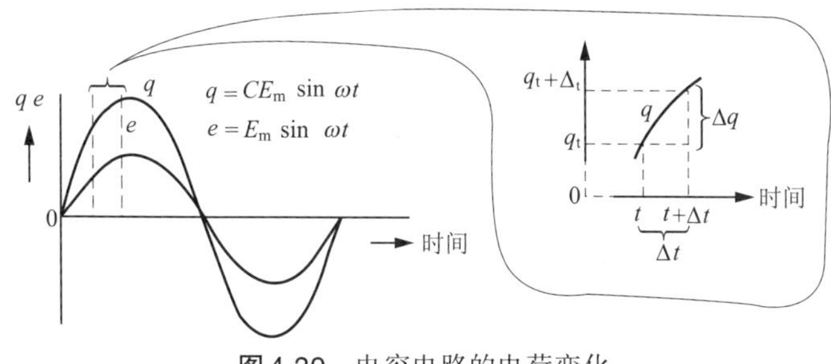

图4.39 电容电路的电荷变化

上式是以电压为基准，若用有效值表示电容电路的电压与电流的关系，则如下所示：

大小关系 $I = \omega CE = \dfrac{E}{\dfrac{1}{\omega C}} = \dfrac{E}{\dfrac{1}{2\pi fC}}$ （A）

相位关系 电流超前于电压π/2（图4.40）

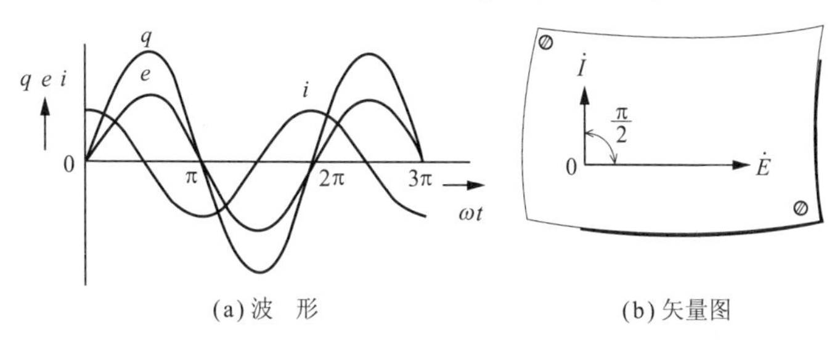

(a) 波 形 (b) 矢量图

图4.40 电容电路的波形与矢量关系

图4.41示出了RLC电路中的E和I的关系。表4.5则为R、L、C电路小结。

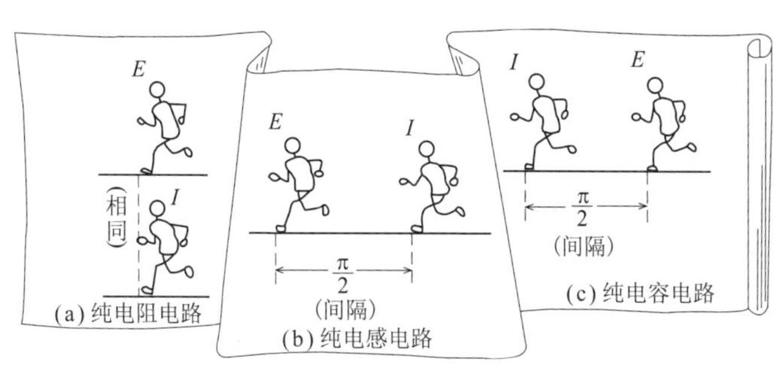

图4.41 RLC电路中的E与I

表4.5 R、L、C电路小结

	纯电阻电路	纯电感电路	纯电容电路
电源电压	$e=\sqrt{2}E\sin\omega t(\mathrm{V})$		
阻　抗	$Z=R(\Omega)$	$Z=X_L=2\pi fL(\Omega)$	$Z=X_C=\dfrac{1}{2\pi Fc}(\Omega)$
电流计算式	$I=\dfrac{E}{Z}=\dfrac{E}{R}(\mathrm{A})$	$I=\dfrac{E}{Z}=\dfrac{E}{X_L}=\dfrac{E}{2\pi fL}(\mathrm{A})$	$I=\dfrac{E}{Z}=\dfrac{E}{X_C}=2\pi fCE(\mathrm{A})$
电压与电流的波形（电压为基准）			
电压与电流的矢量图（电压为基准）			
相　位（电压为基准）	同　相	电流滞后	电流超前

078 频率与电抗的关系

电抗在交流电路中也起到阻碍电流的作用，其大小随频率f而变化（图4.42）。电抗有感抗X_L及容抗X_C两种。

感抗　$X_L=\omega L=2\pi fL(\Omega)$

容抗　$X_C=\dfrac{1}{\omega C}=\dfrac{1}{2\pi f}(\Omega)$

X_L与X_C的相位关系正好相反（图4.43）。因而，两者有180°的相位差。

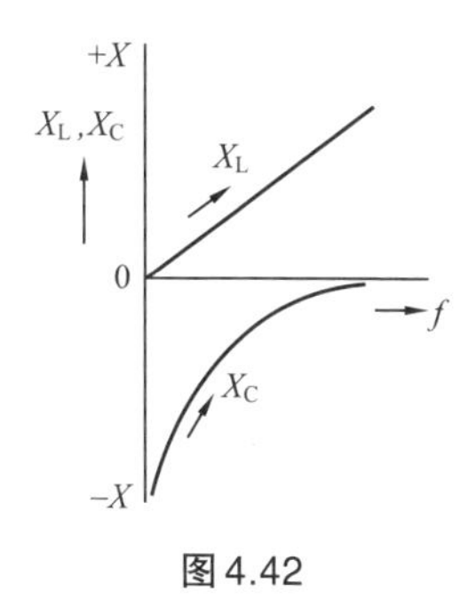

图4.42

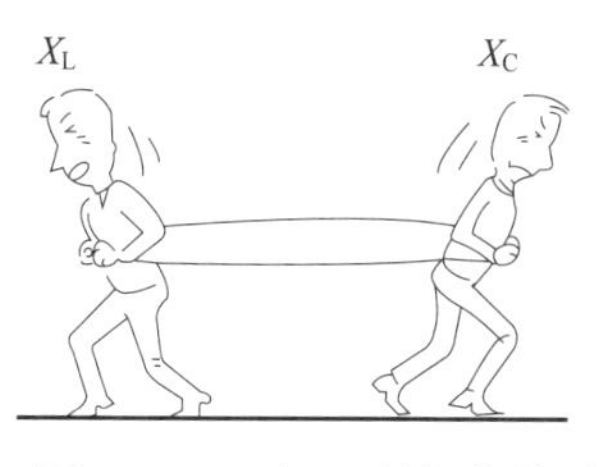

图4.43 X_L与X_C的相位关系

079 感抗与频率

若加上的电压为E，则流过电感的电流I如下所示：

$$I=\frac{E}{\omega L}=\frac{E}{2\pi fL}(\mathrm{A})$$

该式中的分母$2\pi fL$起到阻碍电流的作用，这是交流中的电抗，称为感抗，用符号X_L表示，其单位与电阻相同，为欧姆（Ω）。

$$X_L=\omega L=2\pi fL(\Omega)$$

若电感量L（H）一定，则感抗X_L将与电源频率成正比。

下面用表4.6及图4.44表示这一关系。

表4.6 X_L与频率的关系举例（L=50mH）

频率f（Hz）	0	10	100	1000	10 000	100 000
感抗值$X_L(\Omega)$	0	3.14	31.4	314	3140	31400

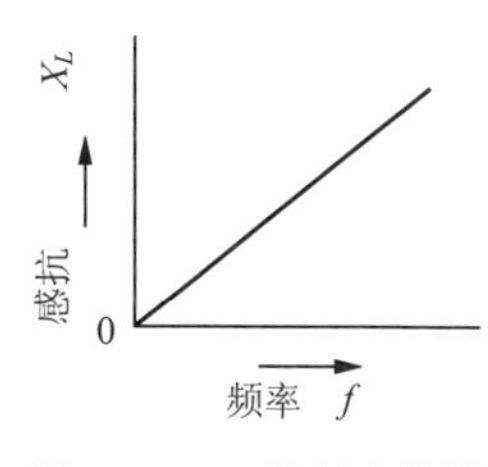

图4.44 X_L的频率特性

由上述可知，感抗X_L具有与频率成正比增大的性质。在收音机或电视机等具有较高频率的电路中，即使电感量L的数值较小，X_L仍起着较大的阻碍作用。

反之，低频电路的X_L较小，特别是当频率为零（看成直流）时，由表4.6可知，X_L为零。

感抗X_L的频率特性是，对于直流的感抗为零，对于交流的感抗与频率成正比，这种频率特性可灵活应用于许多场合。

080 容抗与频率

若加上的电压为E，则流过电容器的电流I有下述的关系：

$$I=\frac{E}{\frac{1}{\omega C}}=\frac{E}{\frac{1}{2\pi fC}}\quad(\mathrm{A})$$

该式中的分母1/（$2\pi fC$）起到阻碍电流的作用。这也是交流中的电抗，称为容抗，用符号X_C表示。其单位与电阻相同，为欧姆（Ω）。

$$X_C=\frac{1}{\omega C}=\frac{1}{2\pi fC}\quad(\Omega)$$

若电容器的电容量C（F）一定，则容抗X_C将与电源频率成反比。下面用表4.7及图4.45表示这一关系。

表4.7 X_C与频率的关系举例（C=1μF）

频率 f（Hz）	0	10	100	1000	10 000	100 000
容抗值 $X_C(\Omega)$	∞	15920	1592	159.2	15.92	1.592

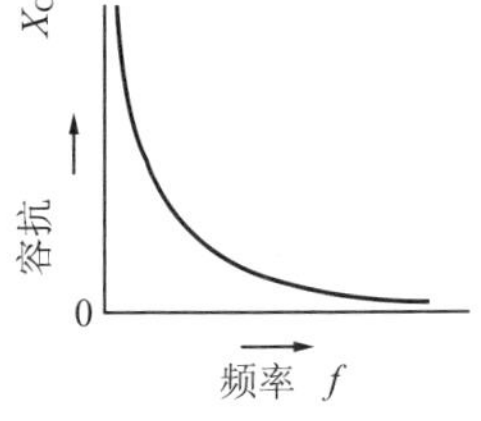

图4.45 X_C的频率特性

由上述可知，容抗X_C的值与频率成反比变化。在收音机或电视机等具有较高频率的电路中，相对交流的容抗较小。

反之，低频电路的X_C较大，特别是对于频率为零（看成直流）的电源，由表4.7可知，容抗为无穷大。

容抗X_C的频率特性是，对于直流的容抗为无穷大，而频率越高，容抗值越小，这种频率特性可灵活应用于许多场合。

081 收音机电路的旁路电容器

容抗所具有的频率越高的交流越容易通过而直流不能通过的性质，

使其可用于收音机的放大电路。

图4.46中粗线所示的电容器C称为旁路电容器。根据电容器具有的频率特性，将C与R并联，使交流分量通过该电容器C，使直流分量通过电阻R。

这样一来的作用是，发射极（E）的电位，对于交流为零，对于直流为电阻R的电压降所产生的电位差。

从放大器的正常工作来说，在基极B与发射极之间必须加上一个直流电压（称为偏置电压），这由电路中的电阻R产生的电压降提供。

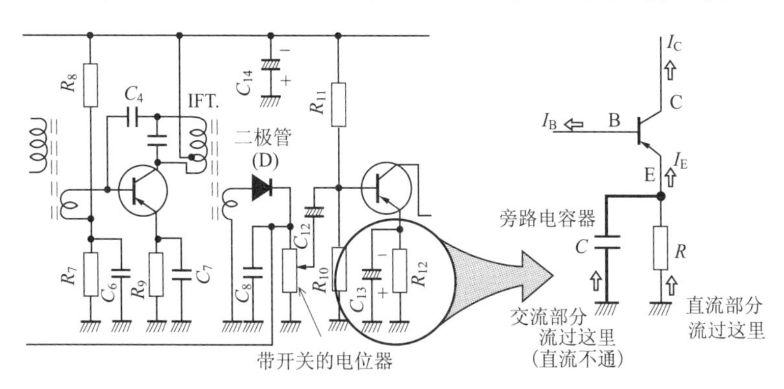

图4.46　收音机电路与旁路电容器

082 电抗与相位

感抗X_L与容抗X_C的值随频率而改变，另外，如纯电感L及纯电容C的电路所示，其相位还不一样。

在图4.47中，若以电压$\dot{E}$为基准，则$\dot{I}_L$与$\dot{I}_C$分别具有π/2的相位差，因此正好相互相差180°。用复数来表示包含相位关系的表达式比较方便，这种方法称为符号法，即可以利用j的符号来表示相位关系。

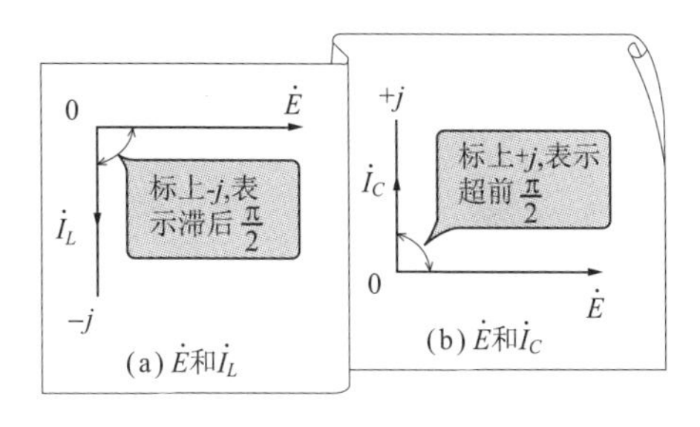

图4.47　电抗电路的相位

若利用该符号法来表示$\dot{I}_L$及$\dot{I}_C$，则如下所示：

$$\left.\begin{aligned}\dot{I}_L &= \frac{\dot{E}}{jX_L} = \frac{\dot{E}(j)}{jX_L(j)} = -j\frac{\dot{E}}{X_L}(A)\\ \dot{I}_C &= \frac{\dot{E}}{-jX_C} = \frac{\dot{E}(j)}{-jX_C(j)} = j\frac{\dot{E}}{X_C}(A)\end{aligned}\right\}$$

这样一来，因为用$-j$表示滞后$\pi/2$，用$+j$表示超前$\pi/2$，所以计算非常方便。

另外，若X_L及X_C用下面的形式表示，则也包含了相位关系。

感抗　$\dot{X}_L = j\omega L = j2\pi fL\ (\Omega)$

容抗　$\dot{X}_C = -j\frac{1}{\omega C} = -j\frac{1}{2\pi fC}\ (\Omega)$

083　交流电路的功率计算

1）RL电路的功率

直流电路的功率用电压与电流的乘积EI来表示。交流电路的电压与电流虽随时间而变（图4.48），但瞬时功率p也是用电压与电流的乘积ei来表示。图4.49（b）表示了这一关系，该瞬时功率在1个周期中的平均值即为交流电路的功率P，单位用瓦特（W）表示。

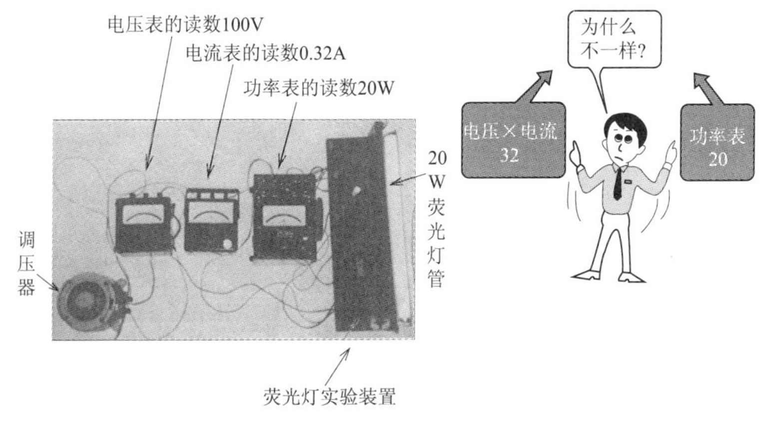

图4.48　荧光灯实验

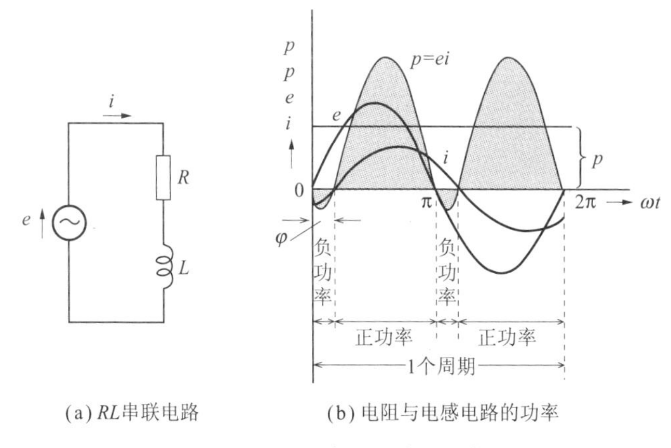

(a) RL串联电路　(b) 电阻与电感电路的功率

图4.49　RL串联电路的功率

下面来求RL电路的功率，设$e=\sqrt{2}E\sin\omega t$(V)，$i=\sqrt{2}I\sin(\omega t-\varphi)$(A)，则瞬时功率$p$为

$$p=ei=\sqrt{2}E\sin\omega t\cdot\sqrt{2}I\sin(\omega t-\varphi)=2EI\sin\omega t\cdot\sin(\omega t-\varphi)$$

$$=2EI\times\frac{1}{2[\cos(\omega t-\omega t+\varphi)-\cos(\omega t+\omega t-\varphi)]}$$

$$=EI\cos\varphi-EI\cos(2\omega t-\varphi)$$

由于功率P为p的平均值，因此，

$P=p$的平均$=EI\cos\varphi$的平均$-EI\cos(2\omega t-\varphi)$的平均

$\quad\rightarrow EI\cos\varphi \qquad \rightarrow 0$

$=EI\cos\varphi$　（W）

上式第2项即$EI\cos(2\omega t-\varphi)$是最大值为$EI$、按电源频率的2倍频率变化且相位滞后$\varphi$的余弦波形，其平均值为零。

图4.50所示为功率的计算式。

图4.50

2）L及C不消耗功率

图4.51所示为纯电感及纯电容电路的电压e、电流i及瞬时功率p的波形。

图4.51中，当电压e与电流i的相位差为$\pi/2$时，ei的乘积p每隔1/4周期分别为正功率①、②及负功率③、④。

什么是正功率？什么是负功率？一般所谓功率，当然是指消耗掉发电厂产生的功率，故不特别强调正功率，而仅仅简称为功率。那么所谓负功率，就与之相反，是指送给发电厂的功率。

图4.51（a）、图4.51（b）的波形中，③、④为负功率，是纯电感及纯电容电路中将①、②消耗的功率在下一个1/4周期内按同样数量送还给电源侧。这当然是L中产生的反电动势及C中储存的电荷所起的作用。因此，若将瞬时功率p加以平均，则功率P为零，所以说L及C不消耗功率。

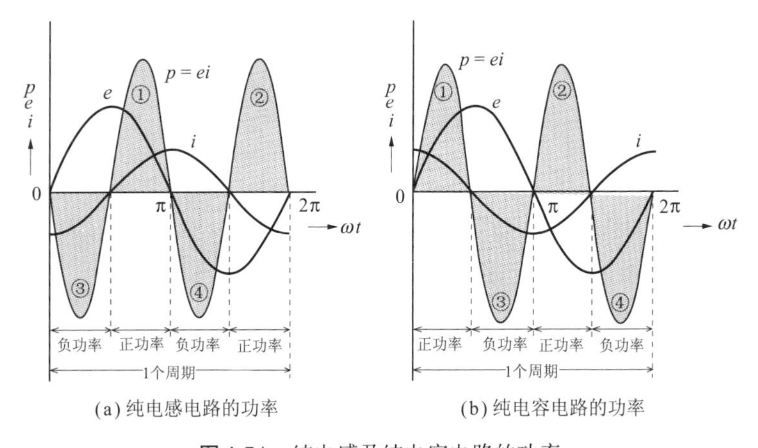

(a) 纯电感电路的功率　　(b) 纯电容电路的功率

图4.51　纯电感及纯电容电路的功率

084 电气设备容量

图4.52所示为变压器，在其正面所示的数字50到底是什么意思？这是用来表示变压器或交流发电机等电气容量的数字，称为视在功率。该

视在功率用电压E与电流I的乘积表示，单位为伏安（V·A）。

视在功率=电压 × 电流（V·A）

变压器上的50这个数字就表示50kV·A，若使用的电路电压一定，则该数字越大，允许流过的电流就越多。所谓50kV·A的电气容量，若设电压为100V，则根据50000/100计算出能够流过500A的电流。

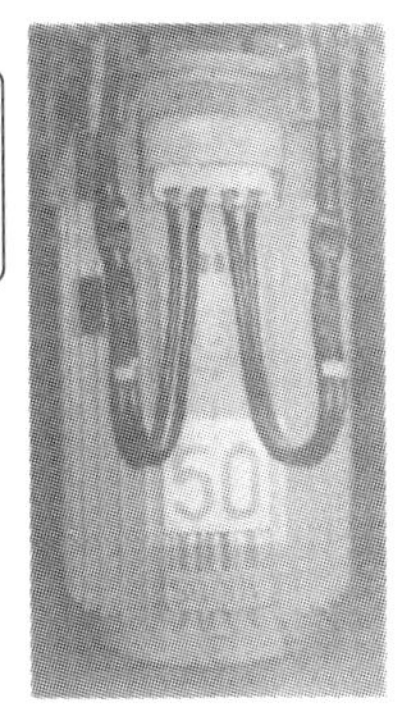

图4.52 变压器

085 功率因数

交流功率用$P=EI\cos\varphi$表示，即使视在功率EI一定，若φ变化，则功率也变化。φ为电压与电流的相位差。因而，$\cos\varphi$表示EI产生功率的比例，称为功率因数。图4.53所示为功率表与功率因数表。

$$功率因数\cos\varphi=\frac{P}{EI}$$

该功率因数的数值范围为$\cos0°=1$及$\cos90°=0$，即0～1（表4.8）。由于有小数点的数不方便，故一般将其扩大100倍，常用百分数（%）表示。

$$Pf=\cos\varphi=\frac{P}{EI}\times100(\%)$$

图4.53 功率表与功率因数表

表4.8 功率因数的大致范围

负载种类	功率因数	负载种类	功率因数
白炽灯泡	100	三相感应电动机	70~85
电取暖器	100	电风扇	65~85

续表 4.8

负载种类	功率因数	负载种类	功率因数
彩色电视机	90~95	荧光灯	60~70
立体声收录机	90~95	交流电焊机	30~40

086 功率因数与电路常数的关系

功率也随功率因数而变，该功率因数由电路的电压与电流的相位差决定。而相位差由电路的R、L、C决定，因此可得下列功率因数与电路常数的关系。现以RL串联电路为例加以说明。

图4.54（c）为已经学习过的阻抗矢量。根据阻抗矢量，可以用电路常数R及L表示功率因数，具体计算式为

$$\text{功率因数}\cos\varphi=\frac{R}{Z}=\frac{R}{\sqrt{R^2+(\omega L)^2}}$$

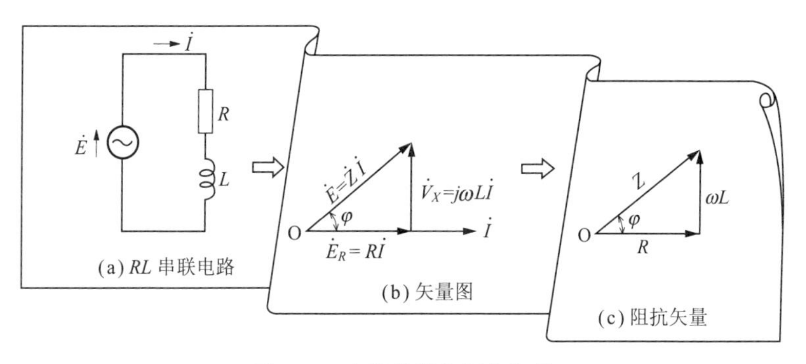

图4.54　电路常数与阻抗矢量

087 电力公司与功率因数

电力公司是将使用的电能作为商品加以销售的。电能是用功率与时间的乘积表示，使用的电能数量利用电度表进行累计计算。图4.55所示为电度表，一般安装在家庭的进线附近。

电能=功率 × 时间 （kW·h）

如果从供电一侧来考虑功率因数的好坏，则功率因数偏低将给供电方带来不利的影响。

图4.55 电度表（100V）

下面举一个例子，表4.9所示有两家功率因数不同的A家和B家。

设电压为100V，使用时间为5小时，则从供电方供给的电流多少与电费有关。但是，在表4.9中，电压、电流及时间都相同，而电费却不一样。这是因为功率因数不一样。同样送出20A电流，从A家收取10元电费，而从功率因数为50%的B家，只收取了一半5元。从供电方来考虑，对于功率因数低的家庭，电费收得少，有损失。而从用电方来说，对于功率因数低的B家，若负载达到2kW，则电流达到40A，也许限流器（将在后述）会动作而切断电源。

表4.9 功率因数与电费举例（1kW·h按1元计算）

	电压（V）	电流（A）	功率因数	功率（kW）	时间	电能（kW·h）	电费（元）
A家	100	20	100	2	5	10	10
B家	100	20	50	1	5	5	5

一般以功率因数85%为界，85%以上认为功率因数好，85%以下认为功率因数差。

在大楼等处大量使用功率因数低的荧光灯的情况，或者供电系统综合功率因数低的情况，可以接入流过超前电流的电力电容器以改善功率因数。图4.56所示即为改善功率因数的方法。

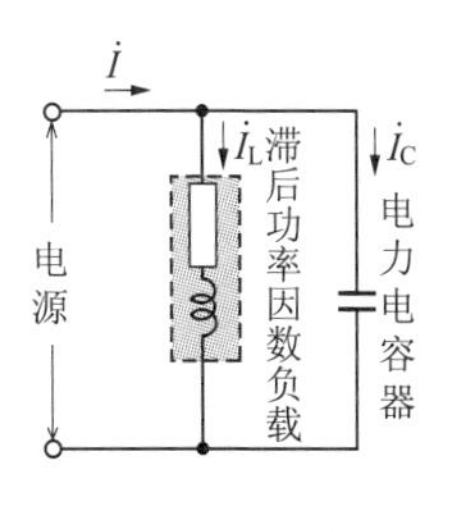

(a) 并联电力电容器

(b) 电力电容器

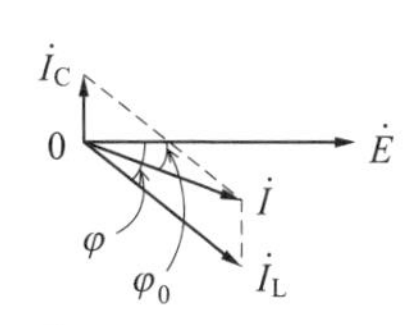

(c) 改善功率因数

图4.56 电力电容器及功率因数改善

088 功率计算式

RL串联电路的功率计算式$P=EI\cos\varphi$可用表4.10中带括号的两种形式表示。另外，可知$\dot{E}\times\dot{I}$不是功率。

表4.10 功率计算式

功率计算式的两种方式	$P=E\times(\underset{\sim\sim\sim}{I\cos\varphi})$ ⇩	$P=I\times(\underset{\sim\sim\sim}{E\cos\varphi})$ ⇩
矢量图	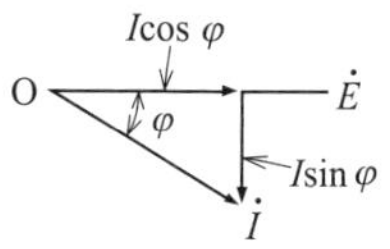 O $I\cos\varphi$ φ $\dot{E}$ $I\sin\varphi$ $\dot{I}$	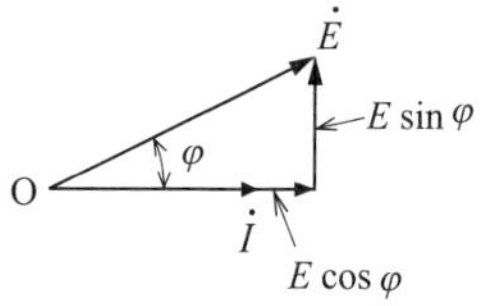 $\dot{E}$ $E\sin\varphi$ O φ $\dot{I}$ $E\cos\varphi$
功率 $P=EI\cos\varphi$	功率是与电压同相的电流分量$I\cos\varphi$与电压的乘积	功率是与电流同相的电压分量$E\cos\varphi$与电流的乘积
结 论	EI的乘积不是功率（参照矢量图）	

第5章 常用电工工具的使用与养护

089 低压验电器的种类

1）氖管发光式验电器

氖管发光式验电器有自动铅笔型和螺栓旋具型两种。图5.1所示为OA型氖管式低压验电器，其自动铅笔型的绝缘管中装有氖管和电阻，串联在笔尖的金属体与接地金属体之间，它是一种小型、轻便、安全且易于测电的仪器，得到广泛应用。

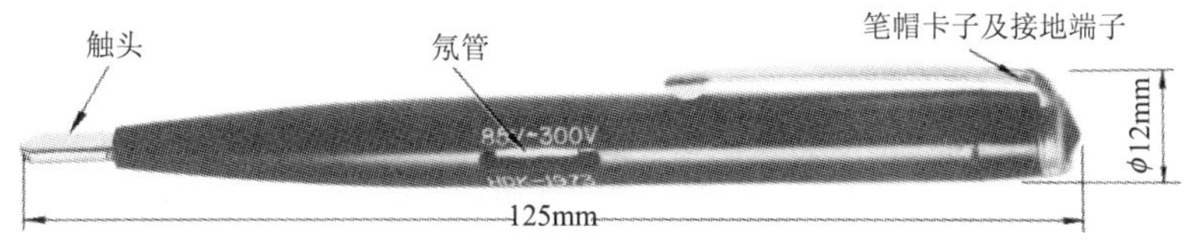

使用电压范围AC/DC85～300V

图5.1　OA型氖管式低压验电器

2）声光式验电器

声光式验电器由探针、半导体电路和纽扣电池组成，因为笔尖采用了导电橡胶，在使用过程中无需担心短路。图5.2所示是一种HT-610型声光式低压验电器，由蜂鸣器发声和高亮度发光二极管发光来表示带电。可以从电线的绝缘层外面测出最高AC 600V电压。

090 低压验电器的使用方法

验电器是用来检测普通低压电路中的带电状态（有无电流）的仪器。

1）氖管发光式验电器

测电时，手握笔帽卡子（接地金属），同时使笔尖金属部分触及被测电路，如果带电，氖管就发光，如图5.3所示。

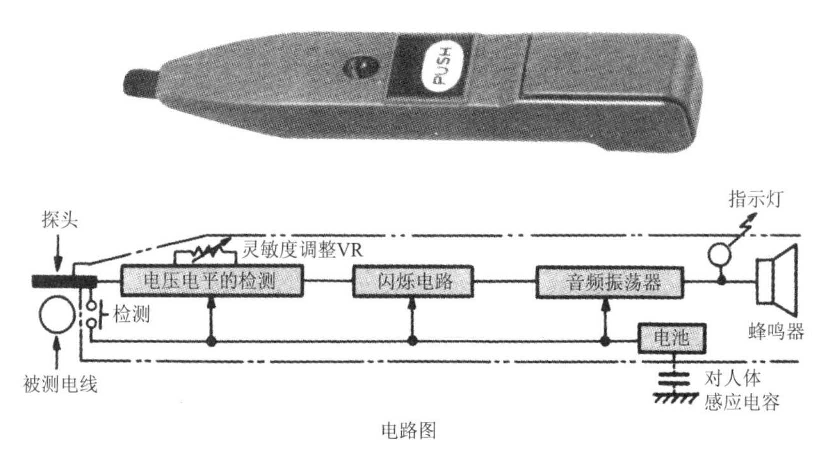

图5.2 HT-610型声光式低压验电器

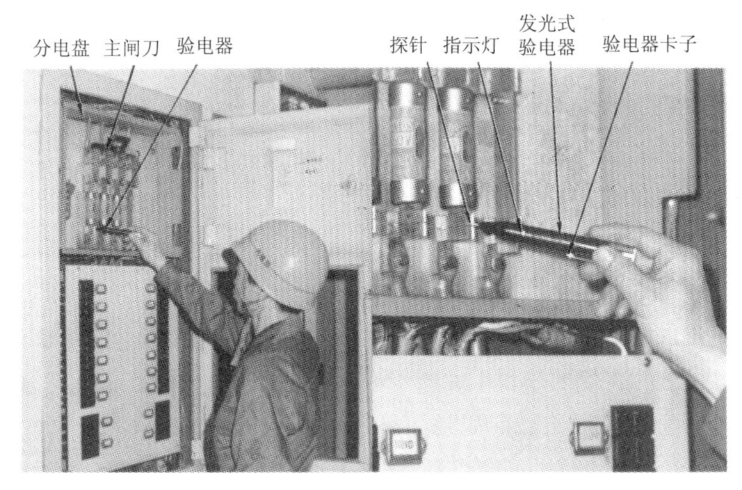

图5.3 氖管发光式验电器验电

2）声光式验电器

手握笔帽卡子（接地部分），同时使笔尖探针触及被测电路，如果带电，蜂鸣器响，且红色LED发光，也可用于最高AC 600V的测量。即便是在被覆线的外面测量，如果带电也会有断续的蜂鸣音，LED也会断续发光。

 低压验电器使用方面的注意事项

1）用前检查

进行测电之前要检查验电器是否能正常工作。这种检查可通过使用验电器检测器，或者在已知的带电线路上进行确认。

验电器检测器用于低压验电器、高压验电器和高低压兼用验电器的检验，参见图5.4。使用方法是先检查检验器的电源是否打开，按下输出开关，此时，若（电池式）输出指示灯变亮，则把验电器的探头触及电压输出端子，以判断验电器是否正常工作。

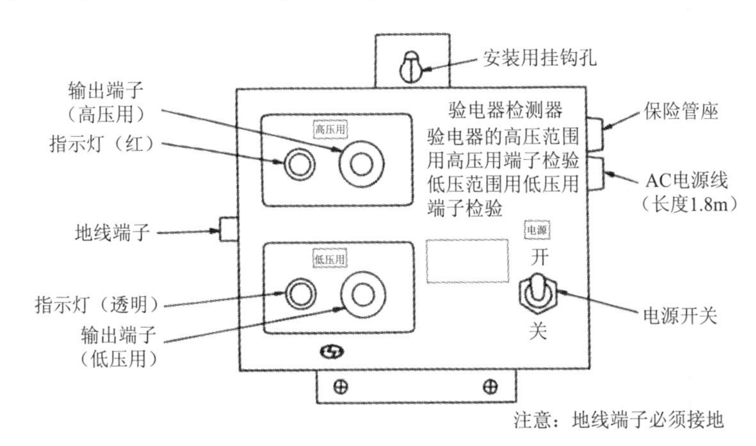

图5.4 HLL-1型验电器检测器

2）不要测高电压

确认验电器的使用电压范围。切勿用低压验电器测高压，一旦测高压会造成触电事故，绝不可误操作（仔细阅读使用说明书）。

3）电池的更换

内置电池验电器，当电池用旧时，要及时更换新电池。更换电池时，要特别注意电池的正负极性，不要装错。

092 高压验电器的种类及用途

高压验电器是用来验证高压线路上是否带电的电工工具。

高压验电器包括氖管式（图5.5）、声光式（图5.6）及风车式几种。

图5.5 氖管式高压验电器

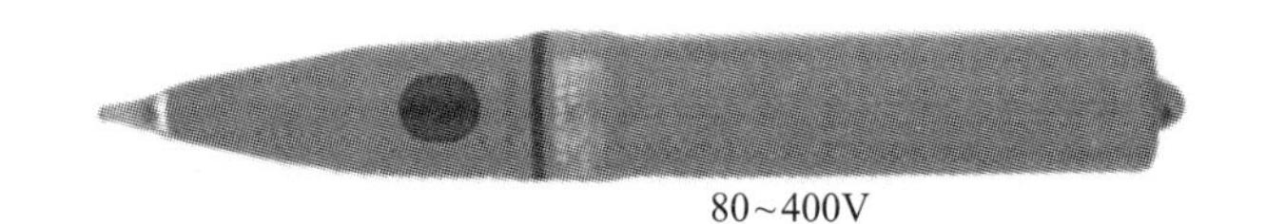

额定工作起始电压	低 压	裸露带电部分80V（接触带电部分）
	绝缘线	（φ5mmOE线）3000V
额定不工作距离	断 续	（对地电压4kV）50cm
	连 续	（对地电压4kV）3cm
使用温度范围		-10～+50℃
使用电池		7号电池（1.5V）2节

图5.6 HSC-7型声光式低压验电器

声光式可进行低压线路到高压线路的普通验电、从被覆线外面的验电、断线处的检查、屏蔽线的屏蔽效果检查，以及电气工程施工过程中的安全报警。

093 高压验电器的使用方法和注意事项

检测方法是按下按钮检查验电器工作情况是否正常（整个电路自检方式），然后将验电器的金属探头接近带电体进行验电检测（非接触验电检测）。

在准备进行停电作业的情况下，一旦错误判断是否真正停电则会发生触电事故灾难。因此，务必在着手作业之前先进行验电。

1）用前检查

验电之前必须按下按钮进行检查。按下按钮和松开按钮时都会发光和发声，且在1～3s之间自动停止发光和发声，检查时要弄清楚这一点。

2）作业中的注意事项

① 为了预防发生触电事故灾难，要保持规定的安全距离，戴上高压绝缘橡胶手套（图5.7）作业。

图5.7 6kV高压验电作业

② 这种验电器不能检测交流电压，因此在进相电容器等装置的交流电源停电情况下，其带电电压是直流，这一点要注意。

③ 虽说能够检测30kV以上的电压，但检测距离变长，并无实用性。

绝缘保护器具的穿戴情况示于图5.8。

注意在带电高压线及其近距离作业情况下，必须任命作业指挥人员，使其直接指挥作业，要严格加强作业管理。

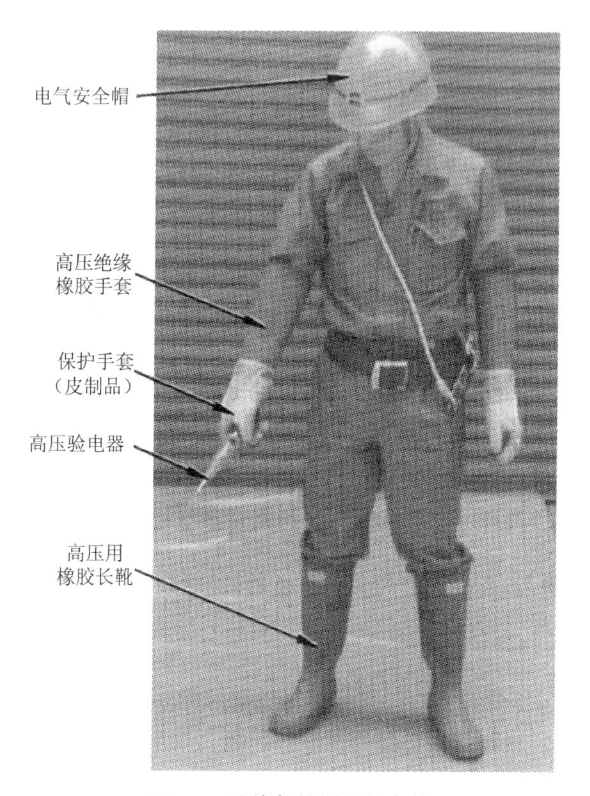

图5.8　绝缘保护器具的穿戴

094 活扳手

活扳手与呆扳手一样，用于配电盘及设备的组装、安装以及导体的连接、紧固等作业。

表5.1列出了活扳手的种类及等级。

图5.9示出了活扳手的形状，表5.2列出其尺寸，另外，下颚的最大开口尺寸列于表5.3。

表5.1 活扳手的种类和等级

种类		等级	表示种类和等级的符号
按材料及加工方法区分	按扳口倾斜角度区分		
全锻造品	15°型	强力级	H
		普通级	N
	23°型	强力级	H
		普通级	N
下颚锻造品	23°型	-	P

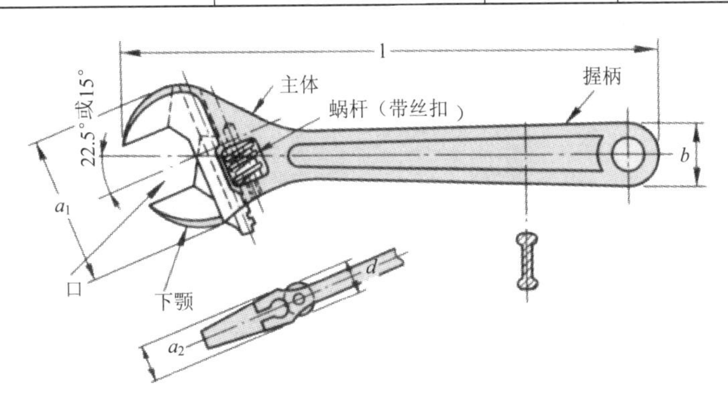

图5.9 活扳手

表5.2 活扳手的尺寸 （单位：mm）

标称尺寸	l（约）	a_1（最大）	a_2（最小）	b（最大）	b（最小）
100	110	35	10	16	8
150	160	48	11	21	10
200	210	60	14	26	12
250	260	73	16	31	14
300	310	86	19	36	16
375	385	105	25	44	19

表5.3　活扳手的最大开口　（单位：mm）

标称尺寸	100	150	200	250	300	375
最大开口	12_{0}^{+3}	20_{0}^{+3}	24_{0}^{+3}	29_{0}^{+3}	34_{0}^{+3}	44_{0}^{+3}

活扳手的使用方法如下。

① 转动蜗杆，调节开口开启程度，将活扳手的两个平面与螺栓、螺母的两个平面正好吻合起来，将螺栓、螺母放到夹口的最里面紧紧咬住，用于紧固和拆卸的作业，如图5.10所示。

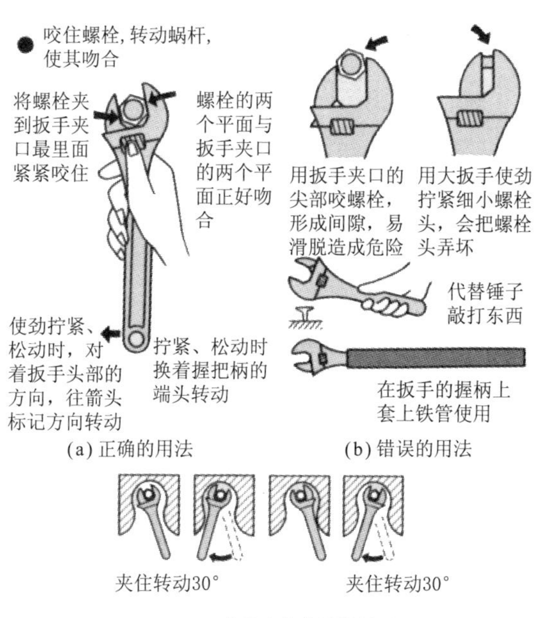

图5.10　活扳手的使用方法

② 活扳手的夹口开启程度与螺栓、螺母不吻合，或者仅用夹口尖夹住螺栓、螺母时留有间隙，这样做往往会滑脱造成危险。请不要用活扳手代替钉锤，也不要在活扳手的握柄上加上套筒以加长握柄使用。

095 手电钻

本节通过介绍“日立DS13DVA型充电式螺栓旋具/手电钻”，来介绍手电钻的使用方法及注意事项（图5.11）。

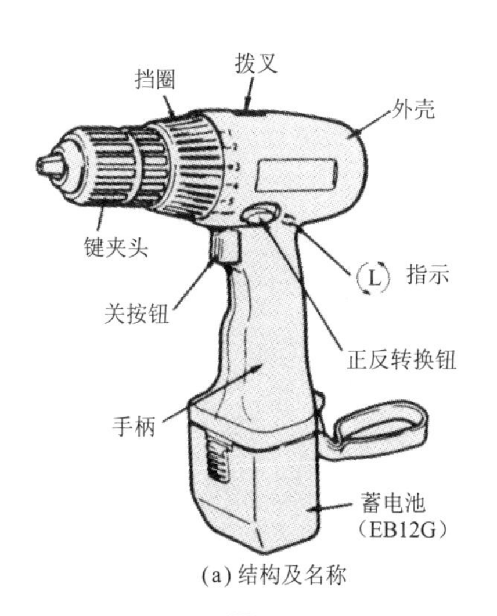

(a)结构及名称

（1）主体规格（DS13DVA型）
电动机：直流电动机
空载转速：350~1000r/min
（20℃气温条件下充满电时）
效能：钻孔　金属（钻头直径）
钢板13mm
铝板13mm
木材（钻头直径）24mm
紧固螺栓：小螺丝6mm
木螺丝标称直径6.8mm × 长50mm
无键夹头口径：最大口径13mm
蓄电池：圆筒密封型镍铬蓄电池
（EB12G）电压12V
充放电次数　约1000次
质量：1.7kg
（2）充电器规格（UC12YB）
输入电源：单相交流50/60Hz
电压 100V
充电时间：约12min（20℃气温时）
充电器：充电电压7.2~12V
充电电流9A
电源线　双芯尼龙绝缘电线
质量：1.0kg

(b)规　格

图5.11　DS13DVA型充电式螺栓旋具/手电钻

1）用　途

①小螺丝、木螺丝、自攻螺丝等的紧固和拆卸。

②各种金属（铁板、铝板等板材）的钻孔（用铁钻头）。

③各种木材的钻孔（用木工钻头）。

④螺栓、螺母的紧固和拆卸。

2）充电方法

蓄电池充电后，如果搁置不用会自行放电，因此要提前充电。

①蓄电池的安装。将蓄电池推向手柄下部，对准手柄的开关钮方向

准确插入。取下时，一边按下蓄电池与主体紧连蓄电池前半部分的止动钮，一边拔出蓄电池（图5.12）。

② 充电要在规定的温度范围内进行。快速充电时要采用特殊的充电控制器，因此，要在0~40℃气温范围进行充电。

③ 确认电源电压（AC 100V）后，再将充电器的插头插入电源插座。插入后，充电指示灯（红色）持续闪亮。

④ 以图5.12所示蓄电池的方向，刚好牢固地插入充电器的底部。插入即开始充电，充电灯（红色）连续闪亮。反向插入则会造成充电器故障。当充电指示灯（红色）灭了时，要关掉电源，取下蓄电池。约充12min即可，充电指示灯闪亮（周期为1s）表示充电结束。

⑤ 充电完毕后，将充电器的插头从电源插座拔出，然后取下蓄电池，将蓄电池正确无误地装到工具主体上。

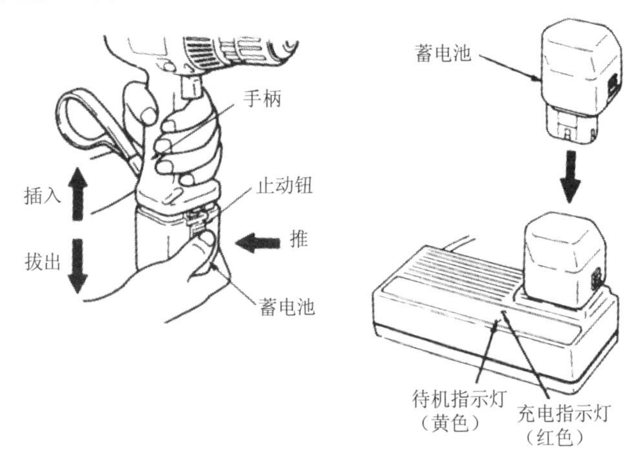

图5.12 蓄电池的拆卸和充电方法

3）使用方法

① 作业环境的整理、准备和确认。确认作业场地是否达到了注意事项中所要求的状态。

② 端头工具的安装（图5.13）。将空心轴扳向FREE（解除）一侧，握住环，向左旋转空心轴，即可打开无键夹头。将螺丝刀头等附件插入无键夹头，握紧环，向右旋转空心轴就安好了。安好后将空心轴扳向

LOCK（固定）一侧。

③ 旋转方向的确认（图5.14）。从R侧按下开关部分的正反转钮时，从后面向右转动；从L侧按下时，向左转动。转速随开关钮按下的程度而变化，在开始上螺栓和钻孔中心定位时，稍微按下开关钮，慢慢地开始转动，松开按钮时加上制动，立即停止转动。

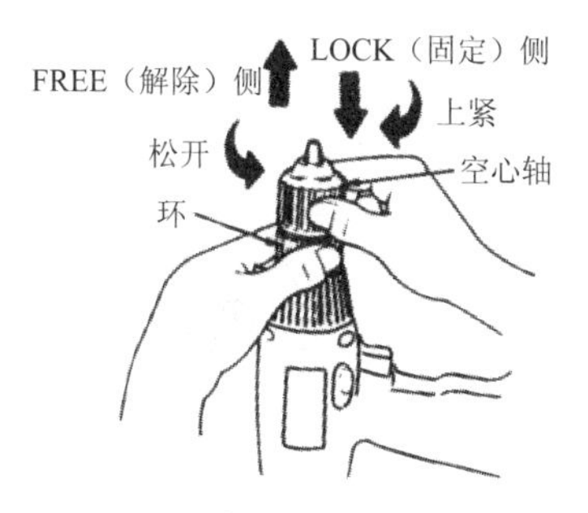

图5.13 端头工具的安装方法

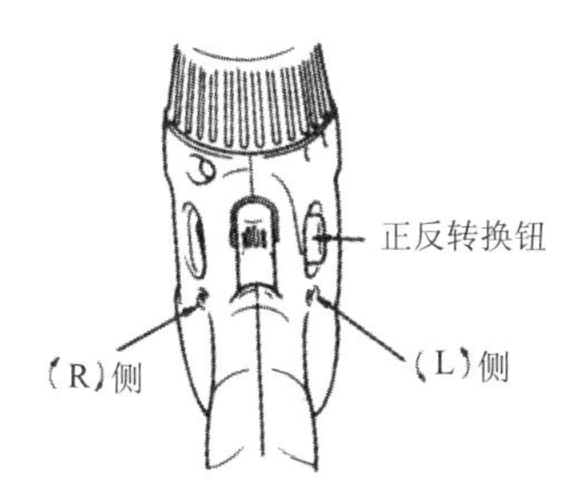

图5.14 旋转方向的确认

④ 功能挡圈位置的确认。调整功能挡圈的位置可改变该工具的紧固力。

• 用作螺栓旋具时，使功能挡圈上的白线与机壳上显示数字“1～5”的位置重合（图5.15）。

• 用作电钻时，使功能挡圈上的白线与电钻标志重合（图5.15）。

⑤ 紧固力的调整。紧固力要根据螺栓直径选择强度，1为紧固力最弱，2、3、4、5依次加强（表5.4）。

表5.4 紧固力的选定

功能挡位	紧固力	作业目标
1	约10kg·cm	紧固小螺丝 对软木材紧固螺丝
2	约20kg·cm	
3	约30kg·cm	
4	约40kg·cm	对硬木材紧固螺丝
5	约50kg·cm	
电　钻	高速：约70kg·cm	紧固粗螺丝 用作电钻时
	低速：约210kg·cm	

⑥ 转速的转换。转换转速时扳动调节钮，扳向“LOW”侧为低速，扳向“HIGH”侧为高速。扳动调节钮改变转速时，必须在断开电源开关后再进行（图5.16）。

⑦ 金属件钻孔。在钢板等金属件上钻孔时，要事先在工件上用中心冲子打钻孔定位点，这样钻头就不易打滑，同时，在钻孔处滴一点机油或肥皂水再钻孔。过于使劲未必能很快钻好孔，相反会损伤钻头，降低工作效率。孔快要钻透时，使劲过大钻头会在夹头上打滑，降低其夹紧力。

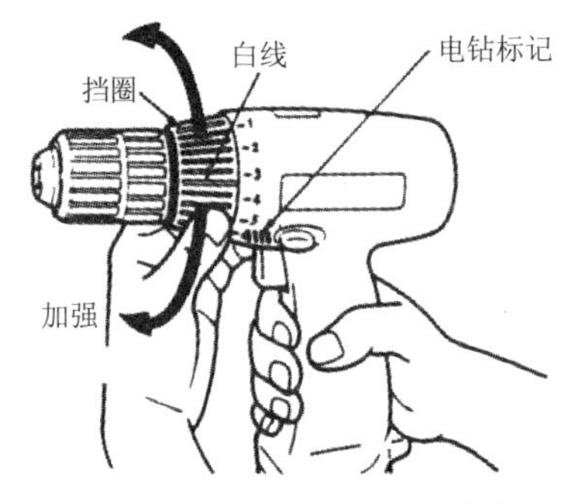

图5.15 功能挡圈位置的确认

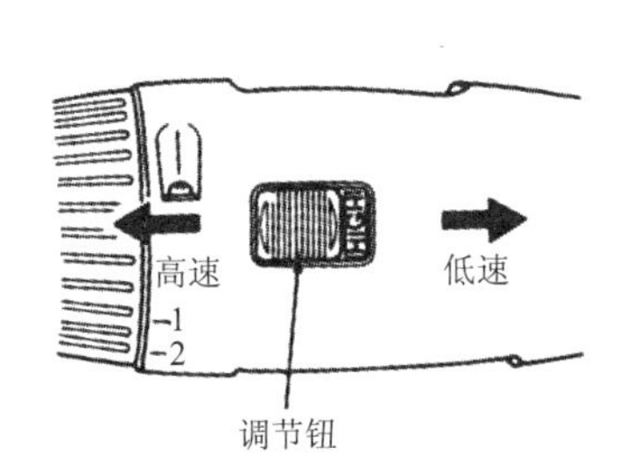

图5.16 转速的转换

096 电 锤

1）各部位名称及规格

图5.17示出了DH15DV型充电式电锤的主体和蓄电池的结构、名称及规格。选购部件包括蓄电池和图5.18所示的用于安卡锚栓打孔作业（旋转+冲击）及安卡锚栓打入作业的附件。

① 用于锚栓打孔作业（旋转+冲击）。包括细径钻头、细径钻头用的接头、直柄钻头、钻头（锥柄）、锥柄用的接头、振动钻用的13mm锤钻夹头和夹头钥匙。

② 安卡锚栓冲头和冲头分为装在电锤上使用的和装在手锤上使用的。

③ 用于钻孔和紧固螺栓作业（旋转）的部件有特种螺丝、13mm钻头夹头、夹头接头、夹头钥匙、十字螺栓旋具（螺丝刀）、螺栓旋具（一字螺栓用）。

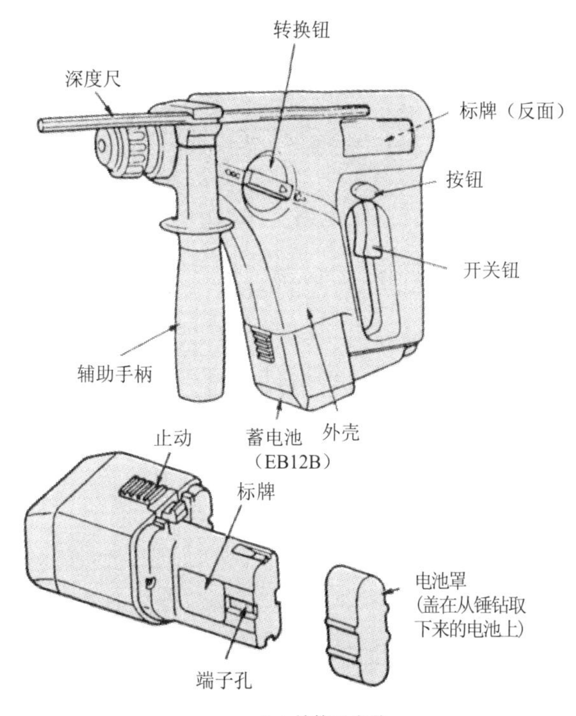

(a) 结构及名称

•主 体

电动机：直流电动机

空载转速：0~100r/min（气温 20℃充满电时）

空载冲击次数：0~4400 次 /min（气温 20℃充满电时）

功能：钻孔 混凝土（钻头直径）15mm

金属（钻头直径）13mm

木材（钻头直径）21mm

紧固螺栓 木螺丝 标称尺寸 4.8mm（直径）×25mm（长）

适用钻头：SDS 加强型

蓄电池：圆筒密封型镍铬蓄电池

（EB12B）电压 12V

充放电次数 约 1000 次

质量：2.7kg

(b) 规 格

图 5.17 DH15DV 型充电式电锤

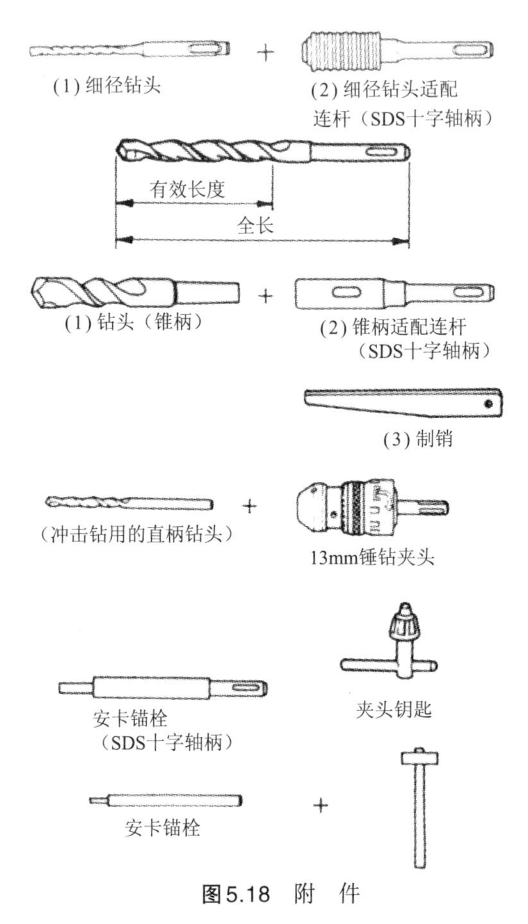

图5.18 附 件

2）充电方法

关于蓄电池的安装、卸下及充电方法请参见前面介绍的DS13DVA型充电式手电钻/螺栓旋具。

3）使用前的确认

使用之前要对以下事项予以确认。

① 作业环境的整顿、确认。

② 蓄电池的安装确认。

③ 旋转方向的转换（图5.19）。将按钮的R侧按入时右转（正转），将L侧按入时左转（反转），旋转过程中不得转换。

④“旋转+冲击”和“旋转”的转换。将转换钮扳到“旋转+冲击”符号一侧，或者扳到“旋转”符号一侧即可完成转换（图5.20）。

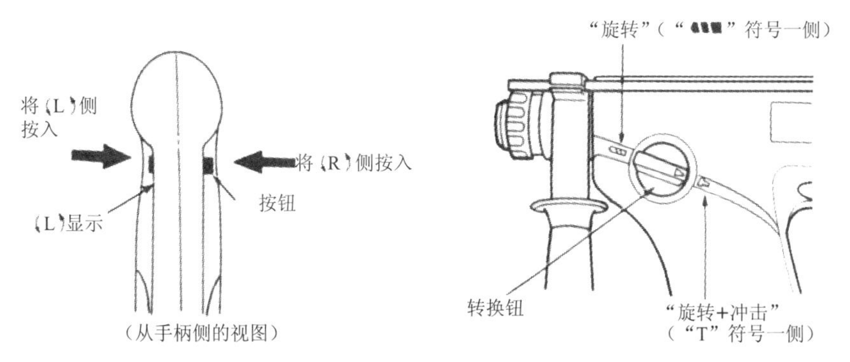

图5.19　选择方向的转换　　图5.20　“旋转”与“旋转+冲击”的转换

4）使用方法

①在混凝土等材质上钻孔的方法。

- 钻头的安装。将滑动夹紧装置拉到底，一边转动钻头一边插入到最里面。松开滑动夹紧装置即回位，钻头被锁定（图5.21）。取下钻头时，将滑动夹紧装置拉到底，拔出钻头。
- 将转换钮扳到“旋转+冲击”一侧。
- 将钻头尖顶住钻孔的位置后打开开关，轻轻地按住进行钻孔。

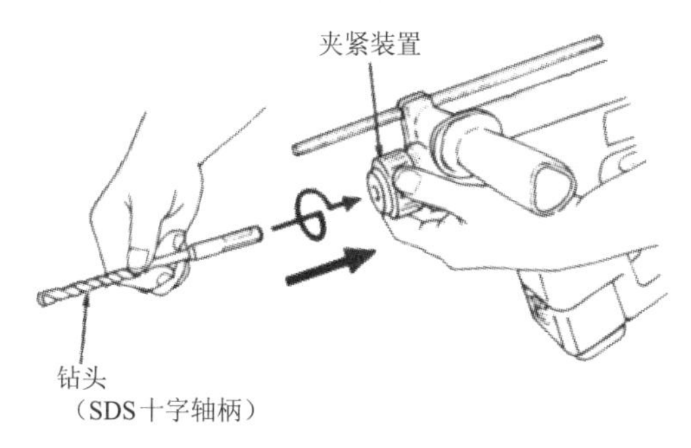

图5.21　钻头的安装

②给金属、木材钻孔和紧固螺栓的方法。

- 将转换钮扳向“旋转”符号一侧。

• 将夹头接头装到钻头夹头上，再将钻头夹头的爪（3只）打开，上紧特殊螺栓，与安装钻头一样，将滑动夹紧装置装到主体上（图5.22）。

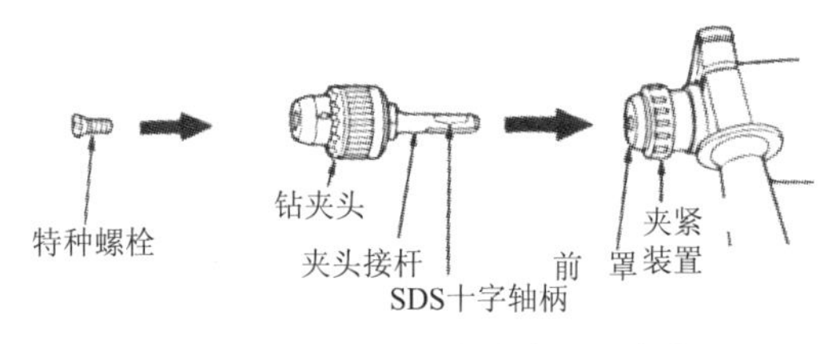

图5.22 钻夹头、夹头接杆的安装

③ 钻孔作业。将钻头装到钻头夹头上给铁板、木材等材料钻孔。将钻头装到钻头夹头上时，必须用夹头钥匙上紧，将卡头钥匙依次插入三个孔均匀上紧。

④ 螺栓的紧固和拆卸。将十字螺栓旋具或普通螺栓旋具（一字螺栓用）装到钻头卡头上，紧固或拆卸螺栓。

097 电缆切割刀具

本节以P-100A型刀具为例来说明电缆切割刀具。图5.23示出了P-100A型工具头分离式电缆切割刀具各部位名称及规格。

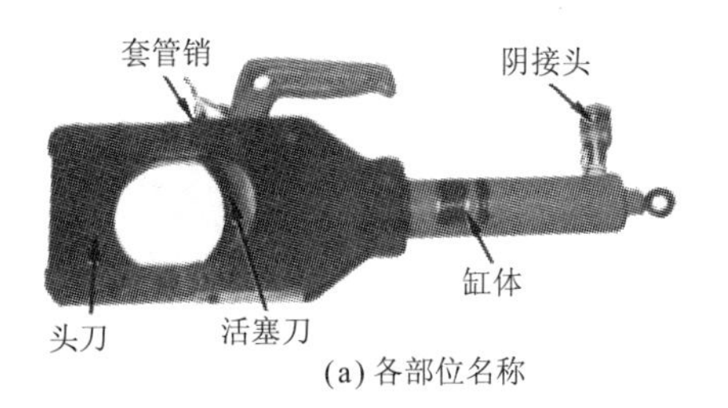

(a) 各部位名称

标称输出：8.5tf（泵压力为700kgf/cm^{2}时）
活塞冲程：110mm
连接器：T型阴连接头（标准）
储油缸容量：140mL
重量：约13kg
适用液压泵：同一公司的单动式液压泵均可使用

(b) 规　格

图5.23 P-100A型工具头分离式电缆切割工具

1）使用方法

① 油压软管的连接。将油压软管上的阳接头连接到工具头的阴接头上。

② 将电缆（被切割件）放到切割刀刃上。按下套管销，打开工具头环口，将电缆放进去。关闭工具头环口，将套管销彻底插入。

③ 切割电缆（图5.24）。使电缆与刀刃成直角，操作油泵切断。

④ 降低压力。切割完毕后，操作油泵，使活塞降到下止点为止（释放压力）。

⑤ 取下油压软管。从工具头部取下油压软管，将罩戴到连接头上。

图5.24　切割电缆的作业

2）使用方面的注意事项

① 使用电动泵时，刀具的转速很快，瞬间即可切断，因此要特别注意。

② 将套筒销完全插入之后再进行切割。

③ 一定要接好连接头，装卸必须是在泵压力降低之后的状态下进

行，而且不要使脏东西沾到上面。若沾上脏东西，要用抹布之类的东西擦干净。

3）保养、检查

活塞环口磨损时按要领予以更换。使活塞上升，直到能看见活塞环口的止动螺丝为止，用螺丝刀取下活塞环口止动螺丝，更换环口。

098 小型交流电弧焊接机

本节以HD-150DBD型设备为例予以说明。图5.25为电弧焊接机的结构及连接。

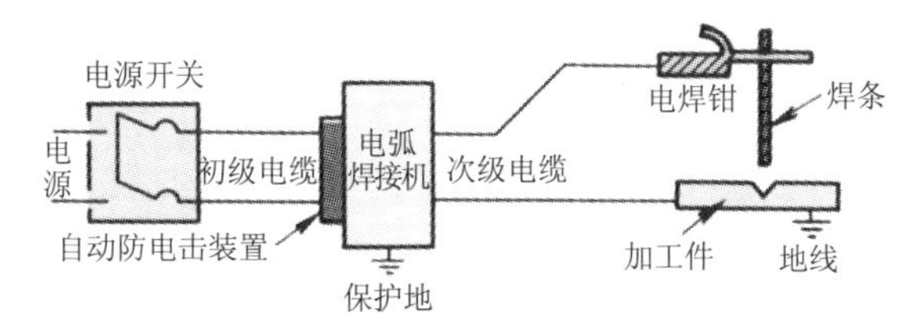

图5.25　电弧焊接机的结构及连接

图5.26所示是一种动铁型（分离方式）内置自动防电击装置的小型交流电弧焊接机，用于轻型钢、薄铁板小件焊接及一般结构件的临时焊接等作业。其附件示于图5.27。

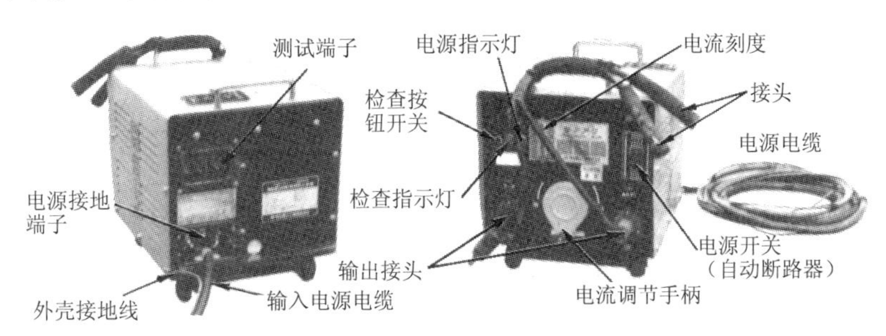

图5.26　HD-150DBD型内置自动防电击装置的小型交流电弧焊接机

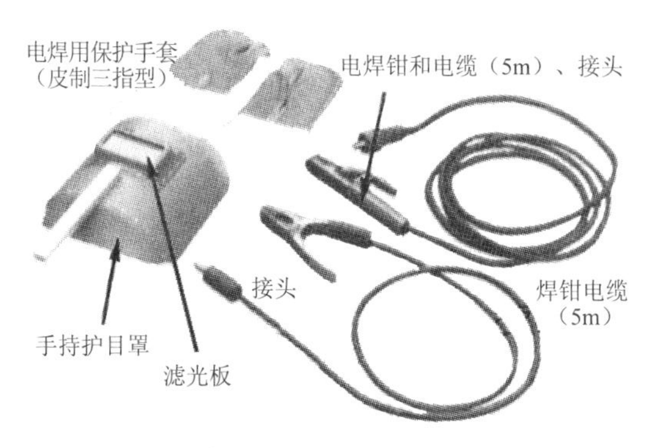

图5.27　电焊钳、电极夹、面罩、保护手套

1）作业程序

① 电缆与塞孔连接时，如图5.28所示，按规定长度，将电缆（14～38mm²）的外皮剥去，通过绝缘橡胶松开塞孔上的ⓑ和ⓒ两个内六角螺栓，将电缆芯线头折回来插入，再用L型内六角扳手上ⓑ和ⓒ两个内六角螺栓予以固定。将绝缘橡胶塞入，最后把内六角螺栓ⓐ安装到橡胶的中间。

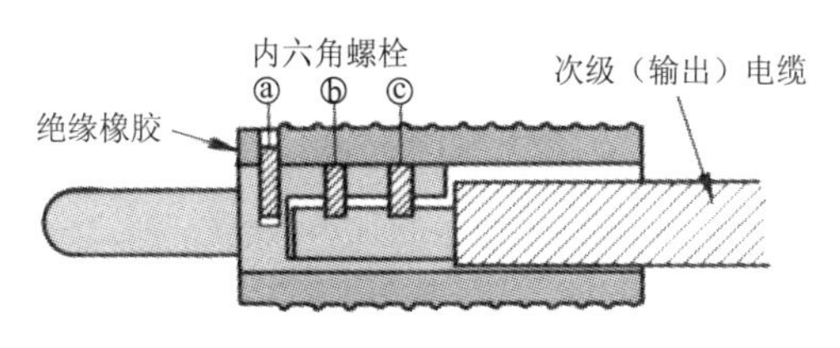

图5.28　电缆与塞孔的连接

② 将电缆与接头及电焊钳连接起来。

③ 将电焊机搬运到作业场地确定的位置（临时分电盘附近）安置好。

④ 给初级（输入）电缆头装上压接端子，与电焊机主体上的端子接上，上紧螺栓。还要注意100V和200V的端子不同，不要接错端子。

⑤ 将电缆接到分电盘的开关或者端子上。

⑥ 将地线（三芯电缆时用其中一根）连接到主体的地线接线端子及分电盘的接地端子上（图5.29）。

⑦ 要确认自动防电击装置处于正常工作状态。首先接上电源确认电

源指示灯亮，接着按下检查按钮开关，确认工作灯亮。

⑧ 确认电源闸刀及主机电源自动断路器开关关闭。

⑨ 将装有插孔和电极夹的电缆拉开，将电极夹牢牢地夹住工件。另外，还可以连接到与工件电气性连接充分的钢结构上（是电缆截面积10倍以上），并将输出插头牢靠地插入塞口。

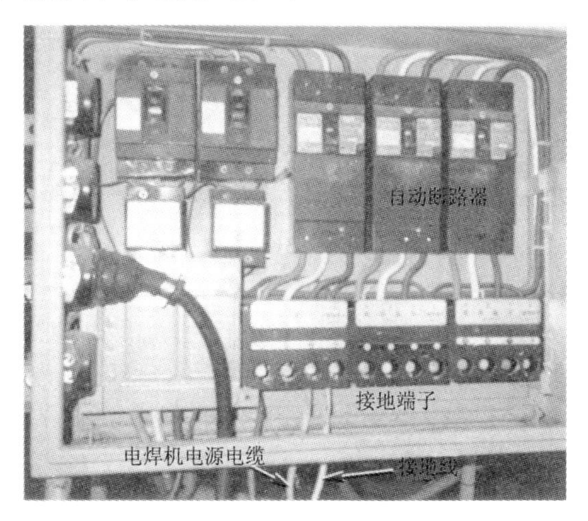

图5.29　连接到分电盘

⑩ 将电焊钳的电缆拉到作业场地，将输出插头牢靠地插入塞口。

⑪ 线拉好后，打开电源闸刀和电焊机主体上的自动断路器开关开始作业。

⑫ 用电流调整手柄调节电流。顺时针方向旋转增加电流，逆时针方向旋转则减少电流。焊接电流因作业内容、焊接材料、加工板厚及焊条不同而不同。选用适合作业内容的焊条，并调节焊接电流。

⑬ 带自动防电击装置的与不带自动防电击装置的电焊机，在电弧产生方式方面稍有不同（图5.30）。带自动防电击装置时，像划火柴棒那样，用焊条头在工件表面轻轻地一划，使其通电，然后将焊条头与工件的间隔保持在2～3mm时，即产生电弧。一次动作没有产生电弧时，可重复这一动作。图5.31所示为焊接作业的情况。

⑭ 作业完毕之后，切断电焊机主体上的电源自动断路器及电源闸

刀。把焊接设备和防护用具收拾起来。

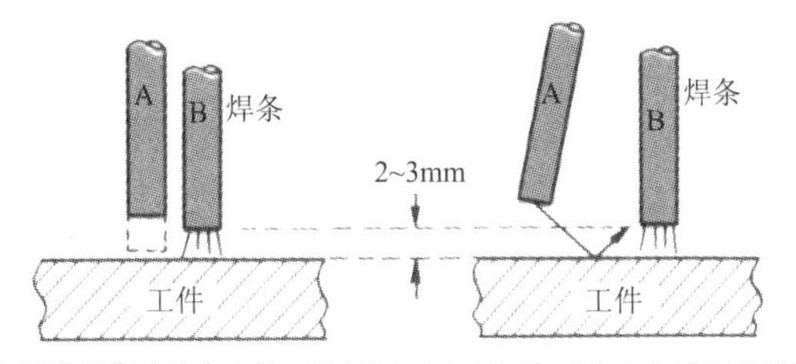

(a) 没有用自动防电击装置的情况 (b) 用了自动防电击装置的情况

图5.30 电弧的产生方式

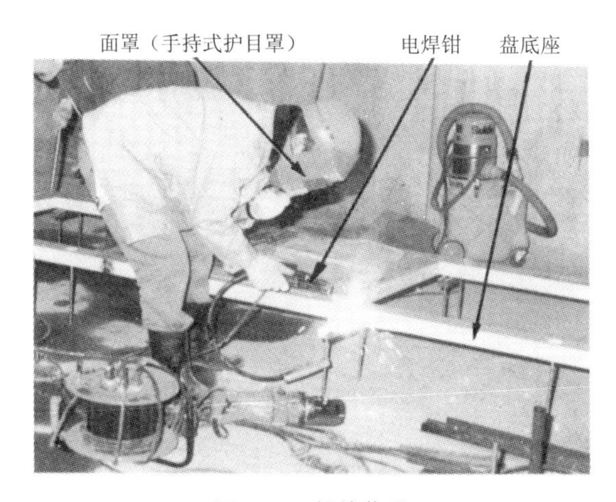

图5.31 焊接作业

2）使用方面的注意事项

① 使用前要进行检查，看焊接设备和防护用具有无损伤。

② 确认使用率，注意不要超过规定的使用率。

③ 要随时携带消防器材。

④ 要正确穿戴保护器具（面罩、保护手套、安全靴等）作业。

⑤ 电焊机尽量在不潮湿的场地安置使用和保管。在可能被雨淋或者有漏雨的地方安置和保管时要事先盖好罩布。

⑥ 每半年或一年对自动防电击装置的各项指标做一次定期检查。

099 电动绞盘

电动绞盘是以电缆拉线及收线为目的的工具。这里以ST-30-SE-1型电动绞盘为例进行介绍，各部位名称和规格示于图5.32。

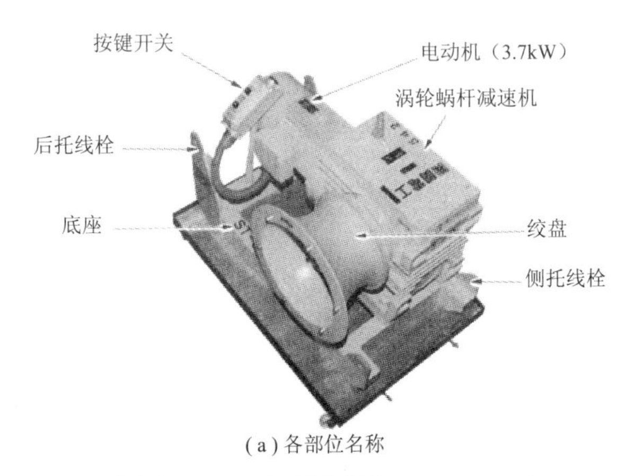

(a)各部位名称

最大张力：3000kgf（可连续使用，1kgf=9.80665N）
最高绞绳圈数速率：5.0m/min
绞绳卷绕方式：ϕ240mm（锥形铰绳轮式绞盘）
使用绞绳直径：ϕ14mm
减速方式：涡轮蜗杆减速机
总减速比：1 ∶ 210
电动机：3.7kW200V4 极　电磁制动式
操作方式：直接启动按钮式
总质量：约 280kg
尺寸：总长 900mm × 总宽 565mm × 总高 650mm

(b)规　格

图5.32　ST-30-SE-1型电动绞盘

1）特　点

① 这种绞盘即可用作电缆拉线用绞盘，亦可用作起重用简便绞盘。
② 因为这种绞盘噪声低，所以适用于城市街道工程、夜间工程。
③ 采用三键式开关，分别为正转、反转和停止，操作简单。
④ 采用蜗轮减速机自锁与电动机制动并用措施，确保使用安全。

2）准备工作

① 绞盘的安置。要选择平整的场地安置绞盘，并固定后拖线及两侧拖线，将它们拉紧，不致加载时松弛，缆绳的入角应小于2°（图5.33）。

② 电源连接。使用四芯电缆，从分电盘接线，在身旁装一个闸刀，再接到端子上，必须装上地线。四芯电缆的其中一根绿色芯线作为接地线连接到接地端子上。

③ 旋转方向的确认。作业之前先空转设备，确认各个部位无异常现象，并确认开关的显示和旋转方向一致。改变旋转方向时，务必按下停止按钮，使交流接触器释放（OFF）后再进行。

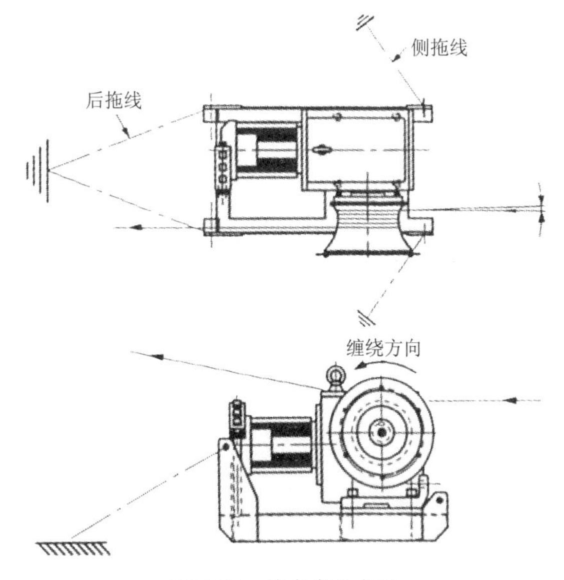

图5.33 绞盘安置方法

3）操作要领

① 将绞绳在绞盘上缠绕5～6圈。

② 按下按键开关，退出绞绳并开始输送。此时，绞绳的处理和操作需两人以上进行。

③ 电缆拉线或起重作业结束后，按下停止按钮使设备停止，释放身边的交流接触器。

4）注意事项

① 在加载情况下直接输送时不会瞬间停止，要引起注意（因载荷大小有所变化）。

② 使用之前要检查电源电缆，确认无损伤。

③ 每年用500V绝缘电阻计对设备进行两次绝缘电阻检测。

④ 设备使用后要充分清除泥土灰尘，并确认电动机的空气冷却通路无障碍物。每2~4年进行一次制动检查。还要定期检查减速机的油平面及电动机轴承。

100 配线管穿线器

配线管穿线器利用压缩空气将聚丙烯引线穿入管内设备（图5.34）。

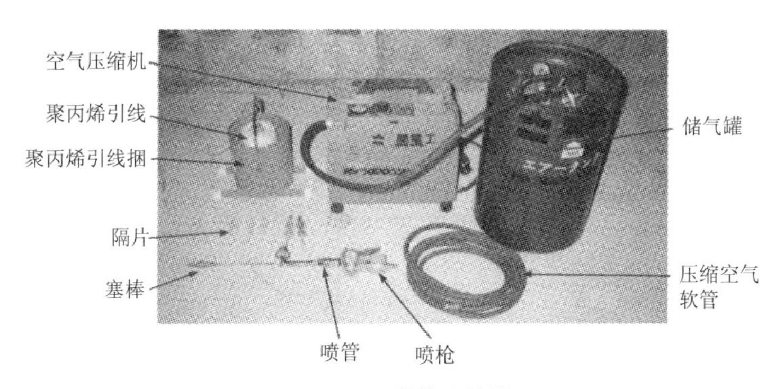

图5.34　配线管穿线器

1）直接使用的情况

将压缩空气软管接到压缩空气罐，然后将喷管接到压缩空气软管的另一头。压缩空气软管与套管喷枪的连接是单手柄操作方式。按住管套（压缩空气软管）头部的环，将塞头（喷枪的把握部分）一直按下去，松开环就接好了。

2）同时使用压缩空气鼓的情况

压缩空气鼓的主体装有一根带1m备用软管的压缩空气软管，拧入备用软管的外螺纹。接下来，将喷枪和喷管接到主体软管上。

3）使用空气压缩机的情况

空气压缩机是一种分离形式，包括压缩机主体和压缩空气储存罐两部分，可根据需要进行组装。取出空气压缩机箱子里的连接软管，将连接软管的盖形螺母内丝拧入空气压缩机外螺纹。再将另一头的单手柄操作构件按入空气储存罐的入口。

4）穿线前的注意事项（图5.35）

喷管上什么都没有安装的状况下，从配线管口只打入压缩空气。从一头打入空气时，空气就会从另一头迅猛地冲出来。此时，用空气的压力将配线管内的水、脏东西都带了出来，如果向管内窥视则十分危险。同时，冲出来的水也会弄脏墙壁和顶棚。因此，事先要用棉纱蒙上。

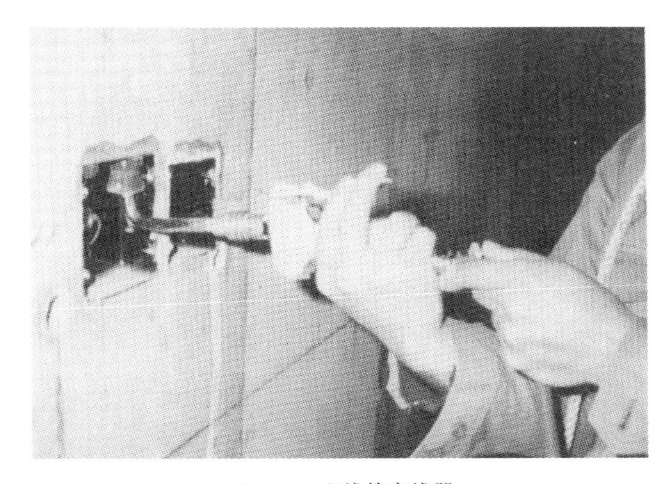

图5.35 配线管穿线器

5）穿线方法

将压缩空气软管与喷枪管接好后，再装上适合管径尺寸的隔片，将隔片按入管内。此时，因为衬套的缘故，有时不易按入。如果按进管内便会轻松的按动，但是按入隔片时，若使用螺栓旋具之类的工具，便会弄伤隔片，因此必须使用塞棒。将喷管头上的喷嘴橡胶直接压到配线管入口，确认储气罐的压力计。此时，若扣下闸柄，聚丙烯引线便可穿入管内（图5.36）。

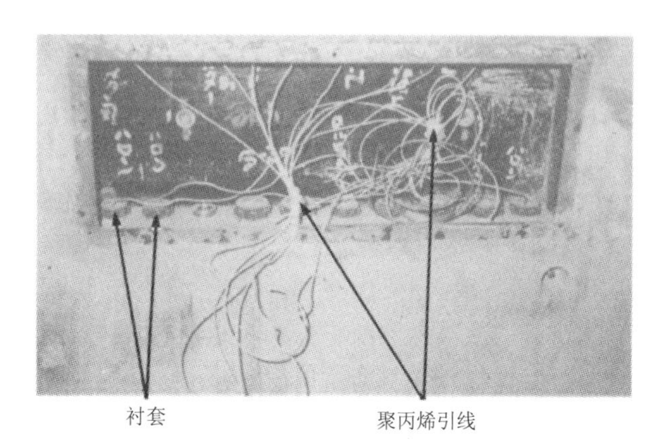

图5.36 聚丙烯引线穿线情况

6）线穿不进的情况下

当隔片和聚丙烯引线在中途停了下来，穿不到线管的顶头时，在引线上做一个记号后抽出来，可以使反作用力往回拉。无论如何也动不了时，可从线管的另一头往内灌压缩空气，一头灌气，一头拉，要同步进行。

7）修补和检查

① 用完后必须从储气罐进行排水，还要松开储气罐的放水旋塞排气。若疏于这项操作，储气罐内部就会生锈。

② 喷枪杆不够灵活时，可以滴上2～3滴机油。

101 电缆抓杆（带照明灯）

电缆抓杆由8节玻璃纤维管组成，质量轻，便于携带使用和保管（图5.37）。

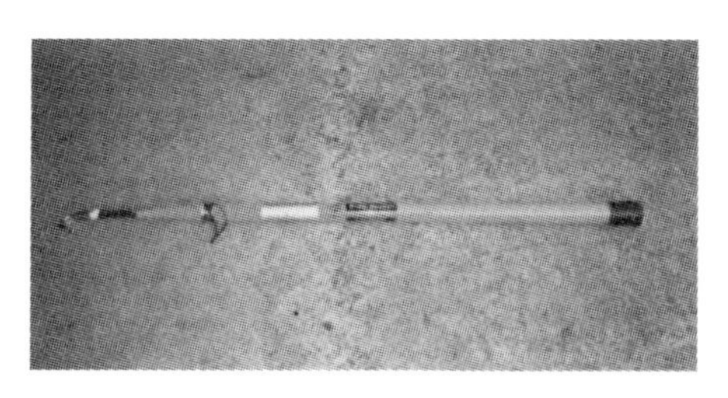

图5.37 电缆抓杆

一般情况下，用于双层顶棚内等一些狭窄场地的电缆布放工程。尤其是在改造工程或扩建工程中可发挥强大优势。前端装有照明灯，因此即使在黑暗的天井内仍能顺利作业（图5.38）。

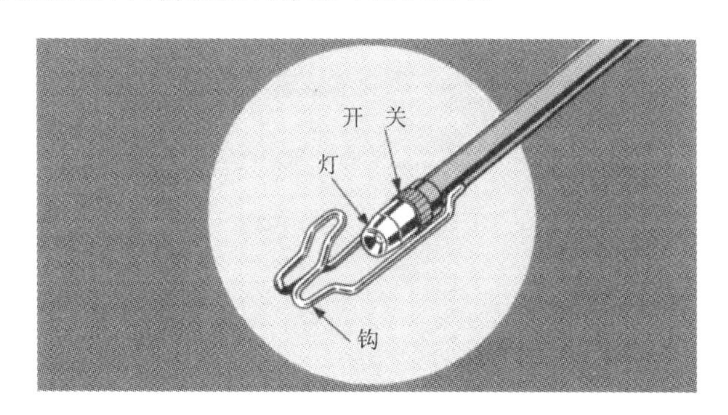

图5.38 电缆抓杆头的照明灯

电缆抓杆的使用方法如下：

① 由开口部分（嵌入照明器材）放置到目标方向。

② 打开前端部分的照明灯，右旋开关即亮。

③ 伸向目标方向，拉回电缆或推出电缆（图5.39）。

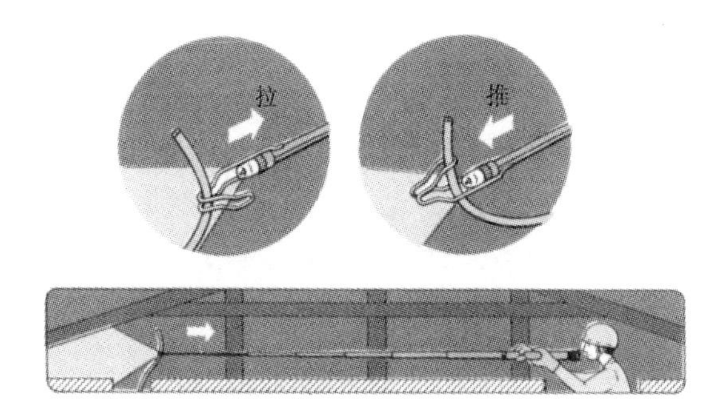

图5.39 电缆抓杆的使用

102 手钳式压接钳

以IS-1型手钳式压接钳（图5.40）为例予以说明。

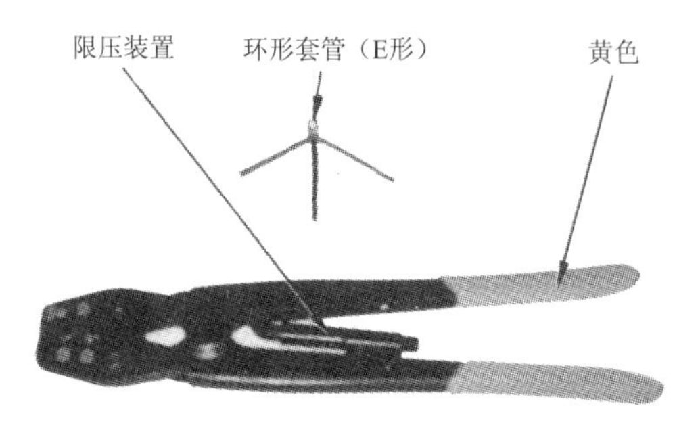

图5.40 IS-1型压接钳

1）工具的规格

① 全长为290mm，质量为530g。

② 适用范围：大、中、小、更小。

2）使用方法

① 握紧手柄时，手柄会自行全部打开。

② 将芯线的弯曲部分弄直，平行挨近，使芯线易于插入套管（E形）。

③ 将适合电线尺寸的E形套管插入齿形的中心部位，凸缘必须靠电线外皮一侧；保证套管的中心部位不会脱落，轻轻地握住手柄。

④ 将按所需要长度剥去外皮的芯线从套管凸缘一侧插进去。外皮部分不要插入套管里，离套管口2 ~ 5mm。

⑤ 握紧手柄并加力，直至限压装置脱离，手柄自行全部张开。这种工具的结构是利用限压装置，直至完全压接好之前，手柄不会张开。强行使其张开是造成产生故障的原因。因此，要使劲握住直至其自然张开。

⑥ 取出压接好的套管，并检查压接部位是否处于套管的中心，芯线是否松动（图5.41）。

⑦ 使压接好的套管头光滑。

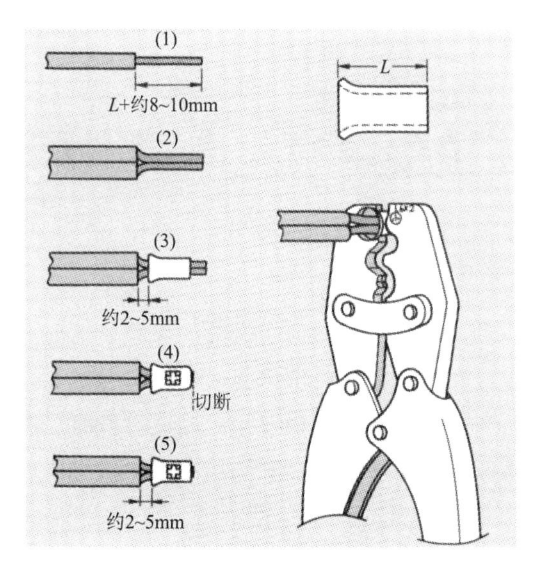

图5.41 压 接

第6章 电工常用元器件及应用

103 低压熔断器

熔断器是一种广泛应用的最简单有效的保护电器之一。其主体是用低熔点金属丝或金属薄片制成的熔体，串联在被保护的电路中。在正常情况下，熔体相当于一根导线，当发生短路或过载时，电流很大，熔体因过热熔化而切断电路。熔断器具有结构简单、价格低廉、使用和维护方便等优点。常用的低压熔断器有瓷插式、螺旋式、无填料封闭管式、有填料封闭管式等几种。

常用熔断器型号的含义如下：

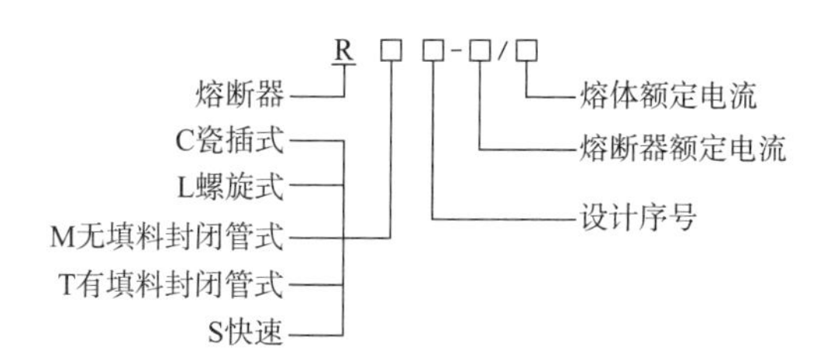

1）瓷插式熔断器

瓷插式熔断器结构简单、价格低廉、更换熔丝方便，广泛用作照明和小容量电动机的短路保护。常用的RC1A系列瓷插式熔断器的外形结构如图6.1所示。

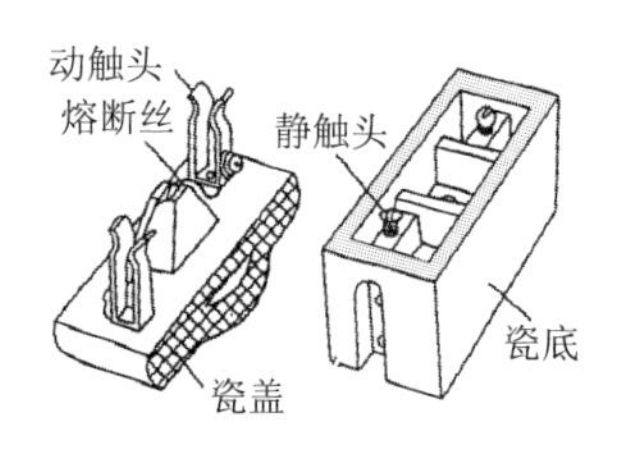

图6.1 RC1A瓷插式熔断器

RC1A系列瓷插式熔断器的主要技术参数见表6.1。

表6.1 RC1A系列瓷插式熔断器的主要技术参数

熔断器额定电流（A）	熔体额定电流（A）	熔体材料	熔体直径（mm）	极限分断能力（A）	交流回路功率因数 cos φ
5	2 5	软铅丝	0.52 0.71	250	0.8
10	2 4 6 10		0.52 0.82 1.08 1.25	500	
15	15		1.98		
30	20 25 30	铜丝	0.61 0.71 0.81	1500	0.7
60	40 50 60		0.92 1.07 1.20	3000	0.6
100	80 100		1.55 1.80		

2）螺旋式熔断器

螺旋式熔断器主要由瓷帽、熔断管（熔芯）、瓷套、上下接线桩及底座等组成。常用的RL1系列螺旋式熔断器的外形结构如图6.2所示。它具有熔断快、分断能力强、体积小、更换熔断丝方便、安全可靠和熔断丝熔断后有显示等优点，适用于额定电压380V及以下、电流在

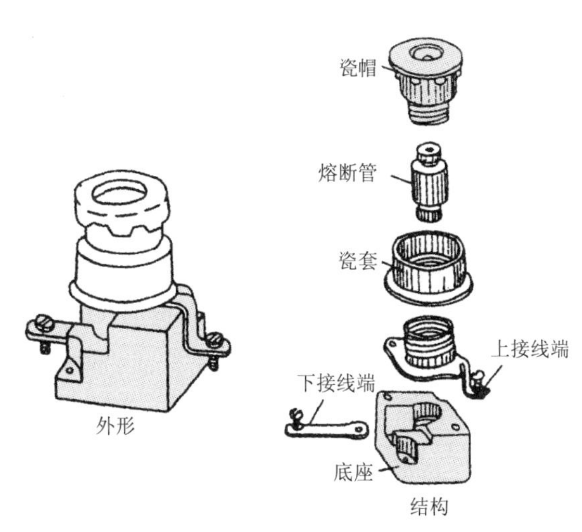

图6.2 RL1螺旋式熔断器

200A以内的交流电路或电动机控制电路中，作为过载或短路保护。

螺旋式熔断器的熔断管内除装有熔断丝外，还填满起灭弧作用的石英砂。熔断管的上盖中心装有带色熔断指示器，一旦熔断丝熔断，指示器即从熔断管上盖中跳出，显示熔断丝已熔断，并可从瓷盖上的玻璃窗口直接发现，以便拆换熔断管。

使用螺旋式熔断器时，用电设备的连接线应接到金属螺旋壳的上接线端，电源线应接到底座的下接线端，使旋出瓷帽更换熔断丝时金属壳上不会带电，以确保用电安全。

RL系列螺旋式熔断器的主要技术参数见表6.2。

表6.2 RL系列螺旋式熔断器的主要技术参数

型　号	额定电压（V）	熔断器额定电流（A）	熔体额定电流（A）	额定分断能力（kA）
RL1-15	500	15	2,4,6,10,15	2
RL1-60	500	60	20,25,30,35,40,50,60	3.5
RL1-100	500	100	60,80,100	20
RL1-200	500	200	100,125,150,200	50
RL2-25	500	25	2,4,6,15,20	1
RL2-60	500	60	25,35,50,60	2
RL2-100	500	100	80,100	3.5
RL6-25	500	25	2,4,6,10,16,20,25	50
RL6-63	500	63	35,50,63	50

3）无填料封闭管式熔断器

常用的无填料封闭管式熔断器为RM系列，主要由熔断管、熔体和静插座等部分组成，具有分断能力强、保护性好、更换熔体方便等优点，但造价较高。

无填料封闭管式熔断器适用于额定电压交流380V或直流440V的各电压等级的电力线路及成套配电设备中，作为短路保护或防止连续过载之用。

为保证这类熔断器的保护功能，当熔管中的熔体熔断三次后，应更换新的熔管。

RM系列无填料封闭管式熔断器有RM1、RM3、RM7、RM10等系列产品，RM10系列的外形和结构如图6.3所示。

RM10系列无填料封闭管式熔断器的主要技术参数见表6.3。

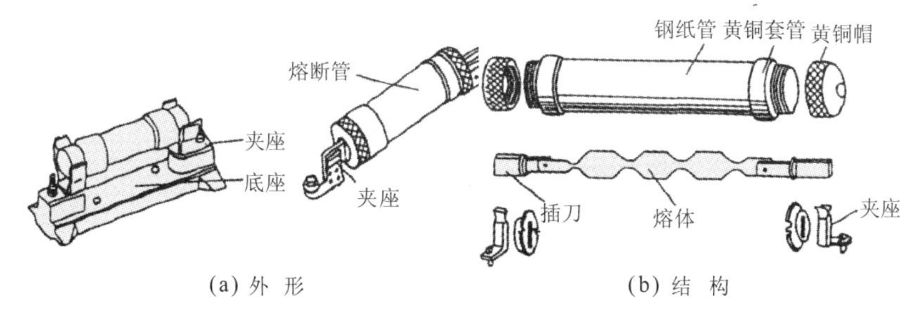

(a) 外 形　　(b) 结 构

图6.3 RM10系列无填料封闭管式熔断器

表6.3 RM10系列无填料封闭管式熔断器的主要技术参数

型 号	额定电流（A）	熔体额定电流（A）	极限分断能力（kA）
RM10-15	15	6,10,15	1,2
RM10-60	60	15,20,25,35,45,60	3,5
RM10-100	100	60,80,100	10
RM10-200	200	100,125,160,200	10
RM10-350	350	200,225,260,300,350	10
RM10-600	600	350,430,500,600	10
RM10-1000	1000	600,700,850,1000	12

4）有填料封闭管式熔断器

使用较多的有填料封闭管式熔断器为RT系列，主要由熔管、触刀、夹座、底座等部分组成，如图6.4所示。它具有极限断流能力大（可达50kA）、使用安全、保护特性好、带有明显的熔断指示器等优点，缺点是熔体熔断后不能单独更换，造价较高。

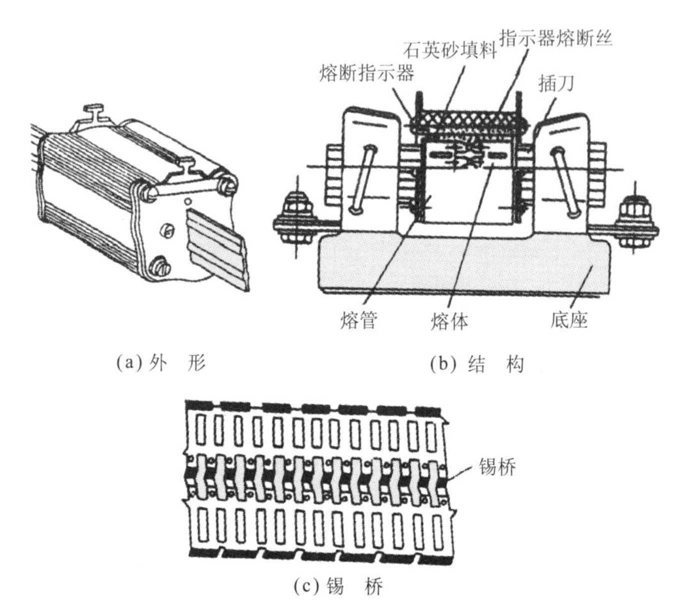

(a) 外 形

(b) 结 构

(c) 锡 桥

图6.4 RT0系列有填料封闭管式熔断器

有填料封闭管式熔断器适用于交流电压380V、额定电流1000A以内的高短路电流的电力网络和配电装置中，作为电路、电机、变压器及电气设备的过载与短路保护。

RT系列有填料封闭管式熔断器常用的有RT0系列熔断器，螺栓连接的RT12、RT15系列和瓷质圆筒结构，两端有帽盖的RT14、RT19系列熔断器等。

RT0系列熔断器的主要技术参数见表6.4。

表6.4 RT0系列熔断器的主要技术参数

型 号	熔 体			底 座
	额定电流（A）	额定电压（V）	分断能力（kA）	额定电流（A）
RT0-50	5,10,15,20,30,40,50	380		50
RT0-100	30,40,50,60,80,100		50	100
RT0-200	80,100,120,150,200			200
RT0-400	150,200,250,300,350,400			400
RT0-600	350,400,450,500,550,600			600
RT0-1000	700,800,900,1000			1000

RT14、RT15系列熔断器的主要技术参数见表6.5。

表6.5 RT14、RT15系列熔断器的主要技术参数

型　号	额定电压（V）	支持件额定电流（A）	熔体额定电流（A）	额定分断能力（kA）
RT14	380	20	2，4,6,10,16,20	100
		32	2,4,6,10,20,25,32	
		63	10,16,25,32,40,50,60	
	415	100	40,50,63,100	80
		200	125,160,200	
		315	250,315	
		400	350,400	

5）NT系列低压高分断能力熔断器

NT系列低压高分断能力熔断器具有分断能力强（可达100kA）、体积小、重量轻、功耗小等优点，适用于额定电压不超过660V、额定电流不超过1000A的电路中，作为工业电气设备过载和短路保护使用。NT2型熔断器的外形如图6.5所示。

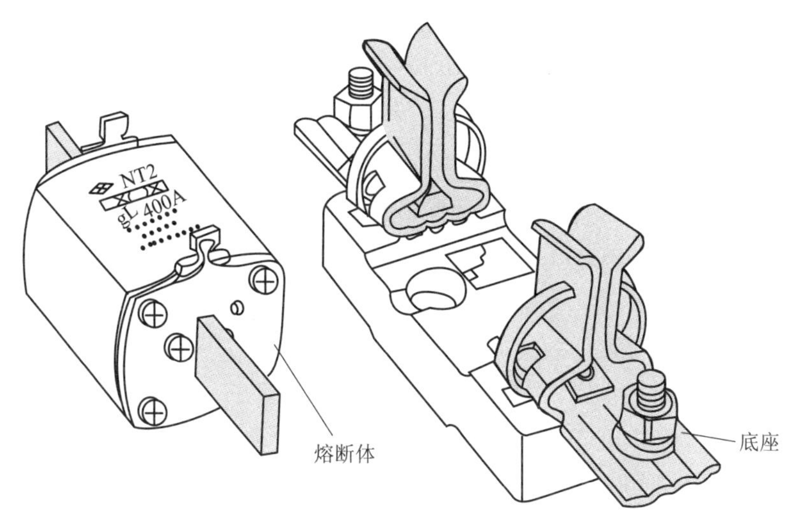

图6.5 NT2型熔断器

NT型熔断器的主要技术参数见表6.6。

表6.6 NT型熔断器的主要技术参数

型 号	额定电压（V）	底座额定电流（A）	熔体额定电流等级（A）	额定分断能力（kA）	cosφ	底座型号
NT-00	500	160	4,6,10,16,20,25,32,36,40,50,63,80,100,125,160	120	0.1~0.2	Sist 101
	660			50		
NT-0	500		6,10,16,20,25,32,36,40,50,63,80,100	120		Sist 160
	660			50		
	500		125,160	120		
NT-1	500	250	80,100,125,160,200	120		Sist 201
	660			50		
	500		224,250	120		
NT-2	500	400	125,160,200,224,250,300,315	120		Sist 401
	660			50		
	500		355,400	120		
NT-3	500	630	315,355,400,425	120		Sist 601
	660			50		
	500		500,630	120		

104 低压熔断器的选用

① 熔断器的类型应根据使用场合及安装条件进行选择。电网配电一般用管式熔断器；电动机保护一般用螺旋式熔断器；照明电路一般用瓷插式熔断器；保护可控硅则应选择快速熔断器。

② 熔断器的额定电压必须大于或等于线路的电压。

③ 熔断器的额定电流必须大于或等于所装熔体的额定电流。

④ 合理选择熔体的额定电流：对于变压器、电炉和照明等负载，熔体的额定电流应略大于线路负载的额定电流；对于一台电动机负载的短路保护，熔体的额定电流应大于或等于1.5～2.5倍电动机的额定电流；对几台电动机同时保护，熔体的额定电流应大于或等于其中最大容量的一台电动机的额定电流的1.5～2.5倍加上其余电动机额定电流的总和；

对于降压启动的电动机，熔体的额定电流应等于或略大于电动机的额定电流。

105 低压熔断器安装及使用注意事项

① 安装前检查熔断器的型号、额定电流、额定电压、额定分断能力等参数是否符合规定要求。

② 安装熔断器除保证足够的电气距离外，还应保证足够的间距，以便于拆卸、更换熔体。

③ 安装时应保证熔体和触刀，以及触刀和触刀座之间接触紧密可靠，以免由于接触处发热，使熔体温度升高，发生误熔断。

④ 安装熔体时必须保证接触良好，不允许有机械损伤，否则准确性将降低。

⑤ 熔断器应安装在各相线上，三相四线制电源的中性线上不得安装熔断器，而单相两线制的零线上应安装熔断器。

⑥ 瓷插式熔断器安装熔断丝时，熔断丝应顺着螺钉旋紧方向绕过去，同时应注意不要划伤熔断丝，也不要把熔断丝绷紧，以免减小熔断丝截面尺寸或绷断熔断丝。

⑦ 安装螺旋式熔断器时，必须注意将电源线接到瓷底座的下接线端（即低进高出的原则），以保证安全。

⑧ 更换熔断丝，必须先断开电源，一般不应带负载更换熔断器，以免发生危险。

⑨ 在运行中应经常注意熔断器的指示器，以便及时发现熔体熔断，防止缺相运行。

⑩ 更换熔体时，必须注意新熔体的规格尺寸、形状应与原熔体相同，不能随意更换。

106 低压熔断器的常见故障及检修方法

熔断器的常见故障及检修方法见表6.7。

表6.7 熔断器的常见故障及检修方法

故障现象	产生原因	检修方法
熔丝或熔断器管、熔断器片换上后瞬间全部熔断	①电源负载线路短路或线路接线错误 ②更换的熔断器过小，或负载太大难以承受 ③电动机负载过重，启动熔断器熔断，使电动机卡死	①接线错误应予更正，查出短路点，修复后再供电 ②根据线路和负载情况重新计算熔断器的容量 ③若查出电动机卡死，应检修机械部分使其恢复正常
熔丝更换后在压紧螺钉附近慢慢熔断	①接线桩头或压熔丝螺钉锈死，压不紧熔丝或导线 ②导线过细或负载过重 ③铜铝接连时间过长，引起接触不良 ④瓷插熔断器插头与插座间接触不良 ⑤熔丝规格过小，负载过重	①更换同型号的螺钉及垫片并重新压紧熔丝 ②根据负载大小重新计算所用导线截面积，更换新导线 ③去掉铜、铝接头处氧化层，重新压紧接触点 ④把瓷插头的触点爪向内扳一点，使其能在插入插座后接触紧密，并且用砂布打磨瓷插熔断器金属的所有接触面 ⑤根据负载情况可更换大一号的熔丝
瓷插熔断器破损	①瓷插熔断器人为损坏 ②瓷插熔断器因电流过大引起发热自身烧坏	①更换瓷插熔断器 ②更换瓷插熔断器
螺旋熔断器更换后不通电	①螺旋熔断器未旋紧 ②螺旋熔断器外壳底面接触不良，里面有尘屑或金属皮因熔断器熔断时熔坏脱落	①重新旋紧新换的熔断器管 ②更换同型号的熔断器外壳后，装入适当熔断器芯重新旋紧

107 低压断路器

低压断路器又称自动空气开关或自动空气断路器，主要用于低压动力线路中，当电路发生过载、短路、失压等故障时，它的电磁脱扣器自动脱扣进行短路保护，直接将三相电源同时切断，保护电路和用电设备的安全。在正常情况下也可用作不频繁地接通和断开电路或控制电动机。

低压断路器具有多种保护功能，动作后不需要更换元件，其动作电流可按需要方便地调整，工作可靠、安装方便、分断能力较强，因而在电路中得到广泛的应用。

低压断路器按结构形式可分为塑壳式（又称装置式）和框架式（又称万能式）两大类，常用的DZ5-20型塑壳式和DW10型框架式低压断路器的外形结构如图6.6所示。框架式断路器为敞开式结构，适用于大容量配电装置；塑料外壳式断路器的特点是外壳用绝缘材料制作，具有良好的安全性，广泛用于电气控制设备及建筑物内作电源线路保护，并对电动机进行过载和短路保护。

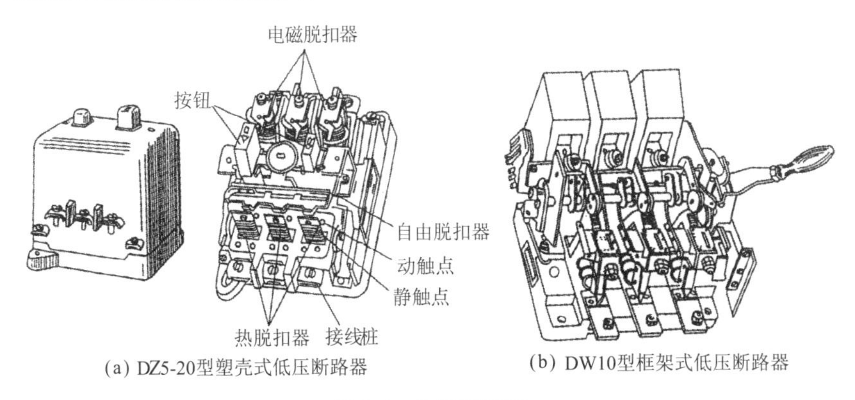

(a) DZ5-20型塑壳式低压断路器　(b) DW10型框架式低压断路器

图6.6　低压断路器

1）低压断路器的型号

低压断路器的型号含义如下：

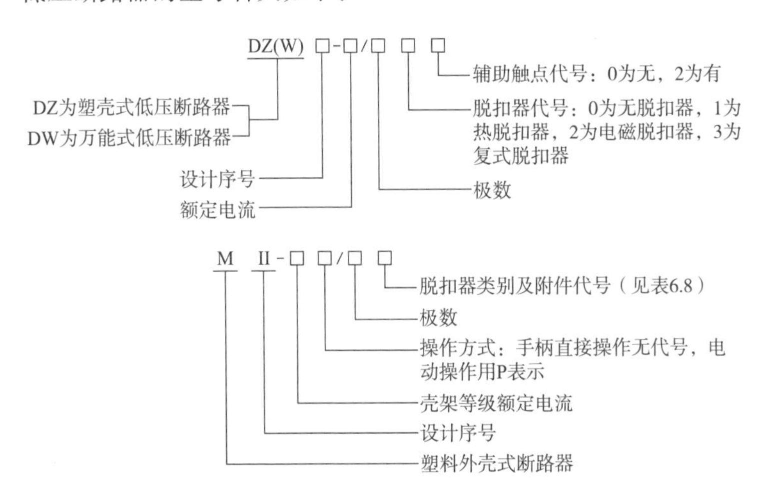

表6.8 脱扣器的类别及附件代号

	不带附件	分励脱扣器	辅助触点	欠电压脱扣器	分励脱扣器辅助触点	分励脱扣器欠电压脱扣器	两组辅助触点	辅助触点失电压脱扣器
无脱扣器	00		02				06	
热脱扣器	10	11	12	13	14	15	16	17
电磁脱扣器	20	21	22	23	24	25	26	27
复式脱扣器	30	31	32	33	34	35	36	37

2）低压断路器的主要技术参数

DZ5-20系列低压断路器的主要技术参数见表6.9。

表6.9 DZ5-20系列低压断路器的主要技术参数

型　号	额定电压（V）	额定电流（A）	极数	脱扣器类别	热脱扣器额定电流（括号内为整定电流调节范围）（A）	电磁脱扣器瞬时动作整定值（A）
DZ5-20/200	交流380 直流220	20	2	无脱扣器	–	–
DZ-20/300			3			
DZ5-20/210			2	热脱扣器	0.15（0.10~0.15） 0.20（0.15~0.20） 0.30（0.20~0.30） 0.45（0.30~0.45） 0.65（0.45~0.65） 1（0.65~1） 1.5（1~1.5） 2（1.5~2） 3（2~3） 4.5（3~4.5） 6.5（4.5~6.5） 10（6.5~10） 15（10~15） 20（15~20）	为热脱扣器额定电流的8~12倍（出厂时整定于10倍）
DZ5-20/310			3			
DZ5-20/220			2	电磁脱扣器		
DZ5-20/320			3			
DZ5-20/230			2	复式脱扣器		
DZ5-20/330			3			

108 低压断路器的选用

① 根据电气装置的要求选定断路器的类型、极数以及脱扣器的类型、附件的种类和规格。

② 断路器的额定工作电压应大于或等于线路或设备的额定工作电压。对于配电电路来说应注意区别是电源端保护还是负载保护，电源端电压比负载端电压高出5%左右。

③ 热脱扣器的额定电流应等于或稍大于电路工作电流。

④ 根据实际需要，确定电磁脱扣器的额定电流和瞬时动作整定电流。

- 电磁脱扣器的额定电流只要等于或稍大于电路工作电流即可。
- 电磁脱扣器的瞬时动作整定电流为：作为单台电动机的短路保护时，电磁脱扣器的整定电流为电动机启动电流的1.35倍（DW系列断路器）或1.7倍（DZ系列断路器）；作为多台电动机的短路保护时，电磁脱扣器的整定电流为最大一台电动机的启动电流的1.3倍再加上其余电动机的工作电流。

109 低压断路器的安装使用及维护

① 安装前核实装箱单上的内容，核对铭牌上的参数与实际需要是否相符，再用螺钉（或螺栓）将断路器垂直固定在安装板上。

② 板前接线的断路器允许安装在金属支架或金属底板上，把铜导线剥去适量长度的绝缘外层，插入线箍的孔内，将线箍的外包层压紧，包牢导线，然后将线箍的连接孔与断路器接线端用螺钉紧固；对于铜排，先把接线板在断路器上固定，再与铜排固定。

③ 板后接线的断路器必须安装在绝缘底板上。固定断路器的支架或底板必须平坦。

④ 为防止相间电弧短路，进线端应安装隔弧板，隔弧板安装时应紧贴在外壳上，不可留有缝隙，或在进线端包扎200mm黄蜡带。

⑤ 断路器的上接线端为进线端，下接线端为出线端，“N”极为中性板，不允许倒装。

⑥ 断路器在工作前，对照安装要求进行检查，其固定连接部分应可靠；反复操作断路器几次，其操作机构应灵活、可靠。用500V兆欧表检查断路器的极与极、极与安装面（金属板）的绝缘电阻应不小于1MΩ，

如低于1MΩ该产品不能使用。

⑦ 当低压断路器用作总开关或电动机的控制开关时，在断路器的电源进线侧必须加装隔离开关、刀开关或熔断器，作为明显的断开点。凡设有接地螺钉的产品，均应可靠接地。

⑧ 断路器各种特性与附件由制造厂整定，使用中不可任意调节。

⑨ 断路器在过载或短路保护后，应先排除故障，再进行合闸操作。

⑩ 断路器的手柄在自由脱扣或分闸位置时，断路器应处于断开状态，不能对负载起保护作用。

⑪ 断路器承载的电流过大，手柄已处于脱扣位置而断路器的触点并没有完全断开，此时负载端处于非正常运行，需人为切断电流，更换断路器。

⑫ 断路器在使用或储存、运输过程中，不得受雨水侵袭和跌落。

⑬ 断路器断开短路电流后，应打开断路器检查触点、操作机构。如触点完好，操作机构灵活，试验按钮操作可靠，则允许继续使用。若发现有弧烟痕迹，可用干布擦净；若弧触点已烧毛，可用细锉小心修整，但若烧毛严重，则应更换断路器以避免事故发生。

⑭ 对于用电动机操作的断路器，如要拆卸电动机，一定要在原处先做标记，然后再拆，确保将电动机装上时，不会错位，不会影响其性能。

⑮ 长期使用后，可清除触点表面的毛刺和金属颗粒，保持良好的电接触。

⑯ 断路器应做周期性检查和维护，检查时应切断电源。周期性检查项目包括：在传动部位加润滑油；清除外壳表层尘埃，保持良好绝缘；清除灭弧室内壁和栅片上的金属颗粒和黑烟灰，保持良好灭弧效果，如灭弧室损坏，断路器则不能继续使用。

110 低压断路器的常见故障及检修方法

低压断路器的常见故障及检修方法见表6.10。

表6.10 低压断路器的常见故障及检修方法

故障现象	产生原因	检修方法
电动操作的断路器触点不能闭合	①电源电压与断路器所需电压不一致 ②电动机操作定位开关不灵，操作机构损坏 ③电磁铁拉杆行程不到位 ④控制设备线路断路或元件损坏	①应重新通入一致的电压 ②重新校正定位机构，更换损坏机构 ③更换拉杆 ④重新接线，更换损坏的元器件
手动操作的断路器触点不能闭合	①断路器机械机构复位不好 ②失压脱扣器无电压或线圈烧毁 ③储能弹簧变形，导致闭合力减弱 ④弹簧的反作用力过大	①调整机械机构 ②无电压时应通入电压，线圈烧毁应更换同型号线圈 ③更换储能弹簧 ④调整弹簧，减少反作用力
断路器有一相触点接触不上	①断路器一相连杆断裂 ②操作机构一相卡死或损坏 ③断路器连杆之间角度变大	①更换其中一相连杆 ②检查机构卡死原因，更换损坏器件 ③把连杆之间的角度调整至170°为宜
断路器失压脱扣器不能自动开关分断	①断路器机械机构卡死不灵活 ②反力弹簧作用力变小	①重新装配断路器，使其机构灵活 ②调整反力弹簧，使反作用力及储能力增大
断路器分励脱扣器不能使断路器分断	①电源电压与线圈电压不一致 ②线圈烧毁 ③脱扣器整定值不对 ④电开关机构螺丝未拧紧	①重新通入合适电压 ②更换线圈 ③重新整定脱扣器的整定值，使其动作准确 ④紧固螺丝
在启动电动机时断路器立刻分断	①负荷电流瞬时过大 ②过流脱扣器瞬时整定值过小 ③橡皮膜损坏	①处理负荷超载的问题，然后恢复供电 ②重新调整过流脱扣器瞬时整定弹簧及螺丝，使其整定到适合位置 ③更换橡皮膜
断路器在运行一段时间后自动分断	①较大容量的断路器电源进出线接头连接处松动，接触电阻大，在运行中发热，引起电流脱扣器动作 ②过流脱扣器延时整定值过小 ③热元件损坏	①对于较大负荷的断路器，要松开电源进出线的固定螺丝，去掉接触杂质，把接线鼻重新压紧 ②重新整定过流值 ③更换热元件，严重时要更换断路器

续表 6.10

故障现象	产生原因	检修方法
断路器噪声较大	①失压脱扣器压力弹簧作用力过大 ②线圈铁心接触面不洁或生锈 ③短路环断裂或脱落	①重新调整失压脱扣器弹簧压力 ②用细砂纸打磨铁心接触面，涂上少许机油 ③重新加装短路环
断路器辅助触点不通	①辅助触点卡死或脱落 ②辅助触点不洁或接触不良 ③辅助触点传动杆断裂或滚轮脱落	①重新拨正装好辅助触点机构 ②把辅助触点清擦一次或用细砂纸打磨触点 ③ 更换同型号的传动杆或滚轮
断路器在运行中温度过高	①通入断路器的主导线接触处未接紧，接触电阻过大 ②断路器触点表面磨损严重或有杂质，接触面积减小 ③触点压力降低	①重新检查主导线的接线鼻，并使导线在断路器上压紧 ②用锉刀把触点打磨平整 ③调整触点压力或更换弹簧
带半导体过流脱扣的断路器，在正常运行时误动作	①周围有大型设备的磁场影响半导体脱扣开关，使其误动作 ②半导体元件损坏	①仔细检查周围的大型电磁铁分断时磁场产生的影响，并尽可能使两者距离远些 ②更换损坏的元件

111 交流接触器

交流接触器是通过电磁机构动作，频繁地接通和分断主电路的远距离操纵电器。它具有动作迅速、操作安全方便、便于远距离控制以及具有欠电压、零电压保护作用等优点，广泛用于电动机、电焊机、小型发电机、电热设备和机床电路上。由于它只能接通和分断负荷电流，不具备短路保护作用，因此常与熔断器、热继电器等配合使用。

交流接触器主要由电磁机构、触点系统、灭弧装置及辅助部件等组成。图 6.7 所示是CJ10-20型交流接触器的外形结构。

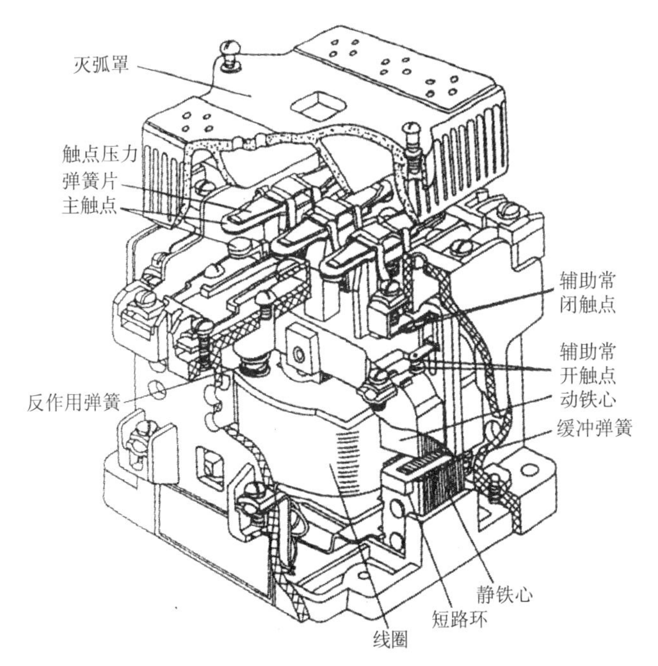

图6.7 CJ10-20型交流接触器

1）交流接触器的型号

常用的交流接触器有CJ0、CJ10、CJ12、CJ20和CJT1系列以及B系列等。

CJ20系列交流接触器的型号含义如下：

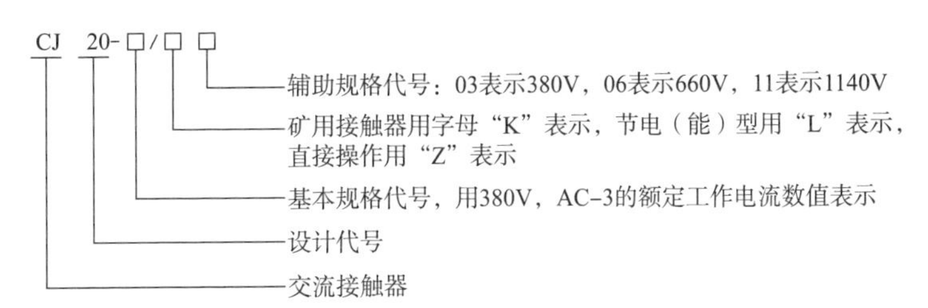

CJT1系列接触器的型号含义如下：

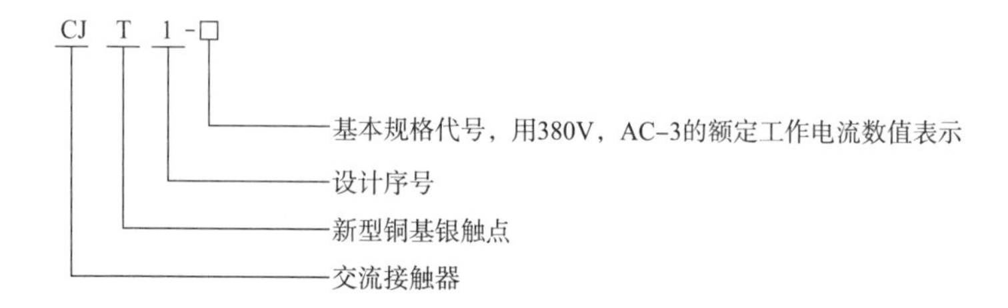

2）交流接触器的主要技术参数

CJ0、CJ10、CJ12系列交流接触器的主要技术参数见表6.11。

表6.11 CJ0、CJ10、CJ12系列交流接触器的主要技术参数

<table>
<tr><th rowspan="2">型 号</th><th rowspan="2">主触点额定电流（A）</th><th rowspan="2">辅助触点额定电流（A）</th><th colspan="2">可控制电动机的最大功率（kW）</th><th rowspan="2">吸引线圈电压（V）</th><th rowspan="2">额定操作频率（次/小时）</th></tr>
<tr><th>220V</th><th>380V</th></tr>
<tr><td>CJ0-10</td><td>10</td><td rowspan="3">5</td><td>2.5</td><td>4</td><td rowspan="3">36,110,127,220,380,440</td><td rowspan="3">1200</td></tr>
<tr><td>CJ0-20</td><td>20</td><td>5.5</td><td>10</td></tr>
<tr><td>CJ0-40</td><td>40</td><td>11</td><td>20</td></tr>
<tr><td>CJ0-75</td><td>75</td><td>10</td><td>22</td><td>40</td><td>110,127,220,380</td><td>600</td></tr>
<tr><td>CJ10-10</td><td>10</td><td rowspan="3">5</td><td>2.2</td><td>4</td><td rowspan="3">36,110,220,380</td><td rowspan="3">600</td></tr>
<tr><td>CJ10-20</td><td>20</td><td>5.5</td><td>10</td></tr>
<tr><td>CJ10-40</td><td>40</td><td>11</td><td>20</td></tr>
<tr><td>CJ10-60</td><td>60</td><td rowspan="9">10</td><td>17</td><td>30</td><td rowspan="9">36,127,220,380</td><td rowspan="7">600</td></tr>
<tr><td>CJ10-100</td><td>100</td><td>30</td><td>50</td></tr>
<tr><td>CJ10-150</td><td>150</td><td rowspan="7">43</td><td>75</td></tr>
<tr><td>CJ12-100
CJ12B-100</td><td>100</td><td>50</td></tr>
<tr><td>CJ12-150
CJ12B-150</td><td>150</td><td>75</td></tr>
<tr><td>CJ12-250
CJ12B-250</td><td>250</td><td>125</td></tr>
<tr><td>CJ12-400
CJ12B-400</td><td>400</td><td>200</td></tr>
<tr><td>CJ12-600
CJ12B-600</td><td>600</td><td>300</td><td>300</td></tr>
</table>

CJ20系列交流接触器主要用于交流50Hz，额定电压不超过660V（个别等级至1140V），电流不超过630A的电力线路中，亦可用于远距离频繁地接通和分断电路及控制交流电动机，并可与热继电器或电子式保护装置组成电磁启动器，以保护电路。

CJ20系列交流接触器的主要技术参数见表6.12。

表6.12　CJ20系列交流接触器的主要技术参数

型　号	额定绝缘电压（V）	额定发热电流（A）	AC-3使用类别下可控制的三相鼠笼型电动机的最大功率（kW）			AC-3每小时操作循环次数（次）	AC-3电寿命（万次）	线圈功率启动/保持（VA/W）	选用的熔断器型号
			220V	380V	660V				
CJ20-10	660	10	2.2	4	4	1200	100	65/8.3	RT16-20
CJ20-16		16	4.5	7.5	11			62/8.5	RT16-32
CJ20-25		32	5.5	11	13			93/14	RT16-50
CJ20-40		55	11	22	22			175/19	RT16-80
CJ20-63		80	18	30	35		120	480/57	RT16-160
CJ20-100		125	28	50	50			570/61	RT16-250
CJ20-160		200	48	85	85			855/85.5	RT16-315
CJ20-250	660	315	80	132	-	600	60	1710/152	RT16-400
CJ20-250/06		315	-	-	190			1710/152	RT16-400
CJ20-400		400	115	200	220			1710/152	RT16-500
CJ20-630		630	175	300	-			3578/250	RT16-630
CJ20-630/06		630	-	-	350			3578/250	RT16-630

CJT1系列交流接触器主要用于交流50Hz，额定电压不超过380V，电流不超过150A的电力线路中，作远距离频繁接通与分断线路之用，并与适当的热继电器或电子式保护装置组合成电动机启动器，以保护可能发生过载的电路。

CJT1系列接触器的主要参数和技术性能见表6.13。

表6.13 CJT1系列接触器的主要参数和技术性能

<table>
<tr><td colspan="2">型 号</td><td>CJT1-10</td><td>CJT1-20</td><td>CJT1-40</td><td>CJT1-60</td><td>CJT1-100</td><td>CJT1-150</td></tr>
<tr><td colspan="2">额定工作电压（V）</td><td colspan="6">380</td></tr>
<tr><td colspan="2">额定工作电流（AC-1，AC-4，380V）</td><td>10</td><td>20</td><td>40</td><td>60</td><td>100</td><td>150</td></tr>
<tr><td rowspan="2">控制电动机功率（kW）</td><td>220V</td><td>2.2</td><td>5.8</td><td>11</td><td>17</td><td>28</td><td>43</td></tr>
<tr><td>380V</td><td>4</td><td>10</td><td>20</td><td>30</td><td>50</td><td>75</td></tr>
<tr><td colspan="2">每小时操作循环数（次）</td><td colspan="6">AC-1、AC-3为600，AC-2、AC-4为300，CJT1-50、AC-4为120</td></tr>
<tr><td rowspan="2">电寿命（万次）</td><td>AC-3</td><td colspan="6">60</td></tr>
<tr><td>AC-4</td><td colspan="3">2</td><td colspan="2">1</td><td>0.6</td></tr>
<tr><td colspan="2">机械寿命（万次）</td><td colspan="6">300</td></tr>
<tr><td colspan="2">辅助触点</td><td colspan="6">2常开2常闭，AC-15 180VA；DC-13 60W I_{th}：5A</td></tr>
<tr><td colspan="2">配用熔断器</td><td>RT16-20</td><td>RT16-50</td><td>RT16-80</td><td>RT16-160</td><td>RT16-250</td><td>RT16-315</td></tr>
<tr><td rowspan="2">吸引线圈消耗功率（V·A）</td><td>闭合前瞬间</td><td>65</td><td>140</td><td>245</td><td>485</td><td>760</td><td>1100</td></tr>
<tr><td>闭合后吸持</td><td>11</td><td>22</td><td>30</td><td>95</td><td>105</td><td>116</td></tr>
<tr><td colspan="2">吸合功率（W）</td><td>5</td><td>6</td><td>12</td><td>26</td><td>27</td><td>28</td></tr>
</table>

112 交流接触器的选用

① 接触器类型的选择。根据电路中负载电流的种类来选择。即交流负载应选用交流接触器，直流负载应选用直流接触器。

② 主触点额定电压和额定电流的选择。接触器主触点的额定电压应大于或等于负载电路的额定电压。主触点的额定电流应大于负载电路的额定电流。

③ 线圈电压的选择。交流线圈电压：36V、110V、127V、220V、380V；直流线圈电压：24V、48V、110V、220V、440V；从人身和设备安全角度考虑，线圈电压可选择低一些；但当控制线路简单，线圈功率较小时，为了节省变压器，可选220V或380V。

④ 触点数量及触点类型的选择。通常接触器的触点数量应满足控制回路数的要求，触点类型应满足控制线路的功能要求。

⑤ 接触器主触点额定电流的选择。主触点额定电流应满足下面条件，即

$$I_{\text{N主触点}} \geqslant P_{\text{N电动机}}/(1 \sim 1.4)U_{\text{N电动机}}$$

若接触器控制的电动机启动或正反转频繁，一般将接触器主触点的额定电流降一级使用。

⑥ 接触器主触点额定电压的选择。使用时要求接触器主触点额定电压应大于或等于负载的额定电压。

⑦ 接触器操作频率的选择。操作频率是指接触器每小时的通断次数。当通断电流较大或通断频率过高时，会引起触点过热，甚至熔焊。操作频率若超过规定值，应选用额定电流大一级的接触器。

⑧ 接触器线圈额定电压的选择。接触器线圈的额定电压不一定等于主触点的额定电压，当线路简单、使用电器较少时，可直接选用于380V或220V电压的线圈，如线路较复杂、使用电器超过5个时，可选用24V、48V或110V电压的线圈。

113 交流接触器的安装使用及维护

① 接触器安装前应核对线圈额定电压和控制容量等是否与选用的要求相符合。

② 接触器应垂直安装于直立的平面上，与垂直面的倾斜不超过5°。

③ 金属底座的接触器上备有接地螺钉，绝缘底座的接触器安装在金属底板或金属外壳中时，亦需备有可靠的接地装置和明显的接地符号。

④ 主回路接线时，应使接触器的下部触点接到负荷侧，控制回路接线时，用导线的直线头插入瓦形垫圈，旋紧螺钉即可。未接线的螺钉亦需旋紧，以防失落。

⑤ 接触器在主回路不通电的情况下，通电操作数次确认无不正常现象后，方可投入运行。接触器的灭弧罩未装好之前，不得操作接触器。

⑥ 接触器使用时，应进行定期的检查与维修。经常清除表面污垢，尤其是进出线端相间的污垢。

⑦ 接触器工作时，如发出较大的噪声，可用压缩空气或小毛刷清除衔铁极面上的尘垢。

⑧ 使用中如发现接触器在切除控制电源后，衔铁有显著的释放延迟现象时，可将衔铁极面上的油垢擦净，即可恢复正常。

⑨ 接触器的触点如受电弧烧黑或烧毛时，并不影响其性能，可以不必进行修理，否则，反而可能促使其提前损坏。但触点和灭弧罩如有松散的金属小颗粒应清除。

⑩ 接触器的触点如因电弧烧损，以致厚薄不均时，可将桥形触点调换方向或相别，以延长其使用寿命。此时，应注意调整触点使之接触良好，每相触点的下断点不同期接触的最大偏差不应超过0.3mm，并使每相触点的下断点较上断点滞后接触约0.5mm。

⑪ 接触器主触点的银接点厚度磨损至不足0.5mm时，应更换新触点；主触点弹簧的压缩超程小于0.5mm时，应进行调整或更换新触点。

⑫ 对灭弧电阻和软连接，应特别注意检查，如有损坏等情况时，应即进行修理或更换新件。

⑬ 接触器如出现异常现象，应立即切断电源，查明原因，排除故障后方可再次投入使用。

⑭ 在更换CJT1-60、100、150接触器线圈时，先将安装在静铁心上的缓冲钢丝取下，然后用力将线圈骨架向底部压下，使线圈骨架相的缺口脱离线圈左右两侧的支架，静铁心即随同线圈往上方抽出，当线圈从静铁心上取下时，应防止其中的缓冲弹簧脱落。

114 交流接触器的常见故障及检修方法

交流接触器的常见故障及检修方法见表6.14。

表6.14　交流接触器的常见故障及检修方法

故障现象	产生原因	检修方法
接触器线圈过热或烧毁	①电源电压过高或过低 ②操作接触器过于频繁 ③环境温度过高使接触器难以散热或线圈在有腐蚀性气体或潮湿环境下工作 ④触器铁心端面不平，消剩磁气隙过大或有污垢 ⑤触器动铁心机械故障使其通电后不能吸上 ⑥圈有机械损伤或中间短路	①调整电压到正常值 ②改变操作接触器的频度或更换合适的接触器 ③改善工作环境 ④清理擦拭接触器铁心端面，严重时更换铁心 ⑤检查接触器机械部分动作不灵或卡死的原因，修复后如线圈烧毁应更换同型号线圈 ⑥更换接触器线圈，排除造成接触器线圈机械损伤的故障
接触器触点熔焊	①接触器负载侧短路 ②接触器触点超负载使用 ③接触器触点质量太差发生熔焊 ④触点表面有异物或有金属颗粒突起 ⑤触点弹簧压力过小 ⑥接触器线圈与通入线圈的电压线路接触不良，造成高频率的通断，使接触器瞬间多次吸合释放	①首先断电，用螺丝刀把熔焊的触点分开，修整触点接触面，并排除短路故障 ②更换容量大一级的接触器 ③更换合格的高质量接触器 ④清理触点表面 ⑤重新调整好弹簧压力 ⑥检查接触器线圈控制回路接触不良处，并修复
接触器铁心吸合不上或不能完全吸合	①电源电压过低 ②接触器控制线路有误或接不通电源 ③接触器线圈断线或烧坏 ④接触器衔铁机械部分不灵活或动触点卡住 ⑤触点弹簧压力过大或超程过大	①调整电压达正常值 ②更正接触器控制线路；更换损坏的电气元件 ③更换线圈 ④修理接触器机械故障，去除生锈，并在机械动作机构处加些润滑油；更换损坏零件 ⑤按技术要求重新调整触点弹簧压力
接触器铁心释放缓慢或不能释放	①接触器铁心端面有油污造成释放缓慢 ②反作用弹簧损坏，造成释放慢 ③接触器铁心机械动作机构被卡住或生锈动作不灵活 ④接触器触点熔焊造成不能释放	①取出动铁心，用棉布把两铁心端面油污擦净，重新装配好 ②更换新的反作用弹簧 ③修理或更换损坏零件；清除杂物与除锈 ④用螺丝刀把动静触点分开，并用钢锉修整触点表面

续表 6.14

故障现象	产生原因	检修方法
接触器相间短路	①接触器工作环境极差 ②接触器灭弧罩损坏或脱落 ③负载短路 ④正反转接触器操作不当，加上联锁互锁不可靠，造成换向时两只接触器同时吸合	①改善工作环境 ②重新选配接触器灭弧罩 ③处理负载短路故障 ④重新联锁换向接触器互锁电路，并改变操作方式，不能同时按下两只换向接触器启动按钮
接触器触点过热或灼伤	①接触器在环境温度过高的地方长期工作 ②操作过于频繁或触点容量不够 ③触点超程太小 ④触点表面有杂质或不平 ⑤触点弹簧压力过小 ⑥三相触点不能同步接触 ⑦负载侧短路	①改善工作环境 ②尽可能减少操作频率或更换大一级容量的接触器 ③重新调整触点超程或更换触点 ④清理触点表面 ⑤重新调整弹簧压力或更换新弹簧 ⑥调整接触器三相动触点，使其同步接触静触点 ⑦排除负载短路故障
接触器工作时噪声过大	①通入接触器线圈的电源电压过低 ②铁心端面生锈或有杂物 ③铁心吸合时歪斜或机械有卡住故障 ④接触器铁心短路环断裂或脱掉 ⑤铁心端面不平磨损严重 ⑥接触器触点压力过大	①调整电压 ②清理铁心端面 ③重新装配、修理接触器机械动作机构 ④焊接短路环并重新装上 ⑤更换接触器铁心 ⑥重新调整接触器弹簧压力，使其适当为止

115 热继电器

热继电器是一种电气保护元件。它利用电流的热效应来推动动作机构使触点闭合或断开，广泛用于电动机的过载保护、断相保护、电流不平衡保护以及其他电气设备的过载保护。热继电器由热元件、触点、动作机构、复位按钮和整定电流装置等部分组成，如图6.8所示。

热继电器有两相结构、三相结构和三相带断相保护装置等三种类型。对于三相电压和三相负载平衡的电路，可选用两相结构式热继电器作为保护电器；对于三相电压严重不平衡或三相负载严重不对称的电路，则

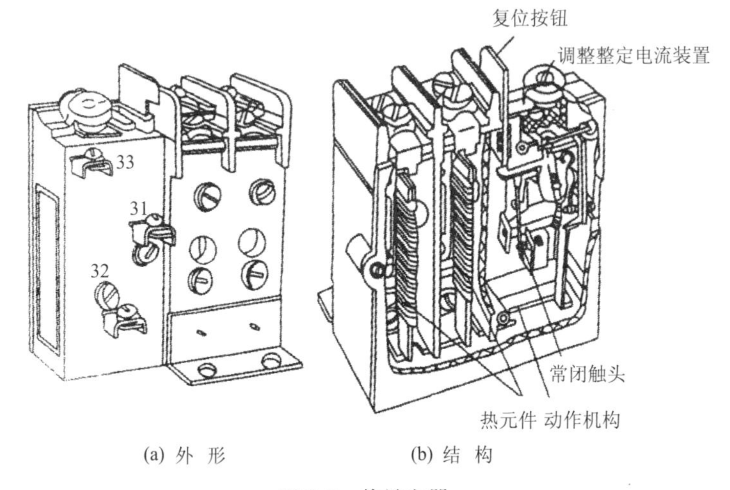

(a) 外 形　　(b) 结 构

图6.8 热继电器

不宜用两相结构式热继电器而只能用三相结构式热继电器。

1）热继电器的型号

热继电器的型号含义为：

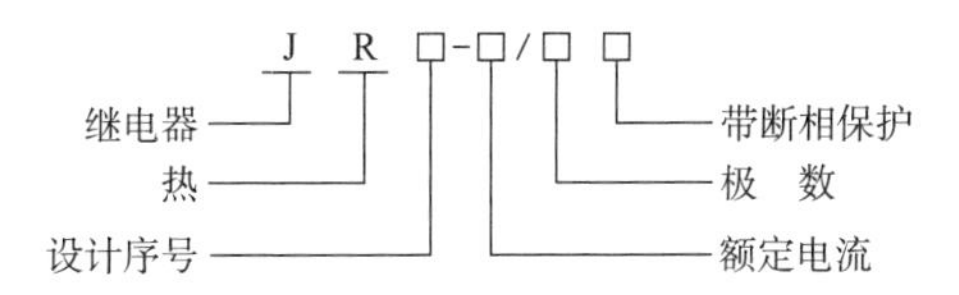

2）热继电器的主要技术参数

常用的热继电器有JR0、JR16、JR20、JR36、JRS1、JR16B和T系列等。

JR20系列热继电器采用立体布置式结构，除具有过载保护、断相保护、温度补偿以及手动和自动复位功能外，还具有动作脱扣灵活、动作脱扣指示以及断开检验按钮等功能装置。JR20系列热继电器的主要技术参数见表6.15。

表6.15 JR20系列热继电器的主要技术参数

型 号	额定电流（A）	热元件号	整定电流调节范围（A）
JR20-10	10	1R~15R	0.1~11.6
JR20-16	16	1S~6S	3.6~18
JR20-25	25	1T~4T	7.8~28
JR20-63	63	1U~6U	16~71
JR20-160	160	1W~9W	33~176

JR36系列双金属片热过载继电器，主要用于交流50Hz，额定电压不超过690V，电流0.25～160A的长期工作或间断长期工作的三相交流电动机的过载保护和断相保护。JR36系列热继电器的主要技术参数见表6.16。

表6.16 JR36系列热继电器的主要技术参数

<table>
<tr><th colspan="3">型 号</th><th>JR36-20</th><th>JR36-63</th><th>JR36-160</th></tr>
<tr><td colspan="3">额定工作电流（A）</td><td>20</td><td>63</td><td>160</td></tr>
<tr><td colspan="3">额定绝缘电压（V）</td><td>690</td><td>690</td><td>690</td></tr>
<tr><td colspan="3">断相保护</td><td>有</td><td>有</td><td>有</td></tr>
<tr><td colspan="3">手动与自动复位</td><td>有</td><td>有</td><td>有</td></tr>
<tr><td colspan="3">温度补偿</td><td>有</td><td>有</td><td>有</td></tr>
<tr><td colspan="3">测试按钮</td><td>有</td><td>有</td><td>有</td></tr>
<tr><td colspan="3">安装方式</td><td>独立式</td><td>独立式</td><td>独立式</td></tr>
<tr><td colspan="3">辅助触点</td><td>1NO+1NC</td><td>1NO+1NC</td><td>1NO+1NC</td></tr>
<tr><td colspan="3">AC-15 380V额定电流（A）</td><td>0.47</td><td>0.47</td><td>0.47</td></tr>
<tr><td colspan="3">AC-15 220V额定电流（A）</td><td>0.15</td><td>0.15</td><td>0.15</td></tr>
<tr><td rowspan="4">导线截面积（mm^2）</td><td rowspan="2">主回路</td><td>单芯或绞合线</td><td>1.0~4.0</td><td>6.0~16</td><td>16~70</td></tr>
<tr><td>接线螺钉</td><td>M5</td><td>M6</td><td>M8</td></tr>
<tr><td rowspan="2">辅助回路</td><td>单芯或绞合线</td><td>2*（0.5~1）</td><td>2*（0.5~1）</td><td>2*（0.5~1）</td></tr>
<tr><td>接线螺钉</td><td>M3</td><td>M3</td><td>M3</td></tr>
</table>

116 热继电器的选用

① 热继电器的类型选用：一般轻载启动、长期工作的电动机或间断长期工作的电动机，选择二相结构的热继电器；电源电压的均衡性和工作环境较差或较少有人照管的电动机，或多台电动机的功率差别较大，可选择三相结构的热继电器；而三角形连接的电动机，应选用带断相保护装置的热继电器。

② 热继电器的额定电流选用：热继电器的额定电流应略大于电动机的额定电流。

③ 热继电器的型号选用：根据热继电器的额定电流应大于电动机的额定电流原则，查表确定热继电器的型号。

④ 热继电器的整定电流选用：一般将热继电器的整定电流调整到等于电动机的额定电流；对过载能力差的电动机，可将热元件整定值调整到电动机额定电流的0.6~0.8倍；对启动时间较长，拖动冲击性负载或不允许停车的电动机，热继电器的整定电流应调节到电动机额定电流的1.1~1.15倍。

117 热继电器的安装使用及维护

① 热继电器安装接线时，应清除触点表面污垢，以避免电路不通或因接触电阻太大而影响热继电器的动作特性。

② 热继电器进线端子标志为1/L1、3/L2、5/L3，与之对应的出线端子标志为2/T1、4/T2、6/T3，常闭触点接线端子标志为95、96，常开触点接线端子标志为97、98。

③ 必须选用与所保护的电动机额定电流相同的热继电器，如不符合，则将失去保护作用。

④ 热继电器除了接线螺钉外，其余螺钉均不得拧动，否则其保护特性即改变。

⑤ 热继电器进行安装接线时，必须切断电源。

⑥ 当热继电器与其他电器安装在一起时，应将它安装在其他电器的下方，以免其动作特性受到其他电器发热的影响。

⑦ 热继电器的主回路连接导线不宜太粗，也不宜太细。如连接导线过细，轴向导热性差，热继电器可能提前动作；反之，连接导线太粗，轴向导热快，热继电器可能滞后动作。

⑧ 当电动机启动时间过长或操作次数过于频繁时，会使热继电器误动作或烧坏电器，故这种情况一般不用热继电器作过载保护。

⑨ 若热继电器双金属片出现锈斑，可用棉布蘸上汽油轻轻揩拭，切忌用砂纸打磨。

⑩ 当主电路发生短路事故后，应检查发热元件和双金属片是否已经发生永久变形，若已变形，应更换。

⑪ 热继电器在出厂时均调整为自动复位形式。如欲调为手动复位，可将热继电器侧面孔内螺钉倒退约三、四圈即可。

⑫ 热继电器脱扣动作后，若要再次启动电动机，必须待热元件冷却后，才能使热继电器复位。一般自动复位需待5min，手动复位需待2min。

⑬ 热继电器的整定电流必须按电动机的额定电流进行调整，在进行调整时，绝对不允许弯折双金属片。

⑭ 为使热继电器的整定电流与负荷的额定电流相符，可以旋动调节旋钮使所需的电流值对准白色箭头，旋钮上的电流值与整定电流值之间可能有所误差，可在实际使用时按情况适当偏转。如需用两刻度之间整定电流值，可按比例转动调节旋钮，并在实际使用时适当调整。

118 热继电器的常见故障及检修方法

热继电器的常见故障及检修方法见表6.17。

表6.17 热继电器的常见故障及检修方法

故障现象	产生原因	检修方法
热继电器误动作	①选用热继电器规格不当或大负载选用热继电器电流值太小 ②热继电器整定电流值偏低 ③电动机启动电流过大，电动机启动时间过长 ④反复在短时间内启动电动机，操作过于频繁 ⑤连接热继电器主回路的导线过细、接触不良或主导线在热继电器接线端子上未压紧 ⑥热继电器受到强烈的冲击震动	①更换热继电器，使它的额定值与电动机额定值相符 ②调整热继电器整定值使其正好与电动机的额定电流值相符合并对应 ③减轻启动负载；电动机启动时间过长时，应将时间继电器调整的时间稍短些 ④减少电动机启动次数 ⑤更换连接热继电器主回路的导线，使其横截面积符合电流要求；重新压紧热继电器主回路的导线端子 ⑥改善热继电器使用环境
热继电器在超负载电流值时不动作	①热继电器动作电流值整定得过高 ②动作二次接点有污垢造成短路 ③热继电器烧坏 ④热继电器动作机构卡死或导板脱出 ⑤连接热继电器的主回路导线过粗	①重新调整热继电器电流值 ②用酒精清洗热继电器的动作触点，更换损坏部件 ③更换同型号的热继电器 ④调整热继电器动作机构，并加以修理。如导板脱出要重新放入并调整好 ⑤更换成符合标准的导线
热继电器烧坏	①热继电器在选择的规格上与实际负载电流不相配 ②流过热继电器的电流严重超载或负载短路 ③可能是操作电动机过于频繁 ④热继电器动作机构不灵，使热元件长期超载而不能保护热继电器 ⑤热继电器的主接线端子与电源线连接时有松动现象或氧化，线头接触不良引起发热烧坏	①热继电器的规格要选择适当 ②检查电路故障，在排除短路故障后，更换合适的热继电器 ③改变操作电动机方式，减少启动电动机次数 ④更换动作灵敏的合格热继电器 ⑤设法去掉接线头与热继电器接线端子的氧化层，并重新压紧热继电器的主接线

119 直流电动机的原理

1）电动机的反电势

图7.1为直流电动机的原理，从中可以了解电动机是如何工作的。

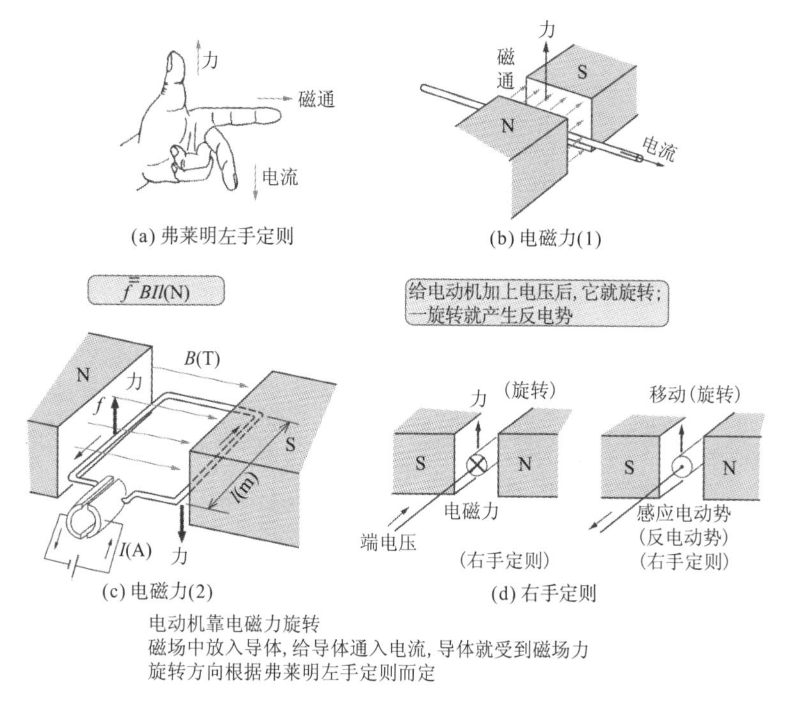

图7.1 直流电动机的原理

电动机旋转时，电枢绕组切割磁通，因而产生感应电势。此电势的方向与加在电动机端子电压的方向相反，故称反电势。电动机旋转产生的反电势较端电压小（图7.2）。

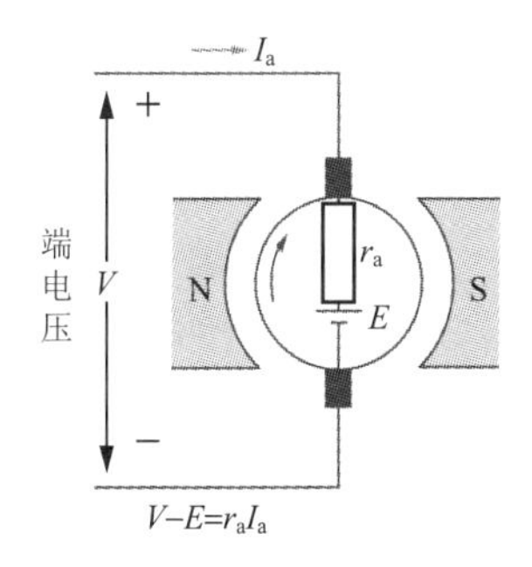

图7.2 电动机的端电压和反电势

令 V（V）代表端电压；E（V）代表反电势（感应电势）；I_a（A）代表电枢电流；r_a（Ω）代表电枢绕组电阻；Φ（Wb）代表每极磁通；n（r/min）代表转速；K，K' 代表比例常数。

如下式：

$$E = K\Phi n \text{（感应电势的大小）}$$

$$V - E = r_a I_a \text{（端电压和反电势之差等于绕组电阻的电压降）}$$

$$V = E + r_a I_a$$

上式两边都乘以 I_a，则

$$VI_a = EI_a + I_a^2 r_a$$

式中，VI_a 为电源供给电动机的功率；$I_a^2 r_a$ 为电枢绕组的铜耗。另外，EI_a 意味着产生的动力，扣除机械损耗后，即成为电动机的输出功率。

2）电动机的转速

$$V = E + r_a I_a$$

$$V = K\Phi n + r_a I_a$$

从而得

$$n = \frac{V - r_a I_a}{K\Phi} = \frac{E}{K\Phi} = K' \frac{E}{\Phi}$$

即电动机转速和反电势成正比，和磁通成反比。

120 直流电动机的种类与特性

直流电动机可分为如图7.3所示的几类。

直流电动机
- 他励电动机
- 并励电动机
- 串励电动机
- 复励电动机
  - 积复励
  - 差复励

图7.3 直流电动机的种类

1）直流电动机的转矩

作用于一根导体的电磁力大小为

$$f=BIl \text{（N）}$$

从磁极到电枢的平均磁通密度（图7.4）为

$$B=\frac{p\Phi}{\pi Dl} \text{（T）}$$

一根导体中的电流（图7.5）为

$$I=\frac{I_a}{a} \text{（A）}$$

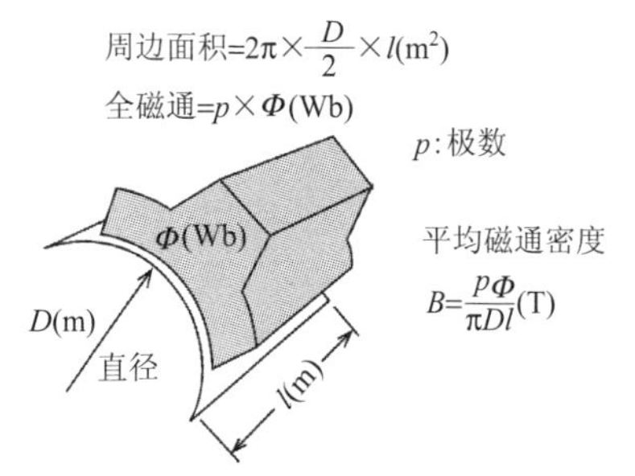

图7.4 电动机的磁通密度

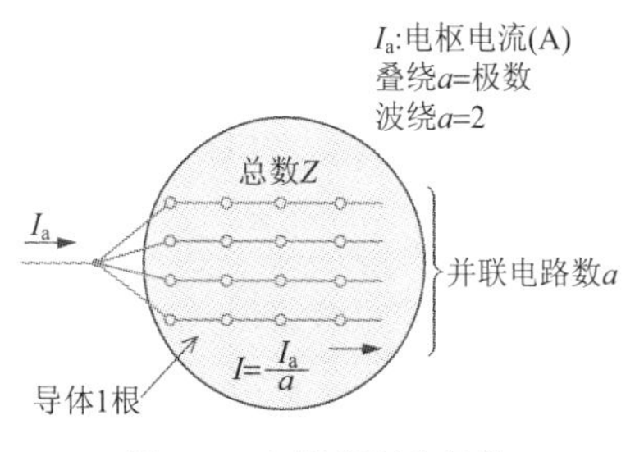

图7.5 电枢绕组和导体

电枢总导体得到的电磁力为

$$F=f\times Z \text{（N）}$$

电枢旋转产生的转矩（图7.6）为

$$T = f \times \frac{D}{2}(N \cdot m)$$

$$= \frac{p\Phi}{\pi Dl} \times \frac{I_a}{a} \times l \times Z \times \frac{D}{2}$$

$$= \frac{pZ}{2\pi a}\Phi I_a = K\Phi I_a \left(K = \frac{pZ}{2\pi a}\right)$$

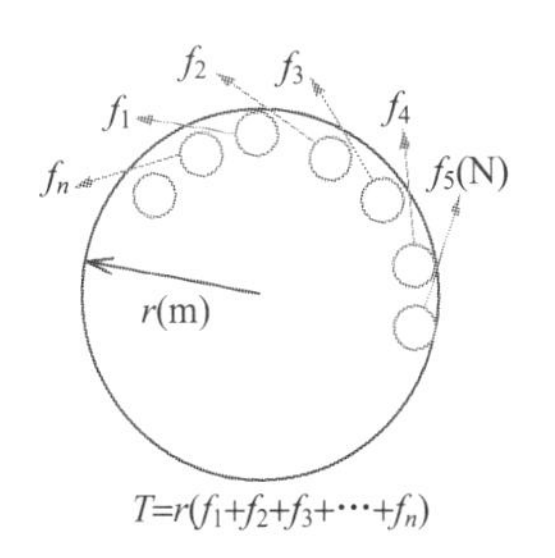

图7.6 电枢各导体产生的转矩

由此可知，转矩与磁极发出的磁通及电枢电流成比例。

2）直流电动机的输出功率

$$P = EI_a = \frac{Zp\Phi n}{a \times 60} \times \frac{2\pi aT}{pZ\Phi} = \frac{2\pi aT}{60} = 2\pi\frac{n}{60}T = \omega T$$

$$E = \frac{Z}{a} \times \frac{p}{60} \times \Phi n$$

$$I_a = \frac{2\pi a}{pZ\Phi}T$$

由此可知，电动机的输出功率可用角速度与转矩的乘积表示，其原理如图7.7所示。

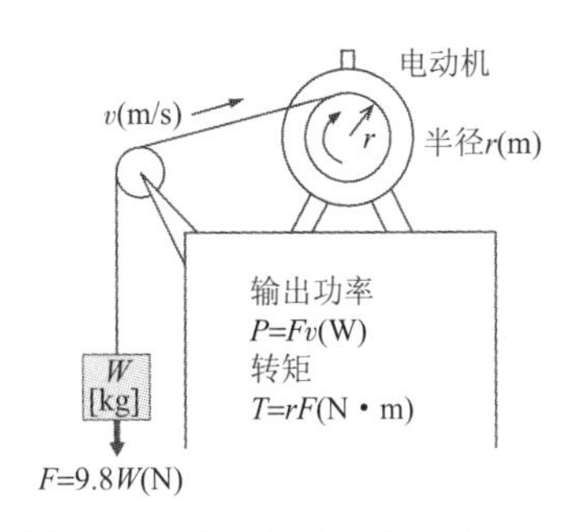

图7.7 电动机输出功率的原理图

3）电动机的特性

① 转速特性。表示加在电动机端子上的电压不变时，负荷电流和转速的关系。

② 转矩特性。表示加在电动机端子上的电压不变时，负荷电流和转矩的关系。

● 并励电动机。电动机的速度以下式表示：

$$n = \frac{V - I_a R_a}{K\Phi}$$

因R_a很小，即使由于负荷原因I_a变大，n值也不变化，即为恒速电动机。但由于断线等原因，I_f（流入并励绕组的励磁电流）变为零时，因Φ趋于零，n将过大，遂导致异常高速旋转。并励电动机的接线图和特性曲线如图7.8所示。

因转矩与电枢电流和磁通成比例，故若磁通不变，则转矩与负荷电流成比例。与三相感应电动机特性相似，除非有特殊情况，一般很少使用。

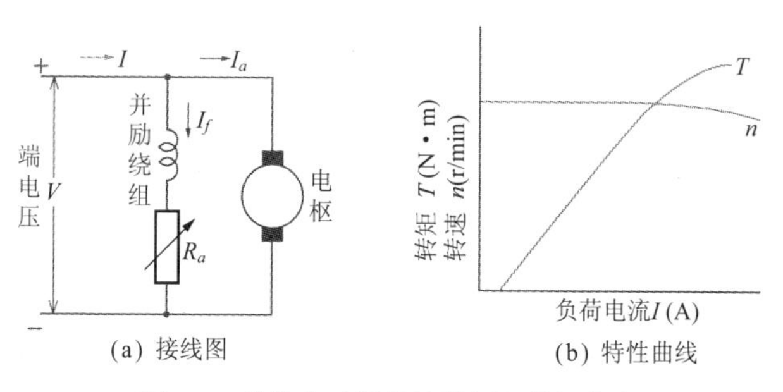

图7.8 并励电动机的接线图和特性曲线

• 串励电动机。励磁绕组与电枢绕组串联$I_a=I_f=I_o$，由于磁通和负荷电流成正比，故转速大体与电流成反比。它是变速电动机，空载时将为无约束速度，很危险。串励电动机的接线图和特性曲线如图7.9所示。

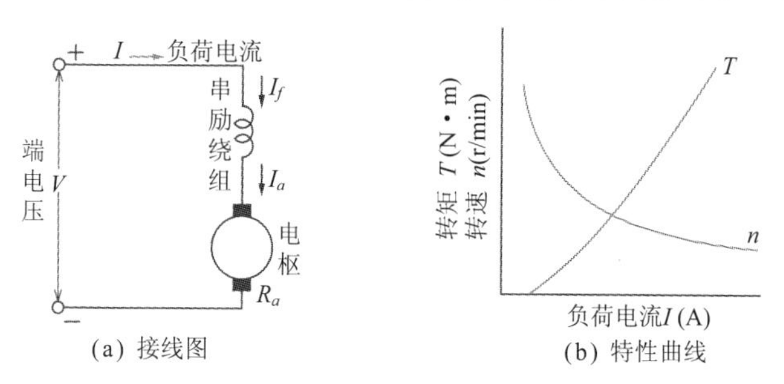

图7.9 串励电动机的接线图和特性曲线

当I较小时，转矩与I^2成正比，较大时则与I成正比。

• 复励电动机。复励电动机一般用积复励，其接线图和特性曲线如图7.10所示。

因为有并励绕组，故即使空载也不会有危险的转速。虽然差复励电动机的速度不变，但启动转矩小，运行时不易稳定，故几乎不用。

积复励电动机的启动转矩大，适用于负荷转矩不变的情况。

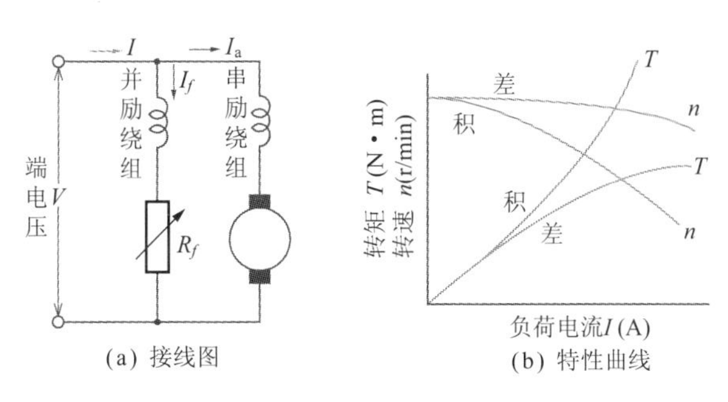

(a) 接线图　　(b) 特性曲线

图7.10　复励电动机的接线图和特性曲线

121 直流电动机的速度控制和规格

1）直流电动机的启动

直流电动机的电枢电流I_a，根据$V=E+I_aR_a$，有

$$I_a=\frac{V-E}{R_a}$$

因启动瞬间反电势$E=0$（V），故$I_a=V/R_a$，即电枢电流很大。为了把启动电流限制到额定电流值左右而使用的电阻称为启动器，如图7.11所示。图7.12为直流电动机的端子符号。

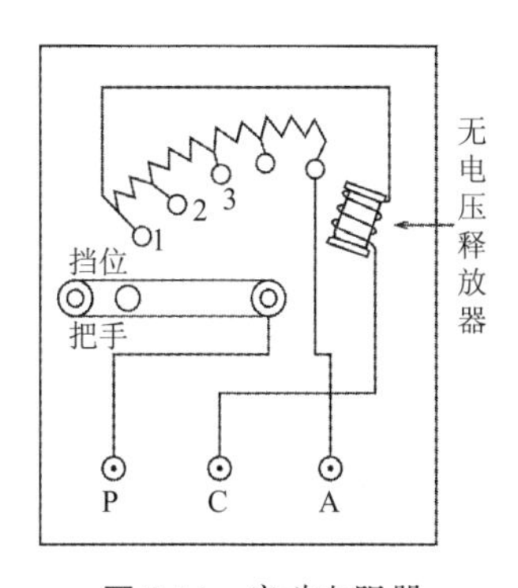

图7.11　启动电阻器

	高电位	低电位
电　　源	P(+)	N(−)
电　　枢	A	B
并励绕组	C	D
串励绕组	E	F
附加极绕组	G	H
补偿绕组	GC	HC
他励绕组	J	K

图7.12　直流电动机的端子符号

直流电动机的启动顺序如下：

① 将励磁电阻值调到最小值（I_f→大）。

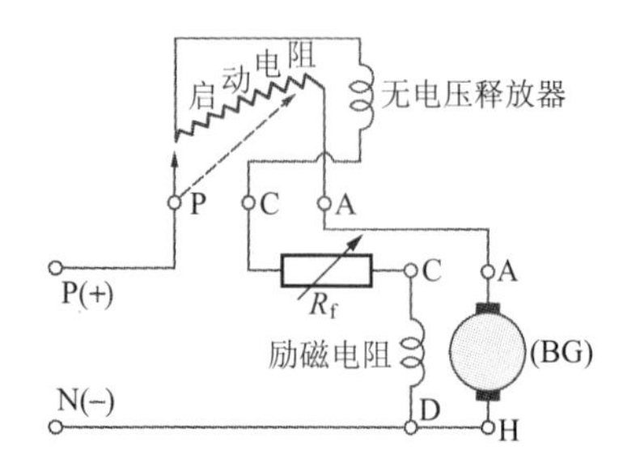

图7.13 启动器的最初挡位的电路

② 接上电源，将操作把手旋到最初挡位，如图7.13所示，全启动电阻与电枢串联，励磁电路中串入的无电压释放器成为电磁铁，做好能够保持把手位置的准备，使启动电流接近额定电流，电动机旋转。

③ 用把手推进电阻挡位，而无电压释放器保持把手新的位置（电动机旋转起来后，电流变小，与电枢串联的启动电阻可以去除，电枢直接接于电源，而启动电阻串联接于励磁电路）。

2）直流电动机的调速

直流电动机的转速n为

$$n = K\frac{V - r_a I_a}{\Phi}(\text{r/min})$$

由上式知，为了改变n值，改变Φ、I_a、V中任意一值都可以。

① 改变励磁的调速法。这是用于并励电动机、他励电动机和复励电动机的方法，如图7.14所示。改变励磁电路电阻的大小，使磁通变化，从而进行调速。

② 改变电枢电路的电阻。这是用于串励电动机的方法，如图7.15所示，在电枢电路中串入电阻，使电枢电流变化，从而进行调速。

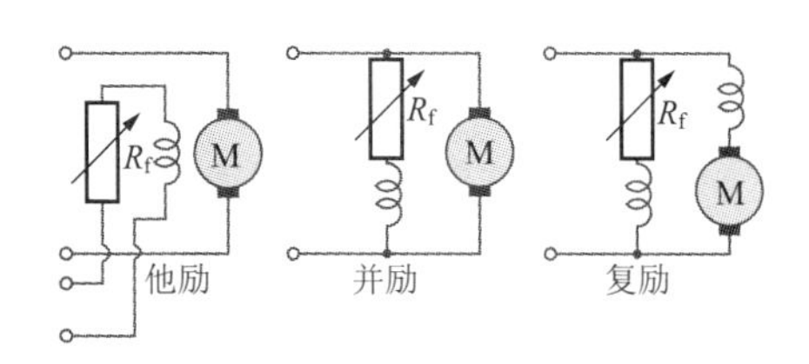

图7.14 改变励磁的调速

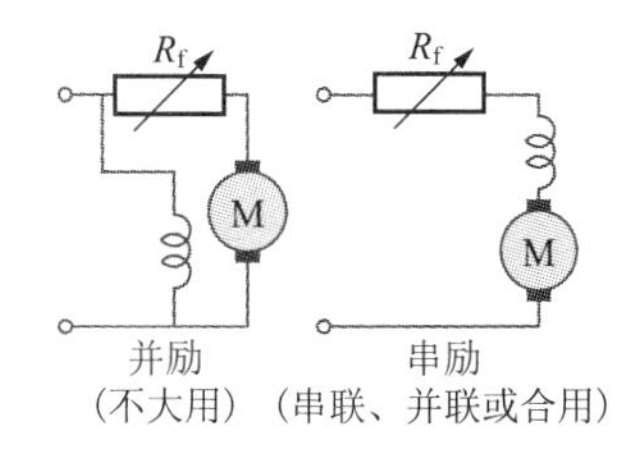

图7.15 电枢电路接入电阻的调速

③ 改变电枢电压的调速法。主要用于串励电动机，偶数台电动机或串或并，使加于一台电动机的电压得到调整，从而进行调速，如图

7.16所示。此法用于他励电动机时，电枢电压由他励发电机供给，该发电机由另一台电动机驱动。这时可进行广范围和细微的调速。用于卷扬机、压延机和高级电梯等地方。驱动用三相感应电动机和他励发电机之间装有飞轮，使负荷变化少，可进行广范围和精密的调速，如图7.17所示。

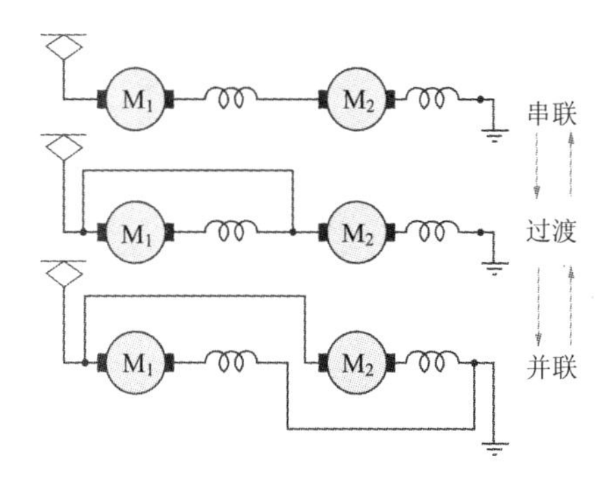

图7.16 电动机的串并联电压控制

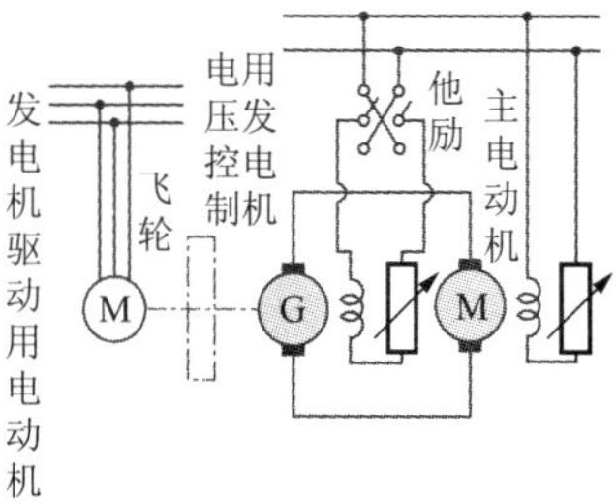

图7.17 改变电枢电压的调速

3）制 动

制动方法分机械制动和电制动（图7.18），电制动方法中又有以下两种。

① 发电制动。将运转中的电动机电源切除，接上制动电阻，电动机作为发电机工作，制动电阻作为负荷，产生焦耳热，这样起到制动作用。在电动机高速运转的场合，这种方式有制动效果。

② 再生制动。把电动机变为发电机这一点和发电制动相同，但本方法是将产生的电势返还给电源而得到制动。为此，必须使感应电势比加于电动机的电压还高。因此必须采取增加励磁电流等方法。

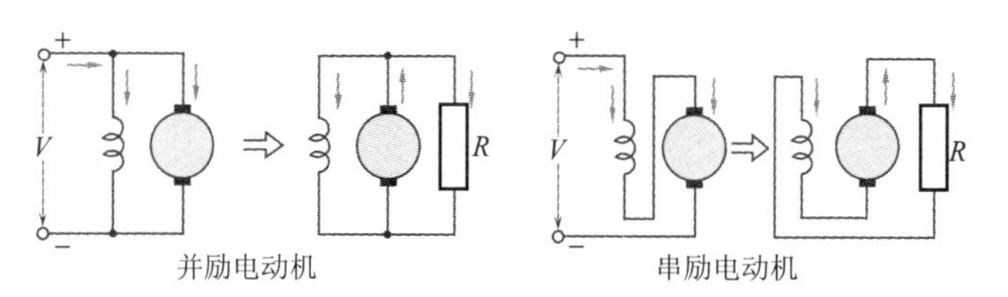

图7.18 电制动

4）反向旋转

为使电动机反向旋转，原理上电枢端子或励磁电路反接就可以。一般是以改变电枢电流方向来使电动机反转。

5）直流电动机的规格

① 直流电动机的额定输出功率。电动机的额定输出功率是指在额定转速和额定电压下的机械输出功率，其值以W或kW表示，这与发电机相同。

② 效率。

$$\eta = \frac{输入功率 - 损耗}{输入功率} \times 100(\%)$$

输入功率为端电压乘以电流，损耗和发电机情况相同。

③ 转速变化率。

$$\Delta n = \frac{n_0 - n_N}{n_N} \times 100(\%)$$

式中，n_N为额定转速；n_0为空载转速（保持额定转速时的励磁不变）。

先在额定电压和额定负荷下调好额定转速，再去掉负荷。一旦电动机空载，其转速就上升，这时的转速即n_0。

122 三相感应电动机的原理

1）线圈随着磁铁转动方向旋转

图7.19中磁铁向右转，我们认为这和内侧的线圈相对向左转是一样的。现用右手定则，移动方向向下，磁通方向从右至左，电势方向从前（书面）到后。电流将沿线圈形成环流。这一环电流和磁铁作用产生的电磁力为F，当电流由前到里，磁通从左到右，力的方向应向上。就是说，线圈跟着磁铁转动的方向而转动。

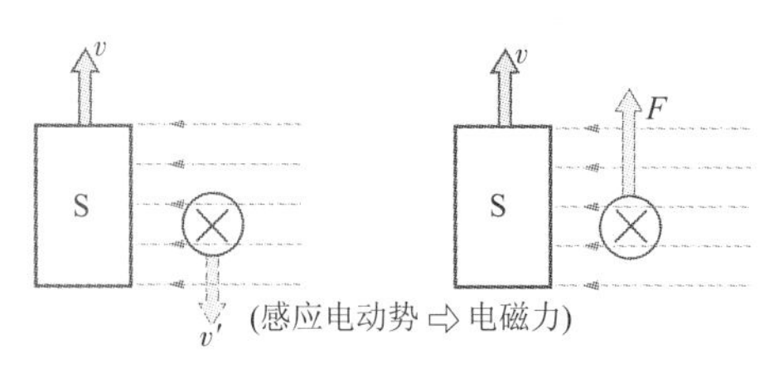

图7.19 线圈跟着磁铁转动的方向而转动

2）不用转动磁铁的方法使磁场旋转

感应电动机的工作原理是不用转动磁铁而使磁场旋转，这和使磁铁转动的作用是一样的，如图7.20所示。图7.21所示的原理图是以两极为例的情况。该图表示对应t_0、t_1、t_2、t_3…时刻，磁场旋转的情况。t_0时磁场指向右，t_3时指向下，t_6时指向左，t_9时指向上，t_{12}时又回到t_0时的位置，即转了一圈。两极时一周期转一回。

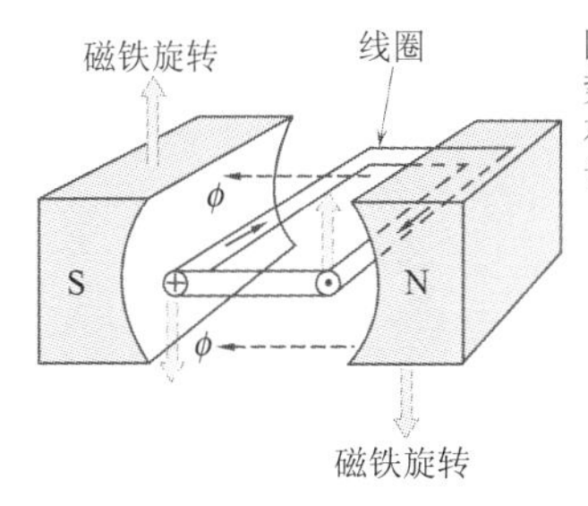

图7.20　原理图

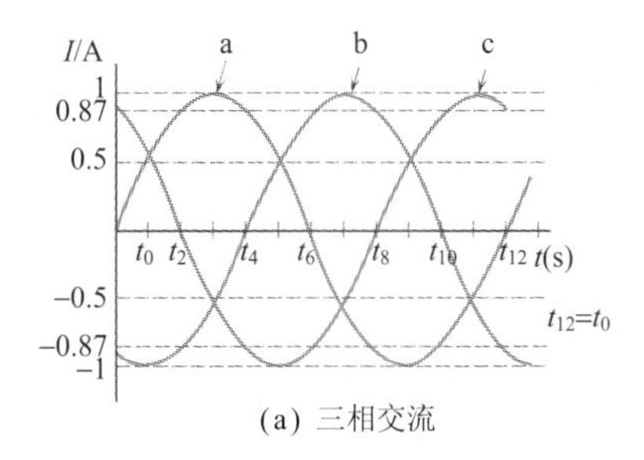

(a) 三相交流

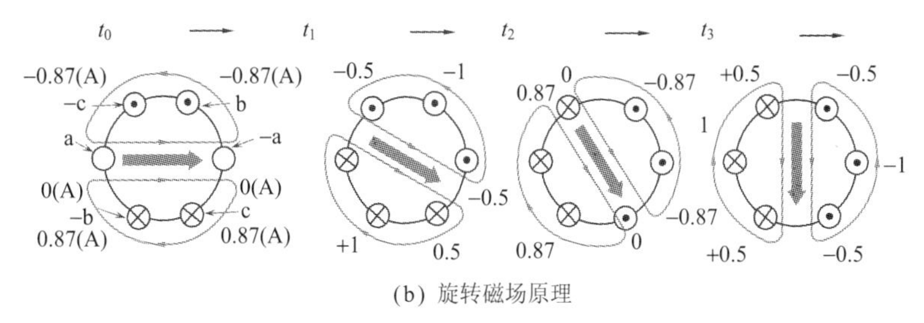

(b) 旋转磁场原理

图7.21　产生旋转磁场的方法（两极）

3）感应电动机的定子和转子

感应电动机中能够有旋转磁场是靠将定子绕组接上三相交流电源而实现的。定子绕组的旋转磁场使转子导体（线圈）因电磁感应而产生电势，沿线圈有环电流流通。转子感应出的电流和旋转磁场之间的电磁力作用使转子旋转。

123 三相感应电动机的结构

1）三相感应电动机的定子

三相感应电动机的结构如图7.22所示。

定子和转子的构成如图7.23所示。作为感应电动机的定子是用来产生旋转磁场的，它由定子铁心、定子绕组、铁心外侧的定子外壳、支持转子轴的轴承等组成。

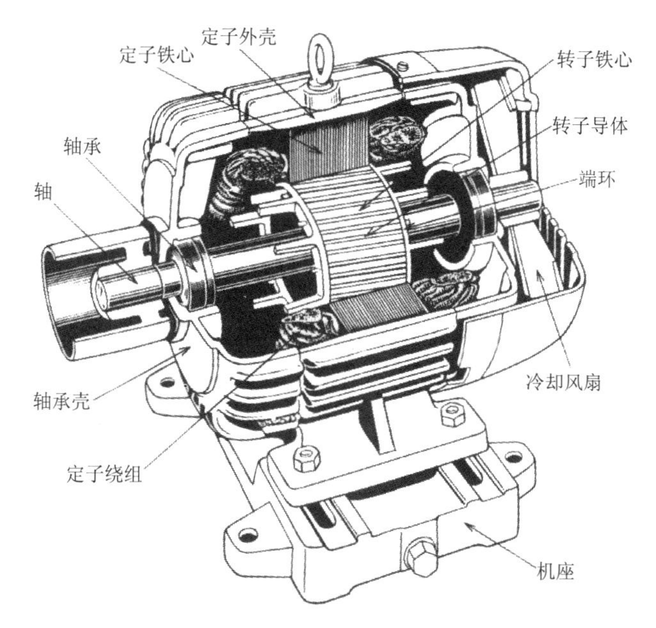

图7.22 三相感应电动机的结构

- 定子(一次侧)
  定子外壳、轴承、定子铁心、定子绕组
- 转子(二次侧)
  铁心、转子
  i 笼型转子:端环(短路环)、斜槽
  ii 绕线型转子:滑环和电刷、轴、风道

图7.23　定子和转子的构成

铁心用厚0.35 ~ 0.5mm的硅钢片叠成。在铁心内圆有用以嵌放定子绕组的槽。四极时为24或36槽，一个槽一般嵌入两层线圈。定子绕组如图7.24所示。

只表示三相中一相, 二层叠绕

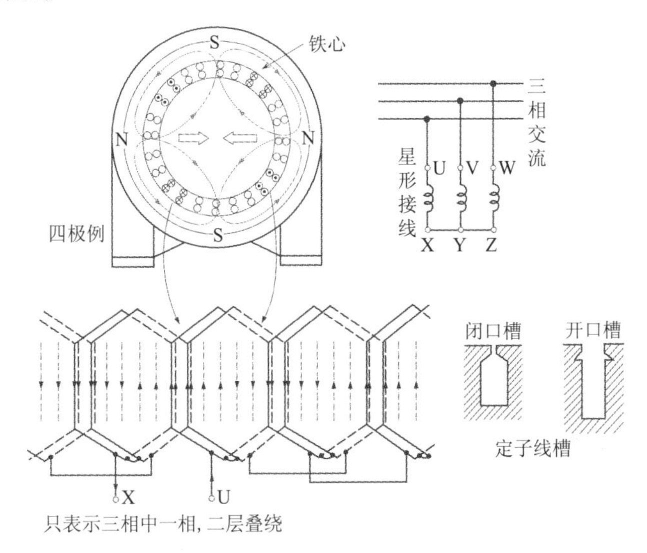

图7.24　定子绕组（一次绕组）

绕组各相的接线采用每相电压负担小的星形连接法。极数越多，旋转磁场的转速越慢。旋转磁场的转速为

$$n_s = \frac{60f}{p}(\mathrm{r/min})$$

式中，f为频率（Hz）；p为极数；n_s为同步转速。

2）笼型转子

笼型转子（绕线型转子和直流机的电枢一样，在铁心上装有线圈）

如果去掉铁心，只看电流流通的部分（导（铜）条和端环），它的外形就像一个笼子，由此而得名，如图7.25所示。

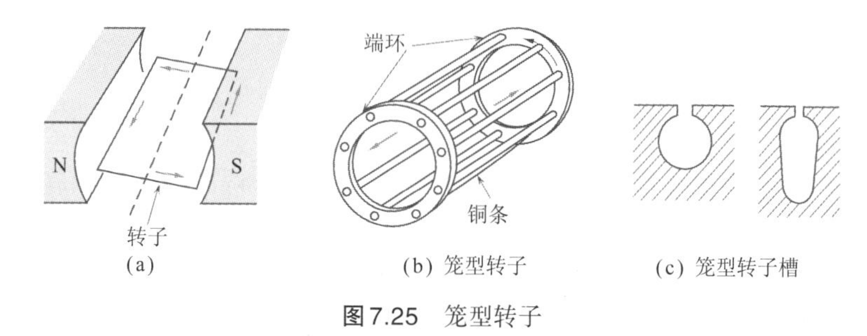

(a)　(b) 笼型转子　(c) 笼型转子槽

图7.25 笼型转子

① 转子铁心。冲裁定子铁心硅钢片剩下的部分，可用于制作转子铁心，转子铁心由冲槽的硅钢片叠成。

② 转子导条（没有绕组，恰似笼型导条）。先在铁心槽内嵌入铜条，在其两端接上称为端环的环状铜板。由感应电势而生的电流在铜条和端环间循环，这一电流和旋转磁场作用而产生的电磁力使转子旋转起来。

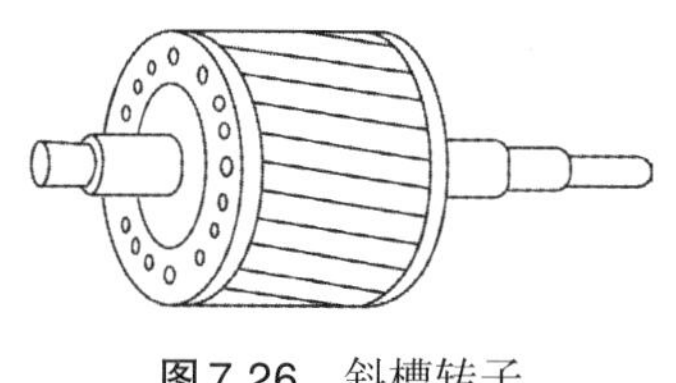
图7.26 斜槽转子

③ 斜槽转子（图7.26）。笼型感应电动机的缺点之一是启动转矩小，扭斜一个槽位就可容易启动。

④ 铸铝转子。小功率感应电动机的铜导条和端环改用铝浇铸，形成铝导条和端环。

这里，因为铝比铜电导率小，故需做大一点。这种铸铝转子正大量生产，连冷却风扇也能同时铸造出来。

3）绕线型转子

① 绕线型转子。这与由导条和端环做成的笼型转子不同，如直流机一样，在铁心上嵌有线圈，如图7.27所示。

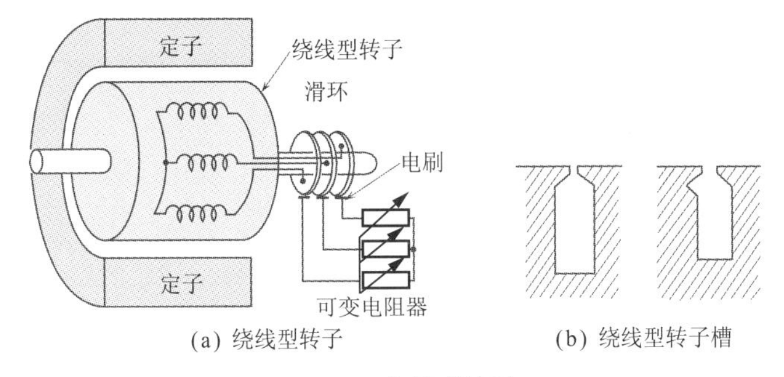

图7.27 绕线型转子

② 转子铁心。由硅钢片叠成，铁心圆周上冲有半闭口槽。三相绕组的排放要做到使转子极数与定子极数相同，其槽数也应选定。

③ 转子绕组。小容量电动机的转子绕组与定子绕组相同，可以采用双层叠绕方法；大容量时电流大，导线常采用棒状、方形等的铜线。槽内先嵌入铜线，然后把它们连接起来，绕线方法一般采用双层波绕。

④ 滑环。绕线型和笼型的差别之一是，笼型的导条在转子内构成闭合回路，与此相反，绕线型绕组中各相的一端在电气上与静止部分的可变电阻器连接，并形成闭合电路。旋转部分与静止部分在电气上连通是靠转子上的滑环（集电环）和电刷。

4）感应电动机的种类与结构

目前使用的感应电动机，有使用多相电源的多相感应电动机和使用单相电源的单相感应电动机。多相感应电动机以三相为主，按转子绕组的种类进行分类。单相感应电动机因不能自行启动，有各种启动方式，所以一般按启动方式进行分类，表7.1列出了感应电动机的种类和概要。

表7.1 感应电动机的种类和概要

大分类（按电源种类分类）	小分类 三相：按转子绕组分类 单相：按启动方式分类		概　要	备　注
三相感应电动机	笼　型	普通笼型	转子绕组由导体和短路环构成笼型转子	导体形状的集肤效应低

续表 7.1

大分类（按电源种类分类）	小分类 三相：按转子绕组分类 单相：按启动方式分类		概 要	备 注
三相感应电动机	笼 型	特殊笼型	为了改善启动特性，采用特殊导体截面形状的电动机，有双笼型和深槽型等	电动机输出功率在数kW以上，都属特殊笼型
	绕线式		转子绕组为三相绕组，通过滑环和电刷，把转子绕组端子外引	电源容量较小时有效，可调速
单相感应电动机	分相型	电容分相型	有一次主绕组（运行绕组）和辅助绕组（启动绕组），辅助绕组串电容或电阻进行分相，产生启动转矩的电动机	一般标准电动机的功率小于750W
		电阻分相型		
	整流子电机		·转子绕组与直流电机的电枢相同，有换向器，电刷安装在产生启动转矩的位置，启动时绕组被电刷短路 ·启动后，换向器全被短路	最近被电容分相电机替代

感应电动机有很多种类，三相感应电动机占80%，而大部分为笼型感应电动机，下面介绍一下三相笼型感应电动机的结构。

图7.28是中容量笼型感应电动机（四极300kW）的结构剖面图，用箭头指示的部件是电动机的主要部件，具有表7.2所示的主要功能，该表同时列出了这些部件的适用材料。

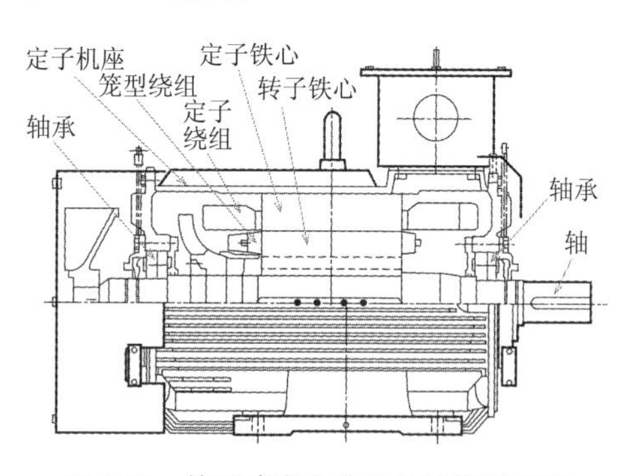

图7.28 笼型感应电动机的结构剖面图

表7.2 三相笼型感应电动机的主要功能和构成要素

<table>
<tr><th rowspan="2">主要功能</th><th colspan="2">主要构成要素</th><th rowspan="2" colspan="2">使用材料</th><th rowspan="2">备 注</th></tr>
<tr><th>名 称</th><th>主要功能</th></tr>
<tr><td rowspan="6">把电能变换成机械能</td><td>定子铁心</td><td>作为交变磁路的一部分</td><td colspan="2">一般采用0.5mm厚的硅钢片（参照图7.29）</td><td>定子铁心外径超过1.2m，采用扇形硅钢片组合</td></tr>
<tr><td rowspan="2">定子绕组（参照图7.31、图7.32）</td><td rowspan="2">产生旋转磁场</td><td>高压电机</td><td>绝缘的扁导线</td><td>电压等级有3kV、6kV等</td></tr>
<tr><td>低压电机</td><td>漆包线</td><td>600V以下称低压，作为电动机的电压等级有200V、400V等</td></tr>
<tr><td rowspan="2">转子绕组（笼型绕组）</td><td rowspan="2">产生转矩</td><td>中小容量电动机（数百kW以下）</td><td>铸铝（参照图7.34）</td><td>一般是高压铸造方法。采用新的铸造方法，使铸铝工艺能生产的电机其电机功率增大</td></tr>
<tr><td>大容量电动机</td><td>铜或铜合金（参照图7.35）</td><td>短路环选材一般为铜</td></tr>
<tr><td colspan="2"></td><td colspan="2"></td><td></td></tr>
<tr><td>传递转矩</td><td colspan="2">轴</td><td colspan="2">碳 钢</td><td>电源短路或电源切换时会产生过大的扭矩，加于轴上</td></tr>
<tr><td rowspan="2">承受转矩的反作用力，承受电动机的静态质量和动态质量</td><td rowspan="2" colspan="2">定子机座</td><td>中小容量电动机</td><td>铸铁或一般结构钢</td><td>也有在机座上装风扇的电动机</td></tr>
<tr><td>大容量电动机</td><td>一般结构钢</td><td>有装有冷却交换器的电动机</td></tr>
<tr><td rowspan="2">支撑转子</td><td rowspan="2" colspan="2">轴 承</td><td>中小容量电动机</td><td>滚珠轴承</td><td>润滑方式采用润滑脂、润滑油润滑</td></tr>
<tr><td>大容量电动机</td><td>导轨轴承</td><td>有圆轴承，双圆弧轴承，斜面轴承</td></tr>
</table>

下面讨论电动机中最重要的铁心与绕组的制作过程。图7.29是定子铁心。如图所示的定子铁心，铁心的内径侧开槽，用0.5mm硅钢片叠成，高压电机采用开口槽型。

图7.30是绕组端部经绝缘处理，加工完成的高压用龟形迭绕组，绕

组嵌入图7.29所示的铁心槽中。

图7.29 定子铁心

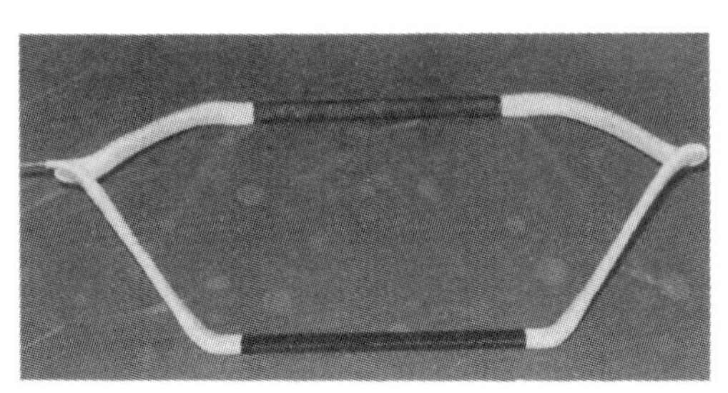

图7.30 迭绕组

图7.31 嵌线（高压电机）

图7.31表示高压线圈嵌入铁心槽的过程，以双层绕组为例，下层绕组边嵌放在槽的底部，上层绕组边嵌放在槽的上部。低压电动机用漆包线绕制绕组，按每槽数根嵌入经对地绝缘处理的半闭槽，小容量电动机，绕线、嵌线一般都用自动绕线机和自动嵌线机完成。

嵌完绕组的定子铁心，高压电机采用真空加压浸漆工艺，浸树脂漆（现在采用环氧树脂漆），图7.32是浸完漆后的定子。低压电机的浸漆处理，除特殊场合，一般采用常压浸漆方式（浸漆式或滴漆式，如图7.33所示）。

图7.32 浸完漆的定子

图7.33 低压电机的浸漆（浸漆方式）

转子铁心也和定子铁心一样，是由开槽的硅钢片迭制而成，中小容量电动机用铸铝浇制笼型转子绕组。大容量电动机，用铜棒或铜合金棒插入转子槽内，加端环焊接制造转子绕组。图7.34和图7.35是完成后的转子。

图7.34　铸铝的笼型转子

图7.35　端环采用焊接方法的笼型转子

124 三相感应电动机的性质

1）转差率

感应电动机是由于旋转磁场切割转子绕组而旋转的，正因如此，转子转速总是略低于同步转速。旋转磁场的转速（同步转速，如图7.36所示）n_s和转子转速n之差为转差，转差和同步转速之比称为转差率，如图7.37所示。

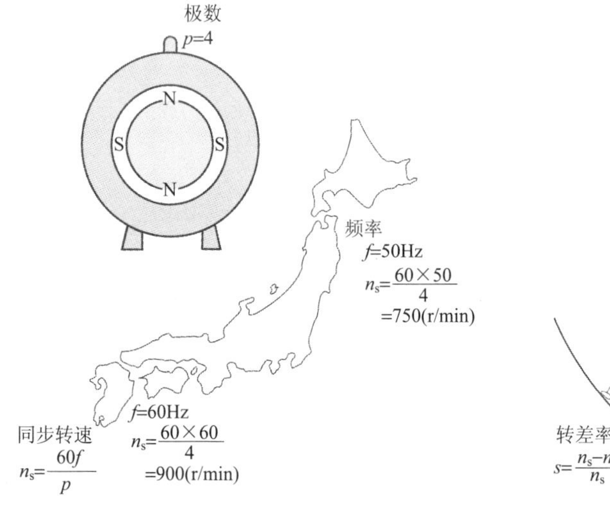

图7.36　三相感应电动机的同步转速

图7.37　同步转速和转差率

转差率$s=\dfrac{n_s-n}{n_s}$，由此得转子转速为$n=(1-s)n_s$。

电动机空载时s→0，启动前停止状态时s=1。小型电动机的转差率一般为5%～10%，大型电动机为3%～5%。

2）感应电动机和变压器的相似性

① 变压器。在变压器一次侧施加交流电压后会有以下情况。

- 在一次绕组中有励磁电流。
- 在铁心中产生交变磁通。
- 在二次绕组感应电势。
- 二次侧若有负荷，则二次绕组中有电流。
- 由于电磁感应的作用，一次绕组中的电流为励磁电流加负荷电流。

② 感应电动机。输入端加上三相交流电源后就会有以下情况。

- 在定子绕组中有励磁电流。
- 旋转磁势使铁心中产生磁通。
- 转子绕组感应电势。
- 在闭合的转子绕组中有感应电流流通，转子转动，加上机械负荷时转子电流增加。

● 由于电磁感应作用，定子电流也增加。

由以上比较可以看出，感应电动机和变压器有相似的性质，如图7.38所示。把感应电动机的定子绕组称为一次绕组，转子绕组称为二次绕组。如变压器一样，对感应电动机也可画出一个等效电路。

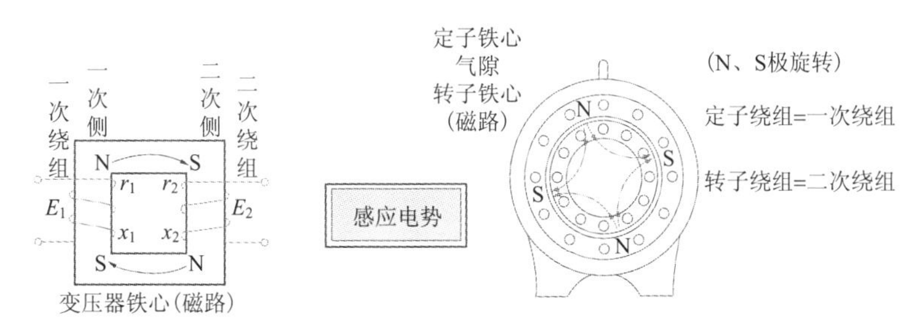

图7.38　感应电动机与变压器的相似性

3）感应电势和电流

① 感应电势。给定子（一次）绕组每相施加电源电压V_1，则励磁电流I_0随之流通，旋转磁场使定子（一次）绕组及转子绕组（二次）各相产生一次感应电势E_1及二次感应电势E_2，如图7.39所示。

② 漏电抗。励磁电流产生的磁通大部分成为主磁通，一部分成为漏磁通，如图7.40所示。只和二次绕组交链的磁通，才在二次绕组感应电势，并作为二次绕组的电压降起作用。二次绕组的情况是这样，一次绕组的情况也如此。

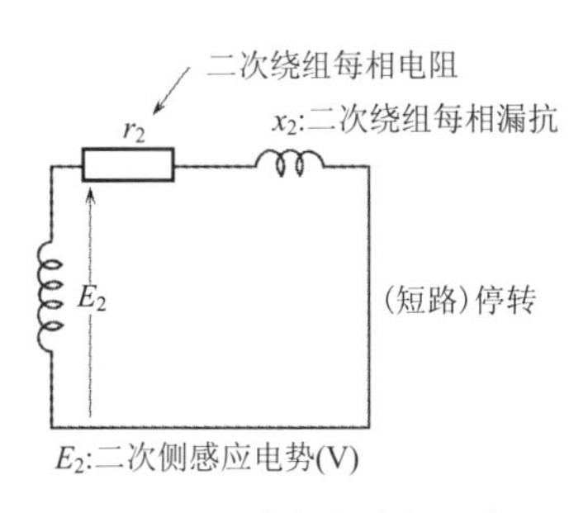

图7.39　感应电动机二次侧的等效电路（转子）

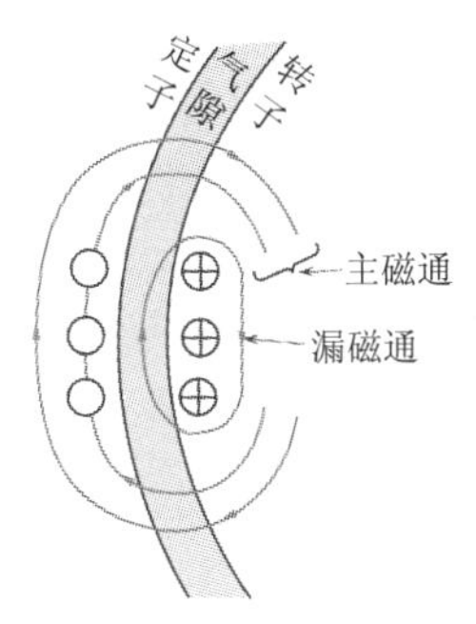

图7.40　漏电抗

③ 即将启动之前（停止）的二次电流。

$$I_{2s} = \frac{E_2}{\sqrt{r_2^2 + x_2^2}}$$

二次功率因数为

$$\cos\theta_{2s} = \frac{r_2}{\sqrt{r_2^2 + x_2^2}}$$

式中，r_2为二次绕组每相电阻值，因二次绕组为铜条或方铜线，故电阻值很小。由上二式可知，启动时二次电流值很大，功率因数很差。

4）运行中的二次电流

① 二次感应电势和频率。电动机以转差率s旋转时，因转差为$n_s - n = s$，故旋转磁场的磁通切割二次绕组的量是即将启动前（$s=1$）时的s倍。

二次感应电势 $E_{2s} = sE_2\,(\mathrm{V})$

二次感应电势的频率 $f_2 = sf_1(\mathrm{Hz})$

式中，f_1为一次侧供给电源的频率。

② 二次绕组的漏电抗和阻抗。因电抗$x = 2\pi fL$，故f若变为sf，则x也变为sx。

二次绕组每相漏电抗 $x_{2s} = sx_2(\Omega)$

二次绕组每相阻抗 $Z_{2s} = \sqrt{r_2^2 + s^2x_2{}^2}$

③ 二次电流和二次功率因数。由上式可求出电流和功率因数，即

二次电流 $I_2 = \dfrac{E_{2s}}{Z_{2s}} = \dfrac{sE_2}{\sqrt{r_2^2 + s^2x_2{}^2}}(\mathrm{A})$

二次功率因数 $\cos\theta_2 = \dfrac{r_2}{\sqrt{r_2^2 + s^2x_2{}^2}}$

④ 等效电路。等效电路如图7.41所示。

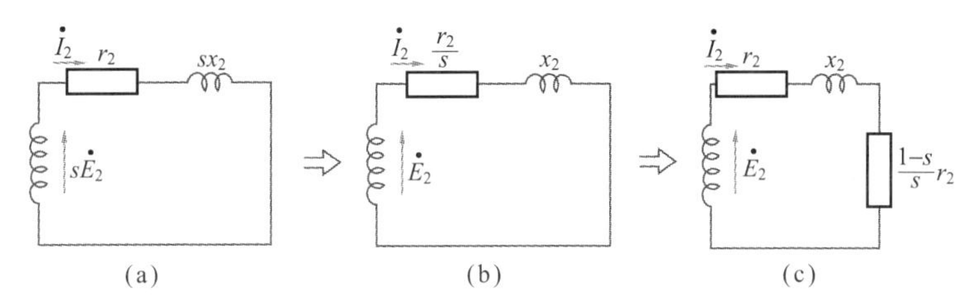

图7.41 等效电路（二次侧）

125 三相感应电动机的特性

表7.3是三相感应电动机的特性表。

表7.3 三相感应电动机的特性表

类型	额定输出功率 /kW	极数	同步转速/（r/min）		全负荷特性				空载电流 I_0/A	启动电流 I_n/A
			50Hz	60Hz	转差率 s/%	效率 η/%	功率因数 pf/%	电流 I_1/a		
低压笼型	0.75	4	1500	1800	7.5	75以上	73.0以上	3.8	2.5	23以下
	1.50	4	1500	1800	7.0	78.5以上	77.0以上	6.8	4.1	42以下
	3.7	4	1500	1800	6.0	82.5以上	80.0以上	15	8.1	97以下
	3.7	6	1000	1200	6.0	82.0以上	75.5以上	16	9.9	105以下
低压绕线型	7.5	4	1500	1800	5.5	83.5以上	79.0以上	23	12	42以下
	22	6	1000	1200	5.0	86.5以上	82.0以上	85	36	155以下
	30	6	1000	1200	5.0	87.5以上	82.5以上	114	48	210以上
	37	8	750	900	5.0	87.0以上	81.5以上	143	59	220以上

注：额定电压200V，电流为各相平均值。

转差率与转速的关系如图7.42所示。

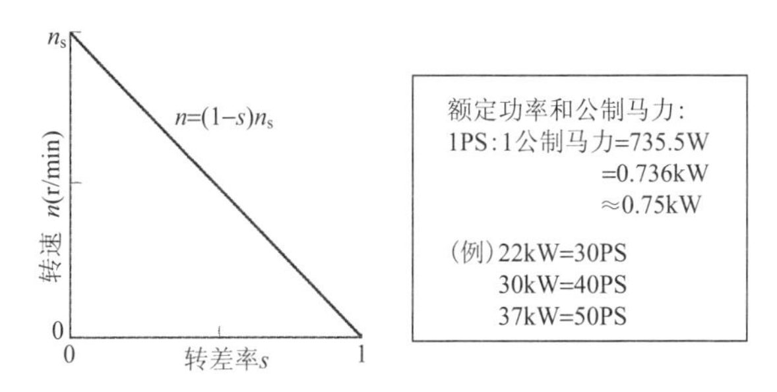

图7.42 转差率与转速的关系

1）输入、输出和损耗的关系

输入、输出和损耗的关系如图7.43所示。

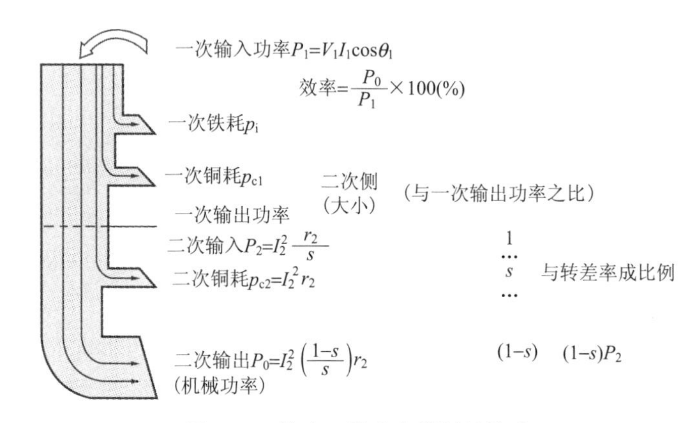

图7.43 输入、输出和损耗的关系

2）转矩和同步功率

令角速度用ω（rad/s）、转速用n（r/min）、转矩用T（N·m）、二次输出功率（机械功率）用P_0（W）表示，则

$$P_0 = \omega T = 2\pi nT/60\ (\text{W})$$

$$T = \frac{60P_0}{2\pi n}(\text{N}\cdot\text{m})$$

因为$P_0 = P_2(1-s)$和$n=n_s(1-s)$，故

$$T = \frac{60P_2(1-s)}{2\pi n_s(1-s)} = \frac{60}{2\pi n_s}P_2\ (\text{N}\cdot\text{m})$$

这表示转矩和二次输入功率成正比，转矩可用二次输入功率表示。二次输入功率P_2又称为电磁功率。

3）转速特性曲线

图7.44的横坐标表示转差率，也即转速，纵坐标表示转矩、一次电流、功率、功率因数和效率等。

该图表示在输入端施加额定电压时，随着转差率的改变，各量如何变化。其中极为重要的是转差率和转矩的关系。

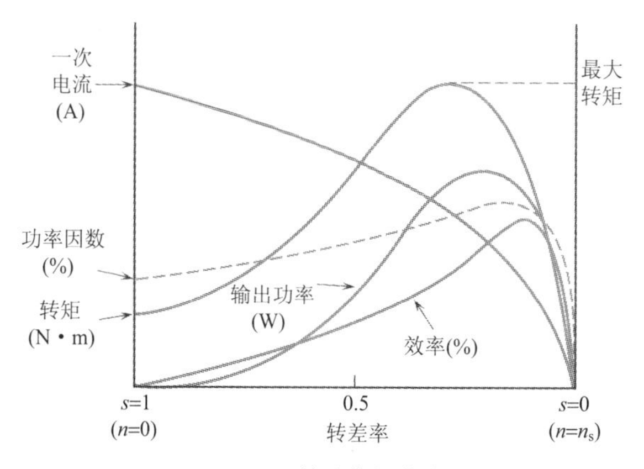

图7.44 转速特性曲线

4）转矩的比例推移

$$T = \frac{60}{2\pi n_s} \cdot \frac{sE_2^2 r_2}{r_2^2 + (sx_2)^2}$$

分子、分母都除以s^2，得

$$T = \frac{60}{\pi n_s} = \frac{E_2^2(\frac{r_2}{s})}{(\frac{r_2}{s})^2 + x_2^2}$$

因为除r_2和s外，式中其他各量皆为定值，故若r_2/s不变，T应为同一值。就是说，若二次电阻r_2增了m倍，转差率s也增加m倍，则T保持同一值，如图7.45所示。

为了得到同一转矩，转差率应根据二次电阻按比例变化（比例推移）。

对二次电阻能够改变的绕线型感应电动机

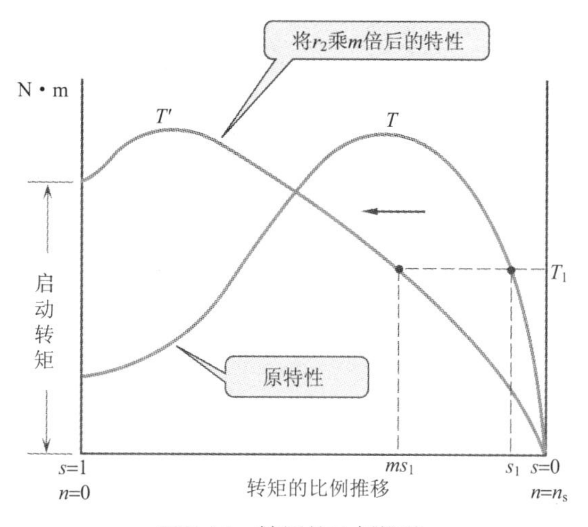

图7.45 转矩的比例推移

可以利用比例推移原理。利用比例推移这一原理，就能够提高启动转矩或进行调速。

5）最大转矩

$$T=\frac{60}{\pi n_s}\cdot\frac{E_2^2(\frac{r_2}{s})}{(\frac{r_2}{s})^2+x_2^2}=\frac{60}{2\pi n_s}\cdot\frac{E_2^2 r_2}{\frac{r_2^2}{s}+sx_2^2}$$

除s以外，其他各参数皆为常数，故$\frac{r_2^2}{s}+sx_2^2$为最小时的转矩最大。

设$\frac{r_2^2}{s}\times sx_2^2=r_2^2x_2^2$为定量，则由$\frac{r_2^2}{s}=sx_2^2$得

$$s=\frac{r_2}{x_2}$$

6）输出功率特性曲线

图7.46的横坐标表示输出功率，纵坐标表示功率因数、效率、转矩、一次电流、转速和转差率。

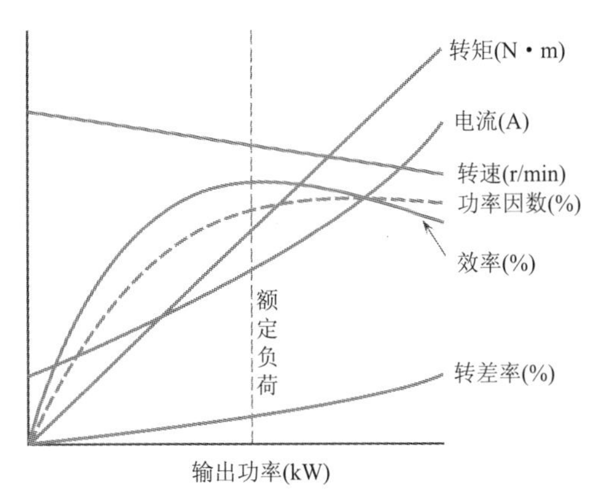

图7.46 输出功率曲线

- 额定负荷（额定输出功率）附近的功率因数和效率有最大值。
- 由于转速几乎不变，所以具有恒速特性。
- 因感应电动机磁路有间隙，故功率因数较变压器差。

三相感应电动机的启动和运行

1）启动方法

图7.47为三相感应电动机的各种启动方法，表7.4示出了其相应的方法及特征。

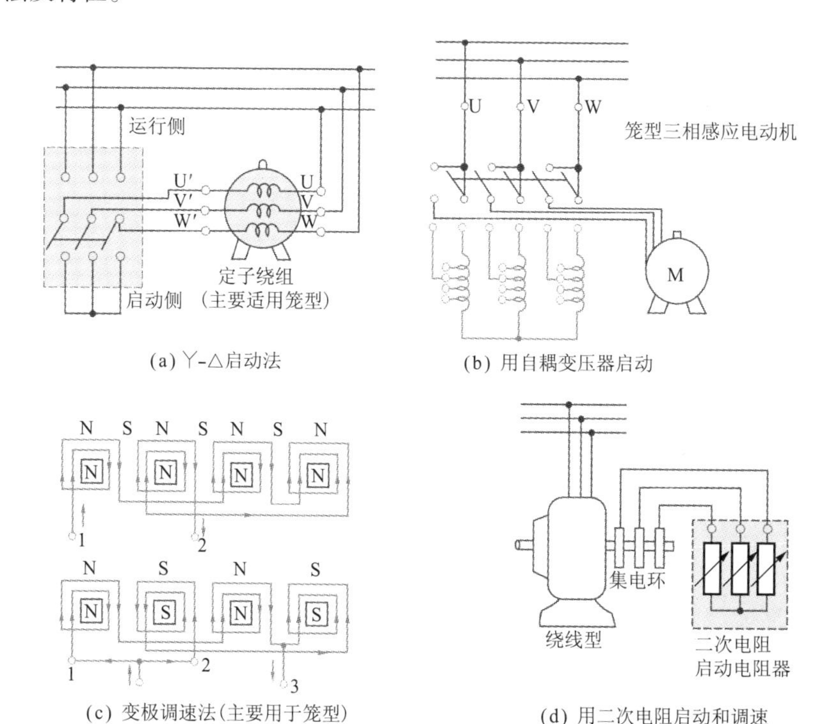

(a) Y-△启动法　(b) 用自耦变压器启动

(c) 变极调速法(主要用于笼型)　(d) 用二次电阻启动和调速

图7.47　各种启动方法

表7.4　三相感应电动机启动方法及特征

启动方法	转子类型	方　法	特　征
全电压启动	笼型3.7kW以下	也称自接入启动，直接施加全电压	启动电流为全负荷时的数倍
Y-△启动	笼型5.5kW左右	开始按星形接线，启动后改为三角接线，启动时绕组每相电压为运行时的$1/\sqrt{3}$倍	启动电流和转矩为全电压启动时的1/3倍

续表 7.4

启动方法	转子类型	方 法	特 征
启动用自耦变压器	笼型15kW以上	用三相自耦变压器降低电压启动，启动后立即切换为全电压	能限制启动电流
机械启动	笼型小型电机	用液力式或电磁式离合器将负荷接于空载的电机	有离合器等设备的特殊场合
用启动电阻器启动	绕线型75kW以下	利用启动转矩比例推移原理使二次电阻增至最大	启动电流小，还可以调速
启动电阻器+控制器	75kW以上	启动器和速度控制器分别设置	

2）调 速

感应电动机全负荷时转差率约为百分之几，从这种电动机的转速特性来看，调速较难。除了改变绕线式感应电动机二次电阻以外，别的方法可以说都是特殊的，如表7.5所示。

表7.5 感应电动机调速方法及特征

种 类	方 法	特 征	应用实例
改变电源频率的方法	根据 $n_s=60f/p$，同步转速随电源频率而变化	需要有独立可变频率电源	压延机、机床、船舶
改变极数的方法	同一槽内嵌放不同极数绕组，改变定子绕组接线	用于笼型多速电动机	机床、升降机、送风机
改变二次电阻的方法	利用转矩的比例推移原理，二次电阻和转差率成正比	二次铜耗大、效率差负荷变化时速度不稳定	卷扬机、升降机、起重机

127 特殊笼型三相感应电动机

1）特殊笼型比普通笼型的启动性能好

笼型的优点包括牢固，操作简单，便宜，比绕线型的运行特性好，故障少，不要滑环。

绕线型的优点包括启动性能好，容易调速。

特殊笼型是一方面持有笼型，另一方面力求得到启动性能好这一绕线型的优点，图7.48为特殊笼型的分类和功率。

特殊笼型按转子槽形的不同分为（甲）双笼型和（乙）深槽式，如图7.49和图7.50所示。

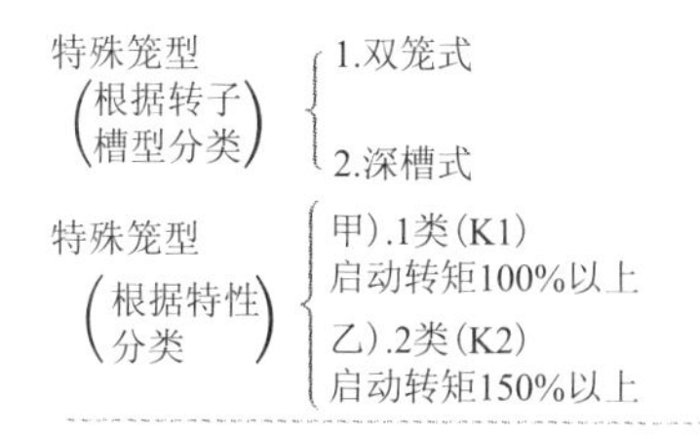

图7.48 特殊笼型的分类和功率

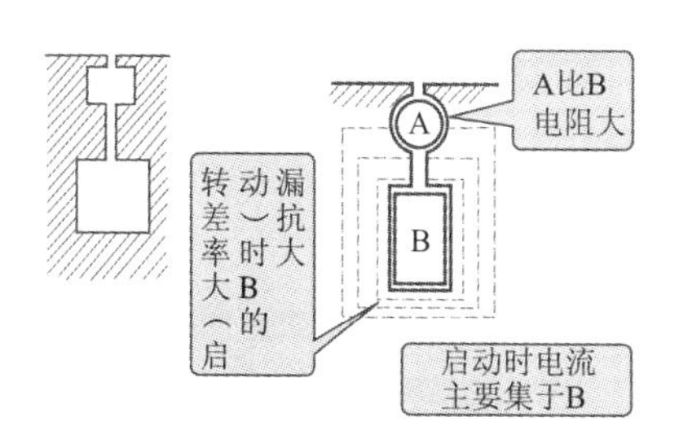

图7.49 双笼转子的槽型

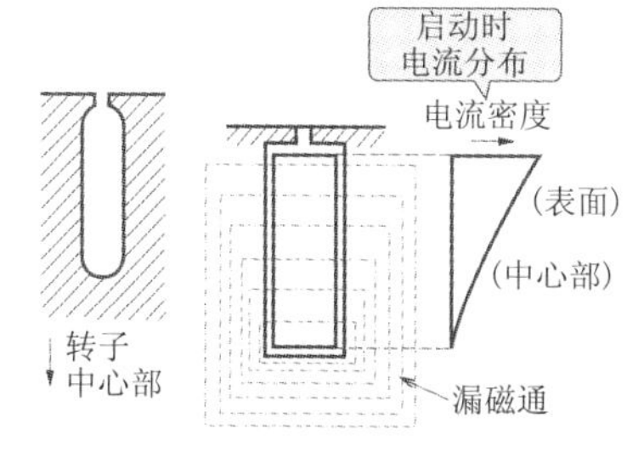

图7.50 深槽式转子的槽型

2）双笼三相感应电动机

转子（二次侧）导体条为双层笼状，外侧导体条的电阻比内侧的大，如图7.51所示。内侧导体条的漏电抗远比外侧的大。

启动时二次侧频率和电源频率相近，转速提高后，频率下降。根据电抗$x=2\pi fL$可知启动时电抗大。因此，启动时电流集中在电阻大的外侧导体条。由于二次侧电阻变大，故启动转矩变大，如图7.52所示。

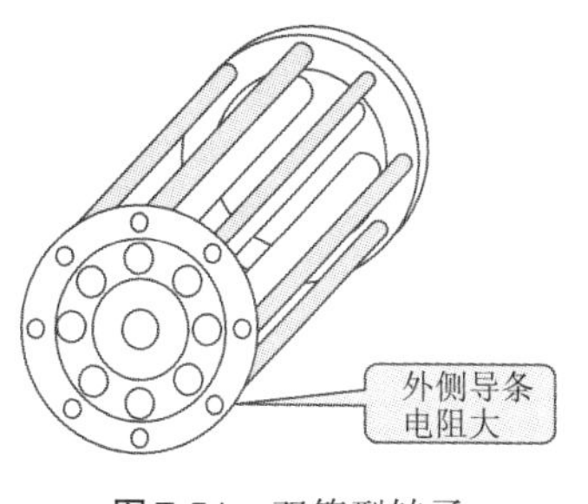

图7.51 双笼型转子

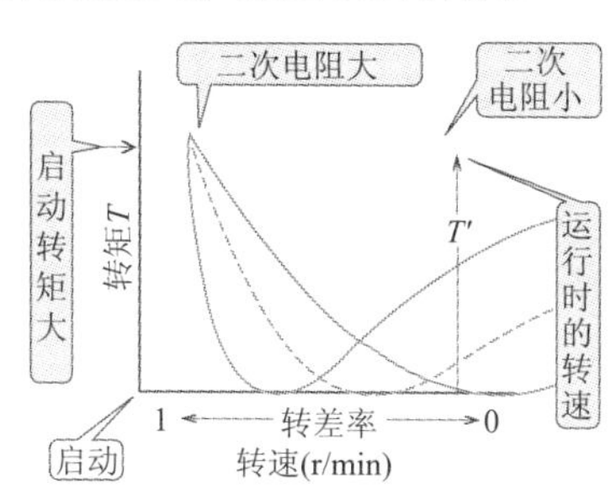

图7.52 二次电阻和转矩的关系

转速增加，电流集中到电阻小的内侧导体条，转矩也增大。

3）深槽式笼型三相感应电动机

因为启动时二次侧频率高，所以槽内导条离中心近的部分漏电抗变得很大，启动时电流分布很不均匀，离中心近的部分和表面附近的电流分布差别很大，电流向外侧偏离。因此，二次电阻变大，启动转矩增加。转速提高时，电流分布趋于均匀，具有普通笼型的特性。

128 单相感应电动机的旋转原理

给单相感应电动机的一次绕组施加交流电压时，绕组产生一个脉振磁通，如图7.53所示。这一脉振磁通可以分解成两个幅值皆为$\frac{\Phi_m}{2}$，转速都为ω，转向相反的旋转磁场。

这两个旋转磁通中，顺时针转的以Φ_a表示，反时针转的为Φ_b。这就可以想象为两台感应电动机串接起来，一个有旋转磁通Φ_a的向右转，另一个有旋转磁通Φ_b的向左转，图7.54是其转矩–转速的特性。

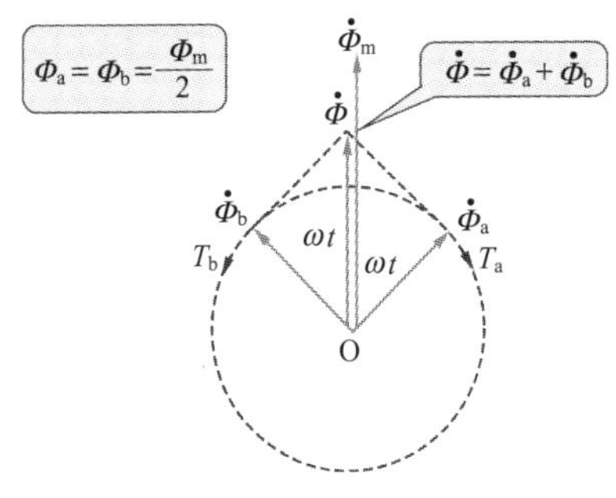

图7.53 脉振磁通的分解

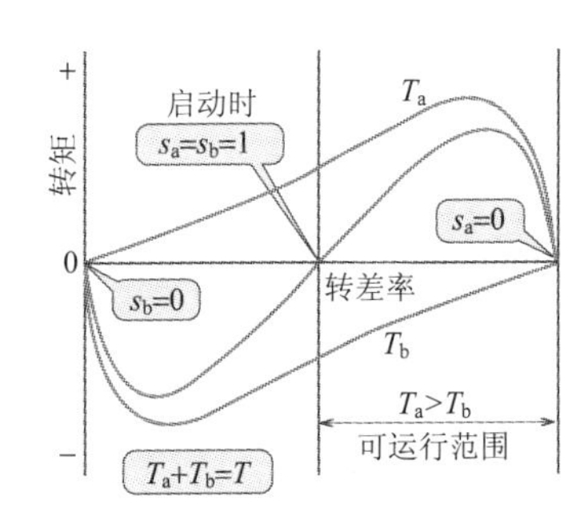

图7.54 转矩–转速特性

向右转和向左转的二台单相感应电动机的转矩T_a、T_b合成后的转矩–转速的关系曲线如图7.55所示。

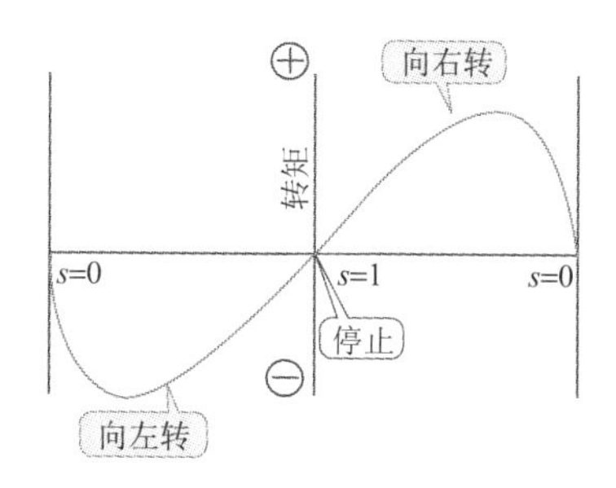

图7.55 转矩–转速曲线

因启动转矩为零，最初如不在任意方向给予转矩，电动机就不会旋转。

根据使电动机产生启动转矩的方法不同，可划分为不同类型的单相感应电动机，如表7.6所示。

表7.6 感应电动机种类和用途

种类	用途
分相启动感应电动机	缝纫机、钻床、浅井泵、办公用设备、台扇
电容启动单相感应电动机	泵、压缩机、冷冻机、传送机、机床
电容运行电动机	电扇、洗衣机、办公设备、机床
电容启动电容运行电动机	泵、传送机、冷冻机、机床
串励启动感应电动机	泵、传送机、冷冻机、机床
罩极单相感应电动机	电扇、电唱机、录音机

由以上说明可知，若使单相感应电动机产生一定启动转矩，它就旋转。旋转中的三相感应电动机，一相保险丝熔断后，仍作为单相感应电动机继续旋转就是例证。

129 各种单相感应电动机

1）分相启动式单相感应电动机

在定子上另装一个与主绕组M在空间上相垂直的启动绕组A，如图7.56所示。

启动绕组A匝数少，电抗小，但用细线绕成，故电阻大。

若给这两个绕组施加电压V，则主绕组中电流相位较电压相位滞后很多。但因启动绕组电阻大，电抗小，故其电流较电压滞后不多。

在这两个电流 $\dot{I}_A$ 和 $\dot{I}_M$ 间产生相位差 θ，两个绕组就会在气隙中形成一个椭圆形旋转磁场，这样转子就开始旋转，如图7.57所示。

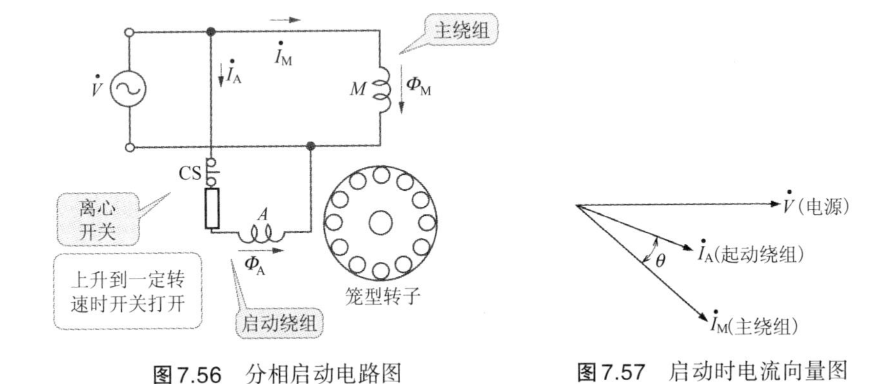

图7.56 分相启动电路图

图7.57 启动时电流向量图

转速达到70%～80%同步转速时，离心开关CS动作，启动绕组自动从电源断开，以减少损耗。图7.58为其转矩－转速曲线。

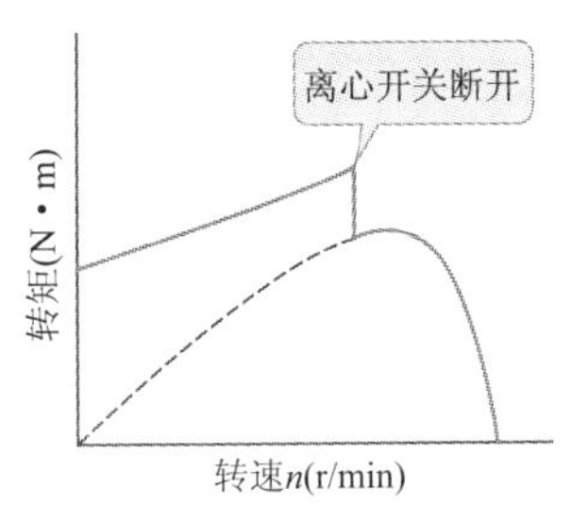

图7.58 转速－转矩曲线

2）电容启动单相感应电动机

在启动绕组 A 回路中串联接入一个电容 C_S，就成为分相启动的又一种形式，电路如图7.59所示。

主绕组电流 I_M 和启动绕组电流 I_A 的相位差约为90°，在气隙中将形成一个接近圆形的旋转磁场。

启动转矩大启动电流小，可做到400W。运行过程中，启动绕组一直串着电容器不断开，此单相感应电动机叫电容运行电动机。电容运行电动机运行特性好，功率因数约达90%。

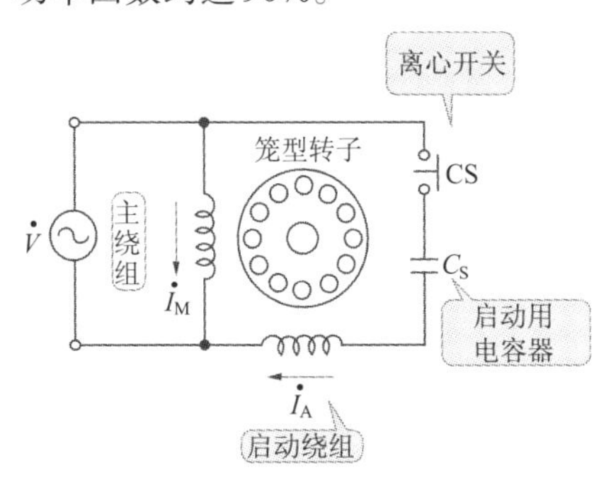

图7.59 电容启动电路图

3）串励启动的单相感应电动机

定子只有主绕组，转子如直流电动机，带有换向器的绕组，电路如图7.60所示。

运行中靠离心力将换向器短路，电刷2个1组，用粗线短路。图7.61为其转矩-转速特性曲线。启动时，单相电动机具有直流串励特性，启动转矩大。

到达70%～80%同步转速时换向器自动短路，作为单相感应电动机运行。缺点是体积大，价格高。

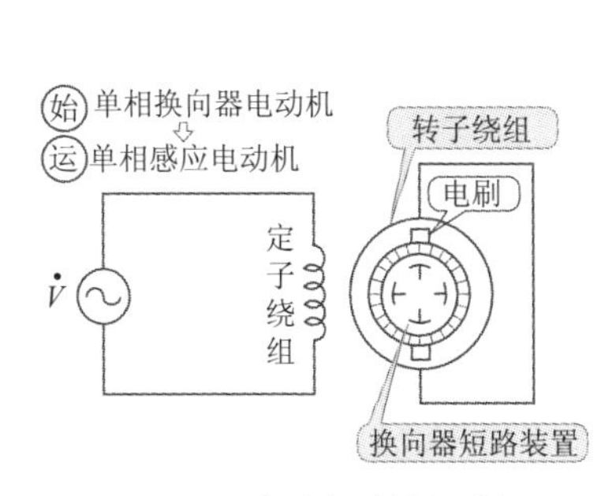

图7.60 串励启动的电路图

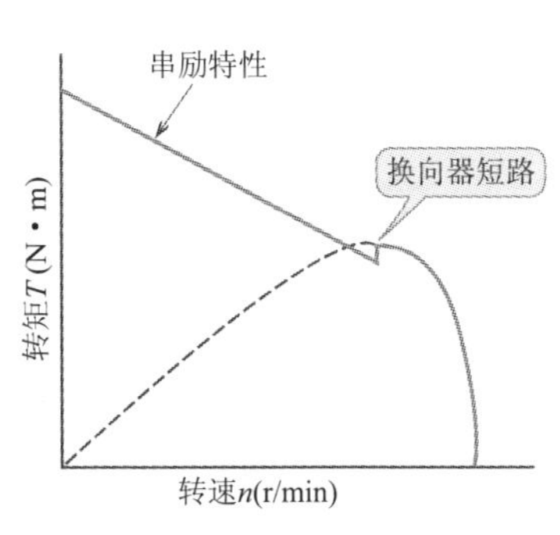

图7.61 转矩－转速特性

4）罩极式单相感应电动机

定子一部分做成凸极状，在磁极端部边上装有线圈，这称为罩极线圈，其电路如图 7.62 所示。因结构简单，故可作为极小的电动机应用。缺点是损耗大，效率差。

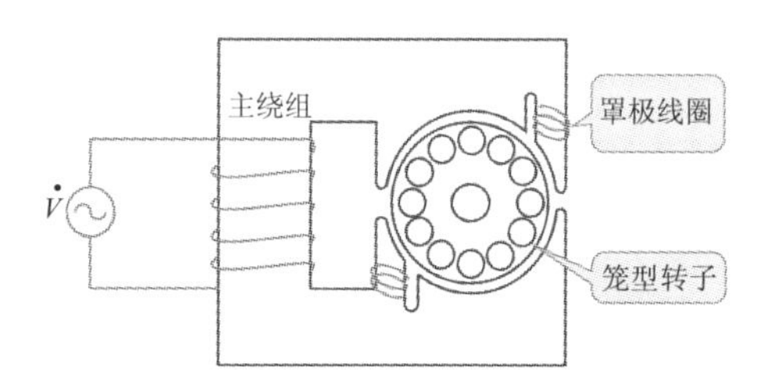

图 7.62　罩极式电动机的电路图

130 单相串励整流子电动机

1）原　理

直流电动机和单相整流子电动机的原理示意如图 7.63 所示。

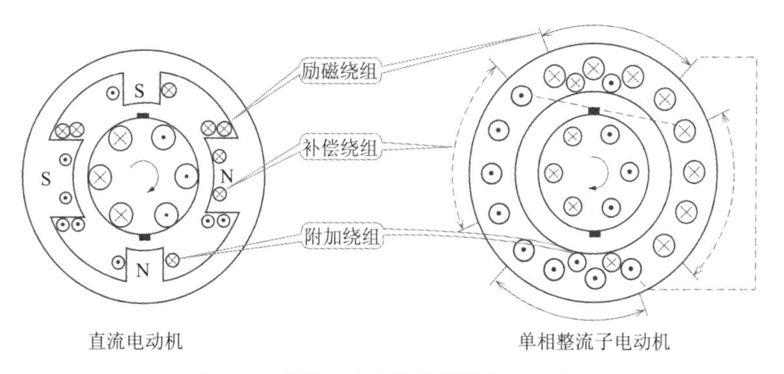

图 7.63　直流电动机和单相整流子电动机

根据左手定则可知，电流和磁场方向同时改变时，力的方向不变。将直流串励电动机的电源极性对换，因电枢电流和励磁电流同时改变，故旋转方向不变。就是说，即使加交流电压，该电机仍能作为电动机运行，如图 7.64 所示。

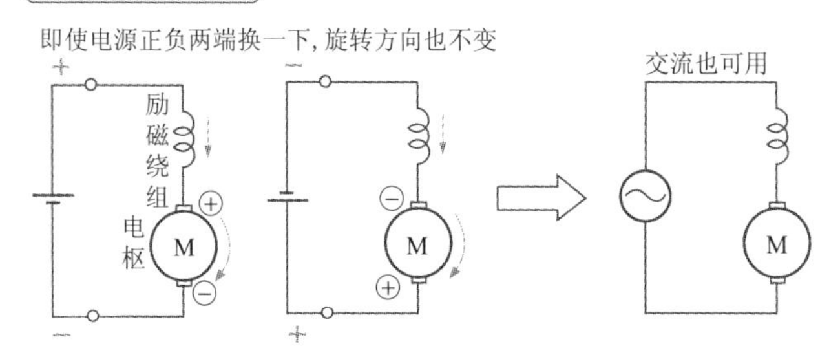

图7.64 单相串励整流子电动机的原理

2）结 构

① 因磁通变化，铁损增加，故励磁磁路是硅钢片叠成的铁心。

② 因绕组电抗使功率因数下降，故励磁绕组匝数应减少。

③ 为了补偿磁绕组匝数减少而使转矩减小，故增加电枢绕组匝数。

④ 为了减少因电枢绕组匝数增加而引起的电枢反应，安装补偿绕组。

⑤ 由于脉振磁通的作用，使电刷产生的短路电流增大，整流作用困难，故增大电刷部分的电阻等。

3）特 性

① 因为电抗的作用，使加在电枢上的有效电压减小，在相同电流下，交流机比直流机转速低。

② 小功率时，交流、直流都可使用的电机称为交直流两用机。

③ 速度受负荷影响，为变速特性，如图7.65所示。

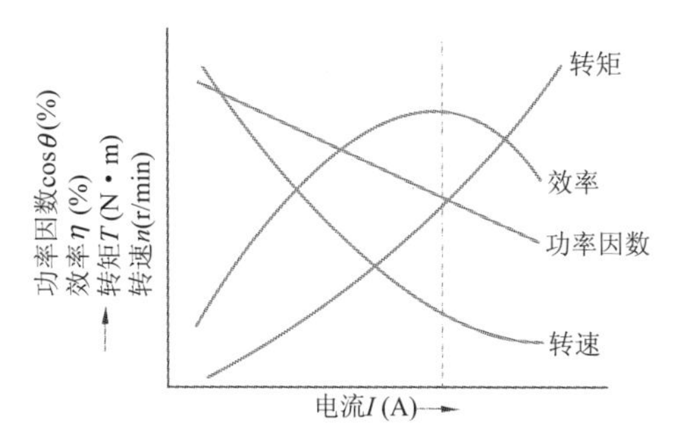

图7.65 单相串励整流子电动机的特性

4）用　途

家庭用电吸尘器、缝纫机、电钻、果汁搅拌机、电动卷门、交流电机车、放映机。

131 伺服电动机

1）种　类

自动控制系统及其他伺服装置中用的小型电动机叫伺服电动机，如图7.66所示。按照输入信号进行启动、停止、正转和反转等过渡性动作，操作和驱动机械负荷，广泛用于多关节机器人，如图7.67所示。图7.68为伺服电动机的种类。

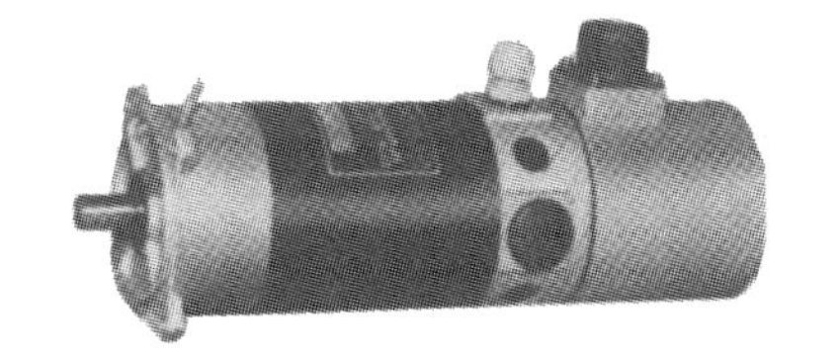

图7.66　伺服电动机的外观

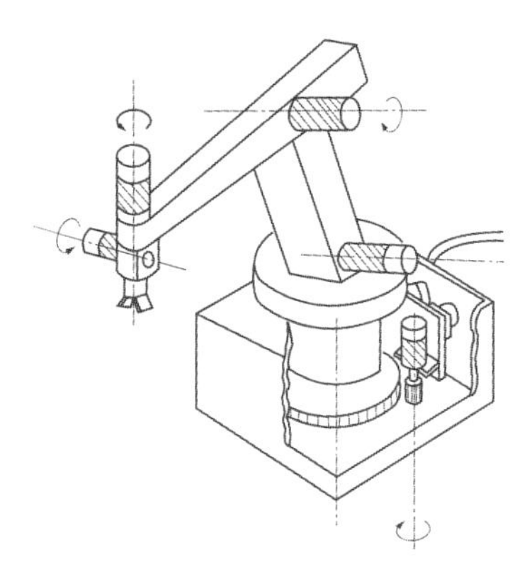

图7.67　多关节机器人中的应用

(1)直流伺服电动机
　并励直流电动机
　励磁极性可变的
　直流电动机
(2)交流伺服电动机
　单相感应电动机
　三相感应电动机
(3)特殊伺服电动机
　脉冲电动机
　转矩电动机

图7.68　伺服电动机的种类

2）直流伺服电动机

直流伺服电动机的原理和一般的直流电动机相同，作为伺服电动机来考虑，有以下几点：

① 与直径相比，电枢较长。

② 为了减少不规则转矩的出现，电枢做成斜槽的。

③ 为了防止涡流，励磁铁心和磁轭都是硅钢片叠压成的。

3）交流伺服电动机

常用的两相伺服电动机和感应电动机原理相同，如图7.69所示。

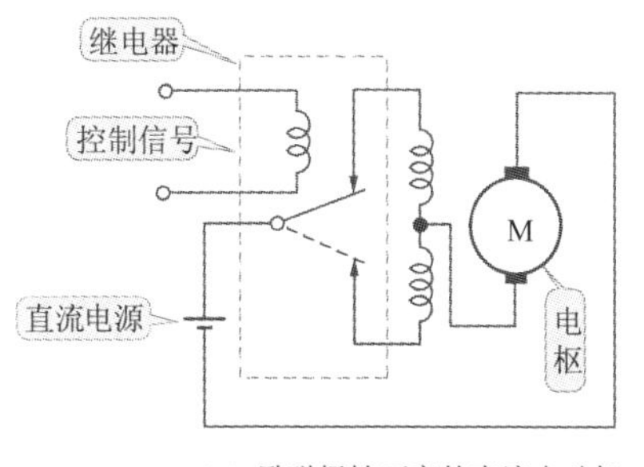

(a) 励磁极性可变的直流电动机

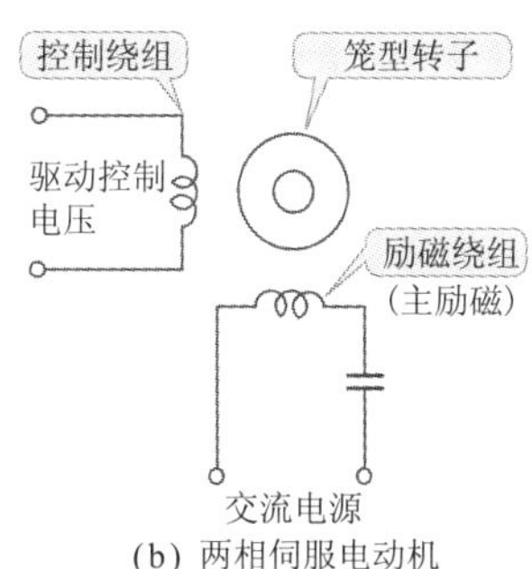

(b) 两相伺服电动机

图7.69 直流串励电动机电枢控制方式

和直流伺服电动机一样，电枢细长，转子做成斜槽。频率为50Hz、60Hz、400Hz，功率多在10W以下。

4）用　途

工业用机器人、机床、办公设备、各种测量仪器、计算机关联设备（打印机、绘图仪、磁带卷取装置）等都使用伺服电动机。图7.70示出了伺服电动机在位置控制系统中的应用。

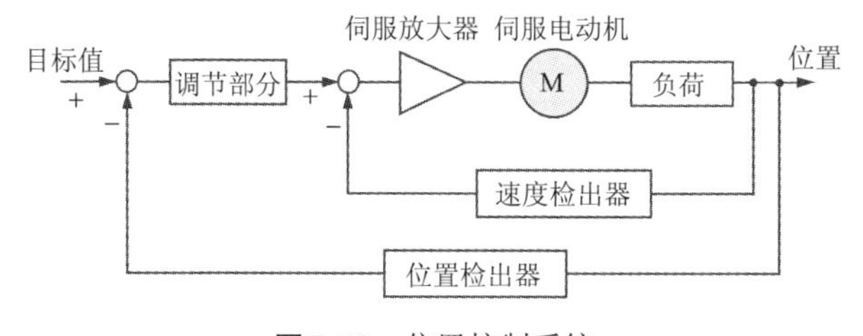

图7.70 位置控制系统

132 微型电动机

1）微型电动机

微型电动机是超小型电动机的总称。袖珍电动机或电唱机用的唱机电机输入功率在3W以下，最大尺寸在50mm以内。图7.71为微型电动机的特性。

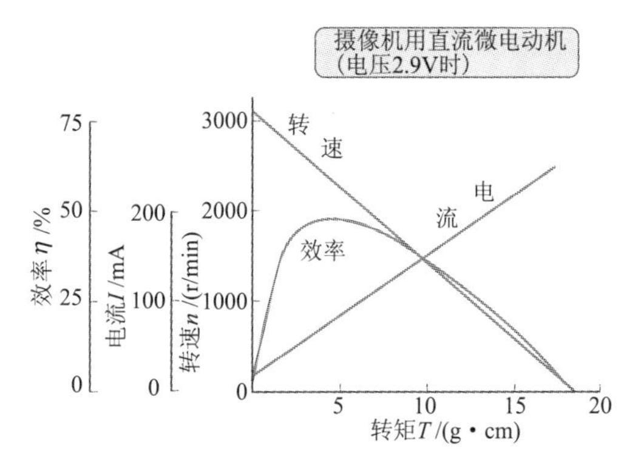

图7.71 微型电动机的特性

2）微型电动机的种类

直流用包括直流微型电动机（图7.72）和直流无刷电动机（图7.73）。

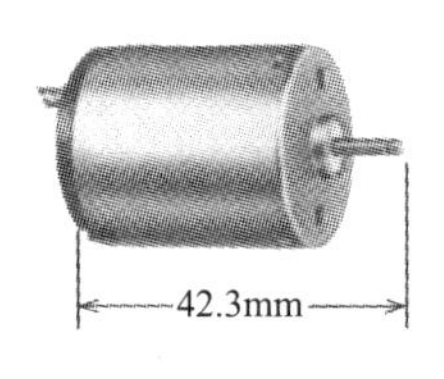

电　压	12V
转　速	5200r/min
额定负荷	20g・cm
额定电流	160mA

图7.72 直流微型电动机

图7.73 直流无刷电动机

交流用包括单相罩极式感应电动机，电容运行电动机，单相磁滞电动机（图7.74）。

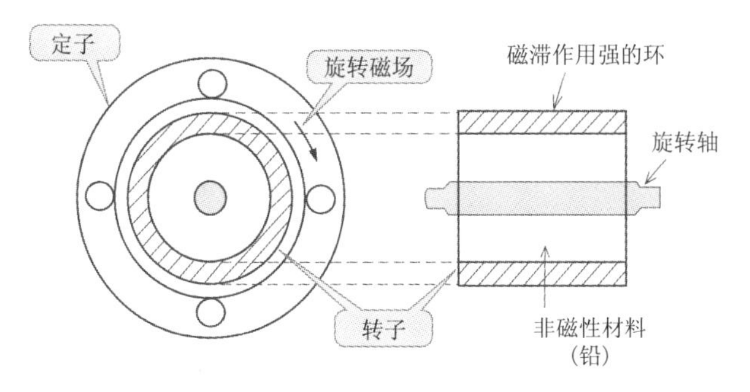

图7.74 磁滞电动机的原理图

3）直流微型电动机

原理与直流电动机相同，励磁磁极使用永久磁铁。电枢铁心用波莫合金或纯铁片叠成，磁极数为2，使用电压多为1.5～4V。无刷电动机电压为直流，原理与同步电动机接近。

4）交流微型电动机

磁滞电动机是同步电动机的一种，定子旋转磁场使转子滞后磁化。转子就由旋转磁场牵着旋转。

133 脉冲电动机（步进电动机）

1）脉冲电动机概述

脉冲电动机是由脉冲信号驱动的电动机。给这种特殊电动机的定子绕组施加直流电源，它产生的电磁力吸引转子并使其旋转。通过顺序切换输入电流的定子绕组，转子每次转一个角度。可根据正比于脉冲数的角度转动，或根据正比于脉冲频率的速度旋转，这也称为步进电动机。

2）脉冲电动机的种类

① 可变磁阻式。用电磁软钢等材料做成齿轮形的转子，被定子绕组的电磁力吸引而旋转，如图7.75所示。

② 永磁式。转子使用永久磁铁，定子绕组的电磁力吸引转子旋转，如图7.76所示。

③ 复合式。可变磁组式和永磁式的组合。

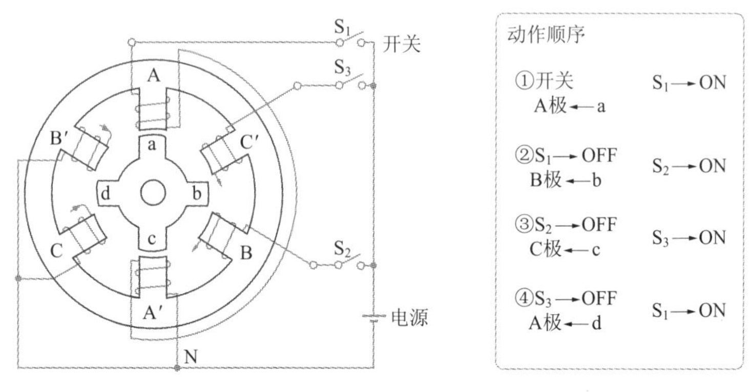

图7.75　脉冲电动机原理图

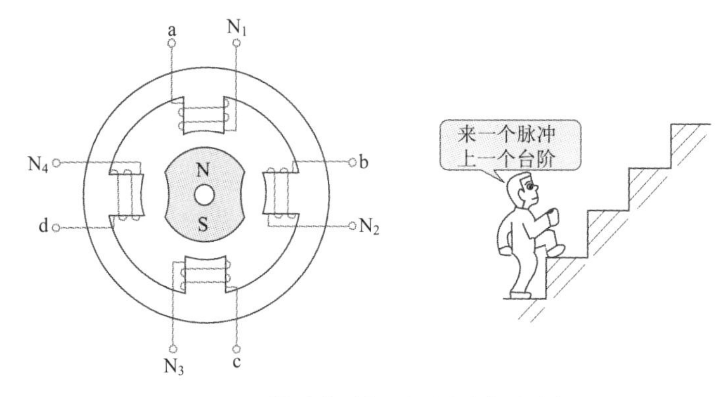

图7.76　脉冲电动机原理图（永磁式）

3）脉冲电动机的驱动

为了顺序切换施于各相的电源，需要有开关电路，如图7.77所示。包括信号电路用于脉冲振荡、停止，频率变换，反转信号发生。逻辑电路用于施加各相绕组的信号分配。放大电路用于将电流放大到电动机可以旋转。

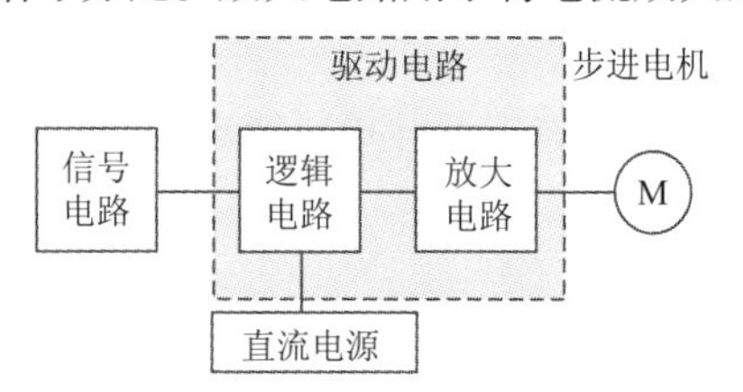

图7.77　驱动电路的构成

4）用　途

打印机进纸和托架移动，软盘移动，卡片机卡片移动，磁带记录仪磁带移动，复印机纸数控制，绘画机的*X*、*Y*轴驱动，机床的*X*、*Y*轴驱动等。

134 电子器械、日用家电中的电动机

1）用于计算机外围设备的电动机

计算机硬件一般由装有CPU（Central Processing Unit）、RAM（Random Access Memory）和ROM（Read Only Memory）等半导体芯片的主板包括HDD（硬盘驱动器）、FDD（软盘驱动器）和CD-ROM驱动器等的外部记忆设备和向各单元供电的电源所组成。

一般为了抑制硬件内的温升，往往使用冷却风机，特别是最近的高速CPU发热量大，CPU芯片上直接带有轴流风扇、外部记忆设备也有很多种类，今后也向更大容量更快速方向发展。但媒体的写入/读出数据的方式以驱动盘的同心圆或扇形轨道为主流，因此必须使用带动驱动器的步进电动机和实现磁头轨迹跟踪的磁头跟踪电动机。另外，CD-ROM使用小型的有刷直流电动机作为推动器，以电动方式写入或读出光盘。以前，基本使用磁带机记忆数据，但因数据的随机跟踪比较难，最近已基本不用。

表7.7列出了计算机外围设备使用的电动机的主要种类。对长期连续运行的，要求长寿、高效，如冷却风扇和HDD的轴驱动电动机；对旋转驱动动作幅度小的设备主轴驱动往往使用无刷DC电动机；间歇性的定位，往往使用步进电动机和有刷DC电动机。

表7.7　用于计算机外围设备的电动机

用　途		电动机种类
冷却风扇		BLM
FDD3.5英寸 1英寸≈2.54厘米	主　轴	BLM
	磁头驱动	STM

续表 7.7

用途		电动机种类
CD-ROM	主 轴	BLM
	激光头驱动	DCM
	光盘输入/弹出	DCM
HDD	主 轴	BLM
	磁头驱动	LDM

注：DCM为有刷DC电动机；BLM为无刷DC电动机；LDM为直线DC电动机；STM为步进电动机。

图7.78显示了3.5in FDD的电动机使用方法。这是一种用薄型的无刷DC电动机直接驱动软盘的方式，在轴上装有软盘的夹紧机构，磁头的跟踪系统把步进电动机的旋转通过引导螺丝变换成直线运动。

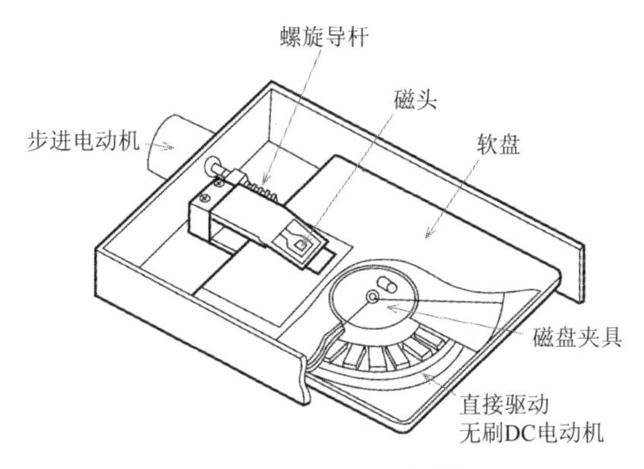

图7.78 3.5in FDD电动机

2）用于办公设备的电动机

作为代表性的办公设备有传真机、复印机、打印机及电子黑板等，在这些装置中，是如何配备电动机的呢?

首先，作为公共的功能，有从纸与图表上读取文字和图像信息的功能和逆向地把文字和图像在纸上再现的功能。读取信息时，主扫描机构把图像沿纸的横向按扫描线粗细逐条读入。办公设备一般使用直线图像传感器（CCD），为了读取下一条线的图像信息，由电动机驱动实现逐线进纸，我们把它叫做副扫描。

把图像记录到纸上时，在主扫描方向有按整纸宽配置热敏磁头和LED（发光二极管）或液晶曝光盘的方式，有用输送电动机驱动印制磁头的方式，有激光束用扫描仪电动扫描的方式。副扫描方向都是用电动机驱动，根据高品质的要求严格控制进纸的精度。

表7.8列举了办公设备中使用的电动机的主要种类，由表可知，对步进的定位和间歇的动作部分，一般使用步进电动机和有刷DC电动机，对于要求驱动转矩高而驱动动作幅度小的驱动部分，一般使用无刷DC电动机。

表7.8 用于办公设备的电动机

用途		电动机种类
传真机	进纸	STM
	切纸	DCM
打印机	激光扫描	BLM
	输送驱动	STM、DCM
	进纸	STM、DCM、BLM
复印机	激光扫描	BLM
	原稿读取驱动，道轨驱动	STM、DCM、BLM
	磁头驱动	DCM

图7.79是复印机电动机的使用方法。以前的复印机一般使用一台电动机，通过机械变换驱动各个部件，最近的复印机采用各部分组合化，各部分配置专用电动机，组成电气上的联动系统。

3）用于AV设备的电动机

在音响设备中，主流产品有磁带式随身听、立体声收录机等，有CD（Compact Disk）随身听和便携式CD唱机等。

这些设备中电动机的重要作用是，使记录媒体的磁带和光盘正确运行和旋转，另外旋转扫描方式的录像机，为了快速驱动磁头，使用电动机加精密的速度控制，在快进、点进等特殊放像模式和随机跟踪时，通过电动机的频繁加减速控制实现跟踪。所以，一般使用无刷DC电动机。

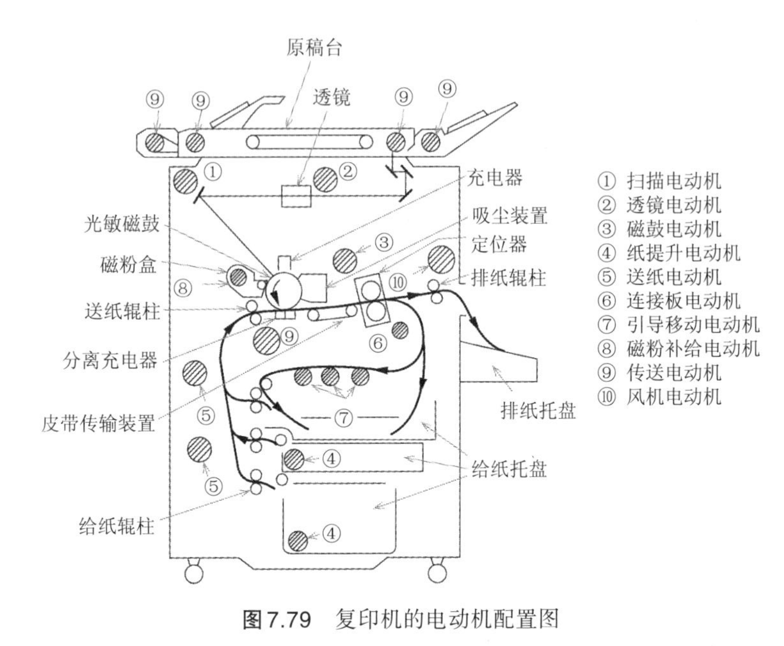

图7.79 复印机的电动机配置图

另外，磁带和光盘的输入/弹出，使用小型有刷DC电动机，作为功率辅助电动机。用于AV设备的电动机的主要种类如表7.9所示，主动轮和主轴部分，从旋转平稳性和寿命看希望采用无刷DC电动机，为节省成本，普通的机型使用有刷DC电动机。

表7.9 用于AV设备的电动机

用途		电动机种类
录音机、随身听	主动轮、磁带盘	DCM、BLM
CD LD	主轴	DCM、BLM
	激光头驱动	DCM
	输入/弹出	DCM
VTR	主动轮、磁带盘	BLM
	旋转磁头	BLM
	输入/弹出	DCM

4）用于家电的电动机

如前所述，除OA及AV设备外，使用电动机的主要家电产品如表7.10所示，该表同时列出了电动机的种类和驱动对象。

此外还有空气清洁机、换气扇、烘干机、电热风扇取暖器、咖啡炉、电子微波炉、洗碗机、电动牙刷、血压计等，真是不胜枚举。由表7.10可知，家电中的电动机包含了电动机的所有种类。

表7.10 主要家电产品与使用的电动机

家电名	驱动对象	电动机种类
电风扇	风　扇	IM
室内空调	制冷剂、风扇	IM、BLM
	风向控制板	SM
除尘器	鼓风机	CM
钟	时钟、数字板	ST、STM
音　箱	旋转录音头	CM
电冰箱	制冷机、风扇	IM
洗衣机	波轮、泵、滚筒	IM
电吹风、干燥机	风　扇	CM、DCM
温水洗净坐便器	泵、风扇	SM、BLM

注：IM为感应电动机；BLM为无刷直流电动机；CM为交流整流子电动机；SM为同步电动机；STM为步进电动机；DCM为直流电动机。

图7.80是冷、热两用的热泵空调的原理结构图，用压缩机把压缩了的制冷剂的高压气体，在（放热）热交换器冷却成液体，通过毛细管，用（蒸发）热交换器膨胀成气体，把周围的热量带走，即把热量从蒸发器侧传递到放热器侧。这时，如室内为蒸发器工作状态则为制冷；如室内为放热器工作状态则为供暖。这样，由于热从一方传递到另一方，这种工作机械叫热泵。制冷与供暖，是利用切换阀切换制冷剂的流向。截止阀如半导体二极管一样，起到了制冷剂单方向流动的作用。空调是根据周围温度的状况来控制制冷量的大小。以前，制冷机的驱动采用恒速

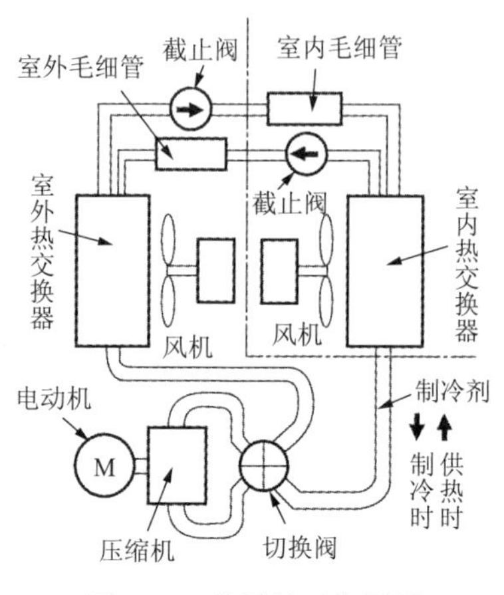

图7.80 热泵的工作原理

旋转的感应电动机，制冷量的调节根据电动机的开、关来实现，关闭时制冷机停机，这样总体热效率低。相反，如采用调速，则需要制冷时高速运行，不要制冷时低速运行。平时制冷机一直在旋转，这就是变频空调。变频空调可大幅度节电，而且快速响应性能提高。起初，一般采用感应电动机变频调速，最近以来采用无刷直流电动机使效率进一步得到提高。

5）汽车用电磁机构

即使是汽车，在电子化的同时，也使用着大量的电磁机构，与一开始的只使用一台启动电机（CD电动机）和一台发电机（DC发电机）相比，似乎有隔世的感觉，图7.81表示了汽车用电磁机构的种类和使用部位。在此，M是电动机，A是传动机构，后者以螺线管形电磁阀为主。

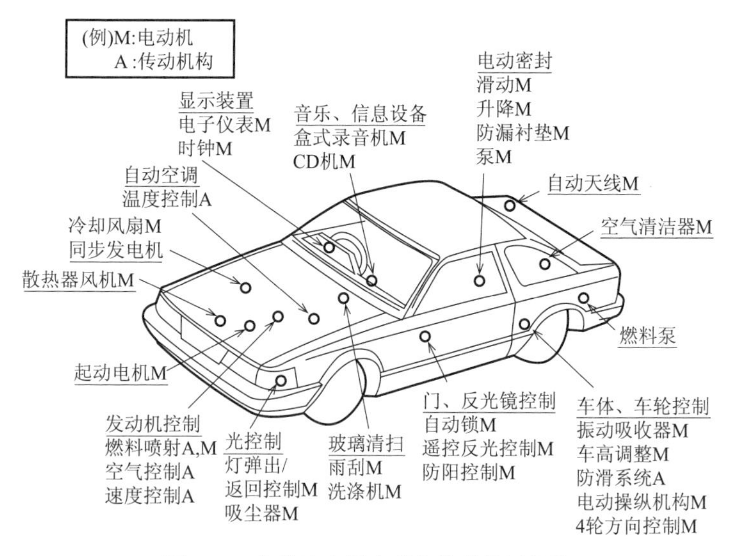

图7.81 各种汽车用电磁机构的使用部位

因汽车的电气系统采用12V或24V电池供电，所以电动机大部分是有刷直流电机，这些几乎都是采用开关控制，通过关断与开通实现控制的功率电动机。使用的电动机数量一般车有15台，高级车达到40台以上，使用这么多的电动机是为了提高汽车的操作性。以前是手动的部分实现自动化和机械化后就由电动机来驱动，更重要的是为了追求节能、环保和快速响应性能，不断采用新机构和新控制系统。

另外，与车体无控制关系的部分，对主要承重部分较多地采用液压，操作机构一般不采用电动机而是采用螺线管线圈的电磁机构。

下面介绍一下电动燃料泵，作为汽车电气化的一个应用实例。以前的机械式燃料泵，为了利用发动机的旋转，驱动泵内的模板将燃料送出，必须将燃料泵安装在发动机的附近。此时为了防止因发动机发热而引起的汽化堵塞现象，发动机与泵之间必须放隔热材料，与此相对应，电气式泵可自由选择安装位置，避免了汽化堵塞的危险。

电动燃料泵，有利用电磁铁的电磁阀方式和利用电动机驱动的旋转泵方式。图7.82是电动机式燃料泵的其中一例，其工作原理是依靠与电动机直接相连的叶轮的旋转，把燃料吸入、喷出。就汽车而言，燃料、空气、操作用油等发挥着主要的作用，其调节往往使用控制性能好的电磁阀，其中精度要求最高的是燃料系统的控制。图7.83是用于燃料喷射器的电磁阀的原理结构图，不通电时，由于弹簧的作用，喷射嘴内孔被针塞住，当线圈通电，电枢被轭部吸引，喷射口打开喷射燃料。线圈通电受脉冲电流幅值的控制，要求脉冲幅值与燃料的喷射量精密地成比例控制。具有同样原理的螺旋管线圈的电磁阀，也用于空气和油压的控制。

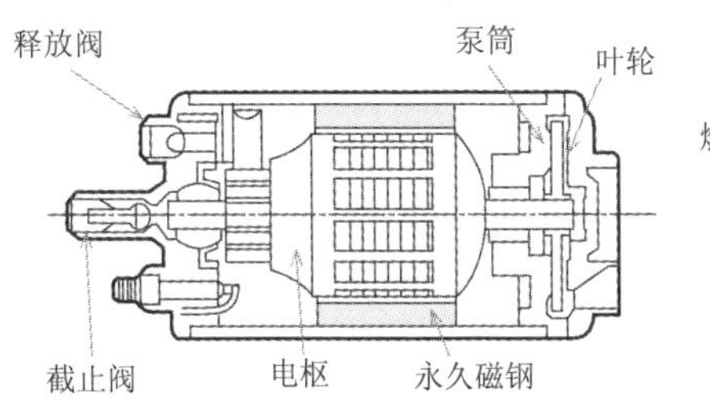

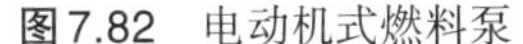
图7.82 电动机式燃料泵

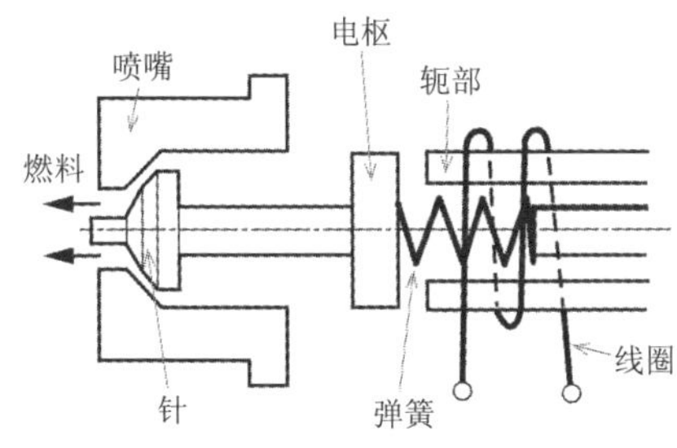

图7.83 燃料喷射器电磁阀的原理结构图

135 电动机的拆卸

电动机在拆卸前，要事先清洁和整理好场地，备齐拆装工具。做好标记，以便装配时各归原位。应做的标记有标出电源线在接线盒中的相序；标出联轴器或皮带轮与轴台的距离；标出端盖、轴承、轴承盖和机座的负荷端与非负荷端；标出机座在基础上的准确位置；标出绕组引出线在机座上的出口方向。

1）电动机的拆卸步骤

电动机的拆卸步骤如图7.84所示。

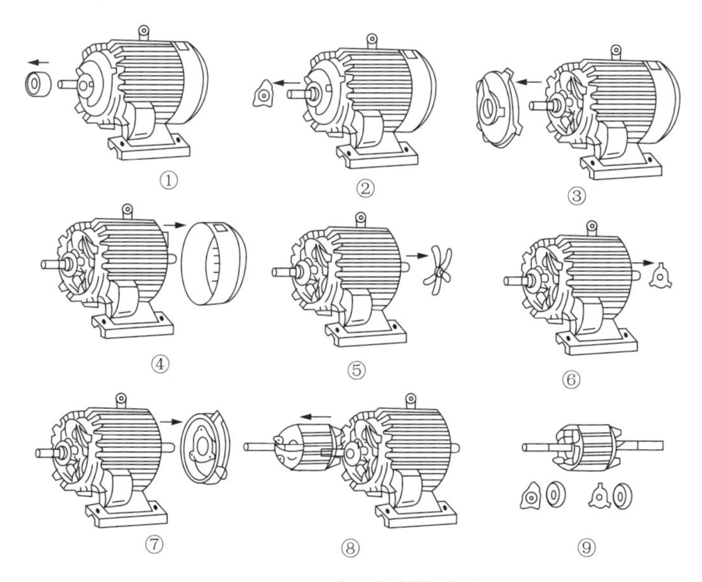

图7.84　电动机的拆卸步骤

① 拆下皮带轮或联轴器。

② 拆下前轴承外盖。

③ 拆下前端盖。

④ 拆下风罩。

⑤ 拆下风叶。

⑥ 拆下后轴承外盖。

⑦ 拆下后端盖。

⑧ 拆下转子。

⑨ 拆下前后轴承和前后轴承的内盖。

2）电动机线头的拆卸

电动机线头的拆卸如图7.85所示。切断电源后拆下电动机的线头。每拆下一个线头，应随即用绝缘带包好，并把拆下的平垫圈、弹簧垫圈和螺母仍套到相应的接线桩头上，以免遗失。如果电动机的开关较远，应在开关上挂“禁止合闸”的警告牌。

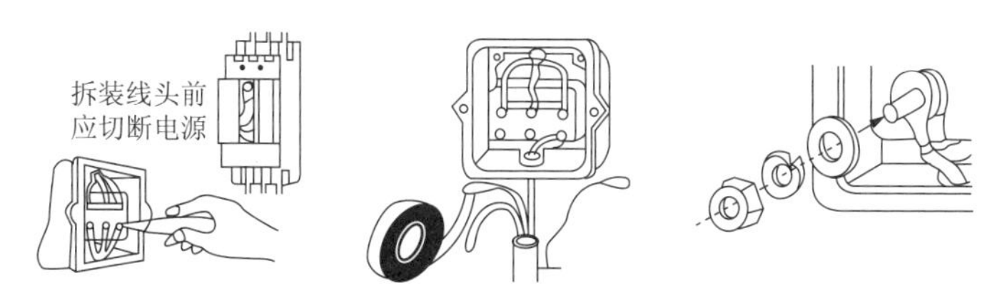

图7.85　电动机线头的拆卸

3）皮带轮或联轴器的拆卸

皮带轮或联轴器的拆卸如图7.86所示。首先用石笔或粉笔标示皮带轮或联轴器与轴配合的原位置，以备安装时照原来位置装配（图7.86（a））。然后装上拉具（拉具有两脚和三脚的两种），拉具的丝杆顶端要对准电动机轴的中心（图7.86（b））。用扳手转丝杆，使皮带轮或联轴器慢慢地脱离转轴（图7.86（c））。如果皮带轮或联轴器锈死或太紧，不易拉下来时，可在定位螺孔内注入螺栓松动剂（图7.86（d）），待数分钟后再拉。若仍拉不下来，可用喷灯将皮带轮或联轴器四周稍稍加热，使其膨胀时拉出。注意加热的温

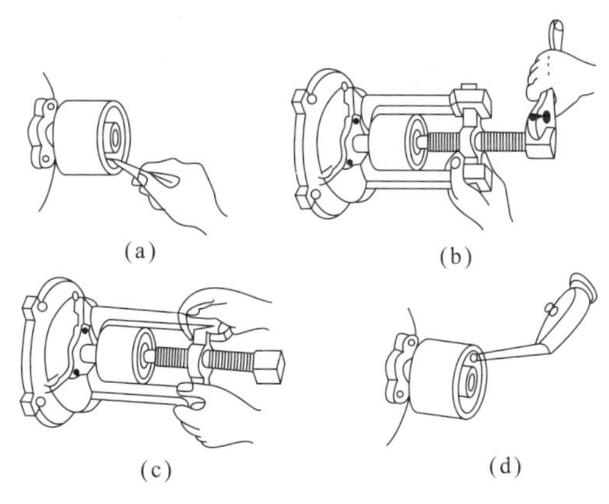

图7.86　电动机皮带轮的拆卸

度不宜太高，防止轴变形，拆卸过程中，手锤最好尽可能减少直接重重敲击皮带轮或联轴器的次数，以免皮带轮碎裂而损坏电机轴。

4）轴承外盖和端盖的拆卸

轴承外盖和端盖的拆卸如图7.87所示。拆卸时先把轴承外盖的固定螺栓松下，并拆下轴承外盖，再松下端盖的紧固螺栓（图7.87（a））。为了组装时便于对正，在端盖与机座的接缝处要做好标记，以免装错。然后，用锤子敲打端盖与机壳的接缝处，使其松动。接着用螺丝刀插入端盖紧固螺丝襻的根部，把端盖按对角线一先一后地向外扳撬。注意不要把螺丝刀插入电动机内，以免把线包撬伤（图7.87（b））。

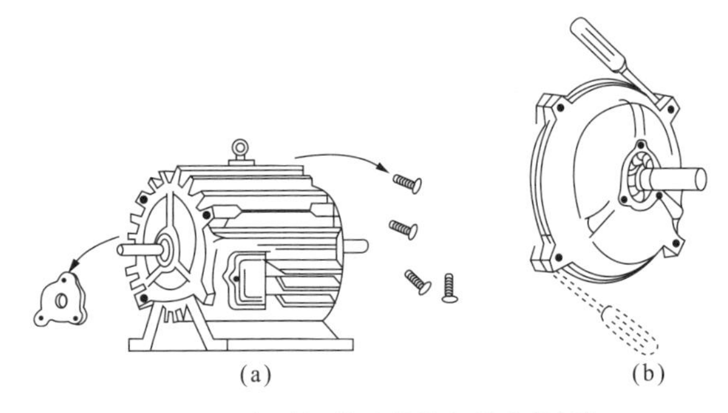

图7.87 电动机轴承外盖和端盖的拆卸

5）转子的拆卸

电动机的转子很重，拆卸时应注意不要碰伤定子绕组。对于绕线转子异步电动机，还要注意不要损伤集电环面和刷架等。

拆卸小型电动机的转子时，要一手握住转轴，把转子拉出一些，随后，用另一手托住转子铁心，渐渐往外移，如图7.88所示。

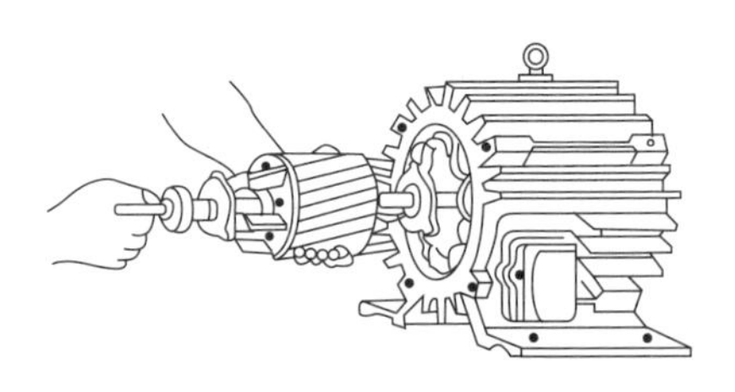

图7.88 小型电动机转子的拆卸

对于大型电动机，转子较重，要用起重设备将转子吊出，如图7.89所示。先在转子轴上套好起重用的绳索（图7.89（a）），然后用起重设备吊住转子慢慢移出（图7.89（b）），待转子重心移到定子外面时，在转子轴下垫一支架，再将吊绳套在转子中间，继续将转子抽出（图7.89（c））。

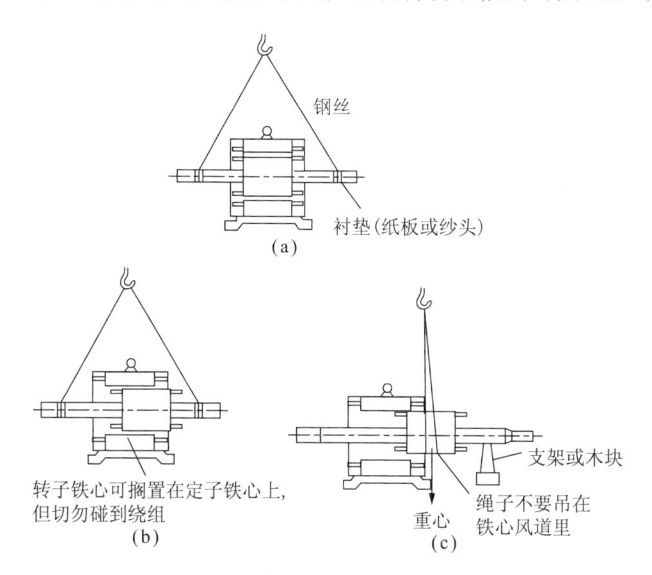

图7.89　大型电动机转子的拆卸

6）轴承的拆卸

电动机轴承的拆卸，首先用拉具拆卸。应根据轴承的大小，选好适宜的拉具，拉具的脚爪应紧扣在轴承的内圈上，拉具的丝杆顶点要对准转子轴的中心，扳转丝杆要慢，用力要均匀，如图7.90所示。

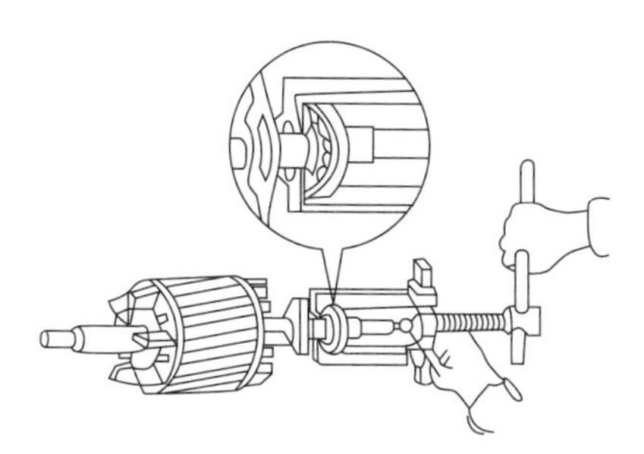

图7.90　用拉具拆卸轴承

在拆卸电动机轴承中，也可用方铁棒或铜棒拆卸，在轴承的内圈垫上适当的铜棒，用手锤敲打铜棒，把轴承敲出，如图7.91所示。敲打时，要在轴承内圈四周的相对两侧轮流均匀敲打，不可偏敲一边，用力要均匀。

在拆卸电动机时，若轴承留在端盖轴承孔内，则应采用图7.92所示的方法拆卸。先将端盖止口面向上平稳放置，在端盖轴承孔四周垫上木板，但不能抵住轴承，然后用一根直径略小于轴承外沿的套筒，抵住轴承外圈，从上方用锤子将轴承敲出。

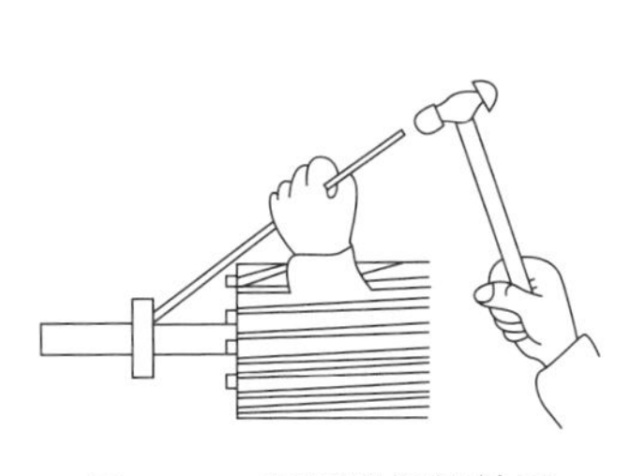
图7.91 用铜棒拆卸轴承

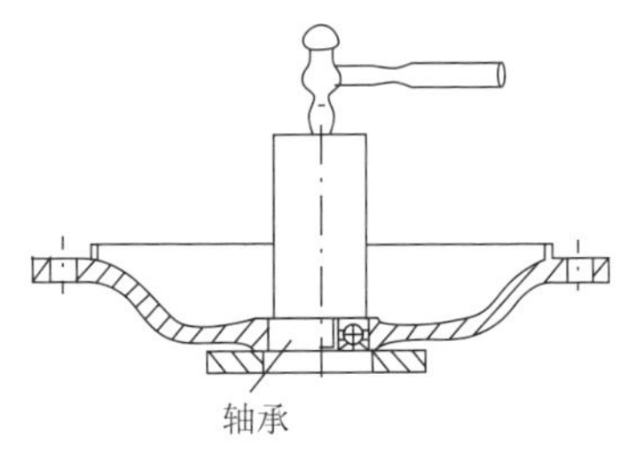

图7.92 拆卸端盖内轴承

136 电动机的装配

1）轴承的装配

装配前应检查轴承滚动件是否转动灵活而又不松旷。再检查轴承内圈与轴颈，外圈与端盖轴承座孔之间的配合情况和光洁度是否符合要求。在轴承中按其总容量的1/3～2/3的容积加足润滑油，注意润滑油不要加得过多。将轴承内盖油槽加足润滑油，先套在轴上，然后再装轴承。为使轴承内圈受力均匀，可用一根内径比转轴外径大而比轴承内圈外径略小的套筒抵住轴承内圈，将其敲打到位，如图7.93（a）所示。若找不到套筒，可用一根铜棒抵住轴承内圈，沿内圈圆周均匀敲打，使其到位，

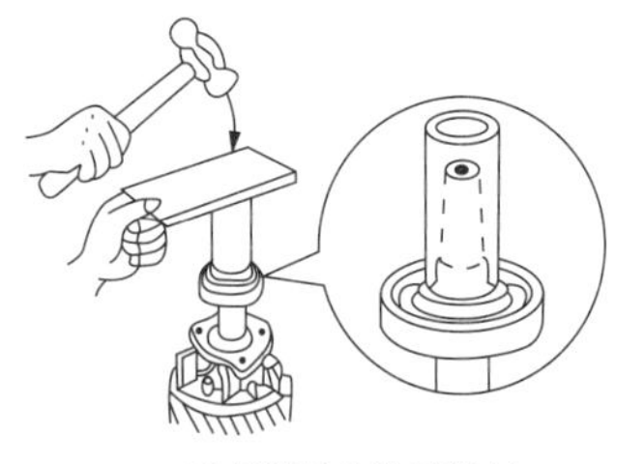
(a) 用套管抵住轴承敲打

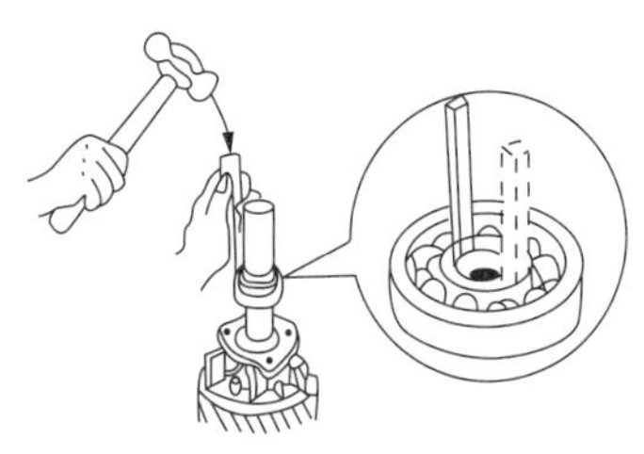
(b) 用铜棒抵住轴承内圈敲打

图7.93 轴承的装配

如图7.93（b）所示。如果轴承与轴颈配合过紧，不易敲打到位，可将轴承加热到100℃左右，趁热迅速套上轴颈。安装轴承时，标号必须向外，以便下次更换时查对轴承型号。

2）端盖的装配

轴承装好后，再将后端盖装在轴上。电动机转轴较短的一端是后端，后端盖应装在这一端的轴承上。装配时，将转子竖直放置，使后端盖轴承孔对准轴承外圈套上，一边缓慢旋转后端盖，一边用木锤均匀敲击端盖的中央部位，直至后端盖到位为止，然后套上轴承外盖，旋紧轴承盖紧固螺钉，如图7.94所示。按拆卸时所作的标记，将转子送入定子内腔中，合上后端盖，按对角交替的顺序拧紧后端盖紧固螺丝。

参照后端盖的装配方法将前端盖装配到位。装配前先用螺丝刀清除机座和端盖止口上的杂物和锈斑，然后装到机座上，按对角交替顺序旋紧螺丝，如图7.95所示。

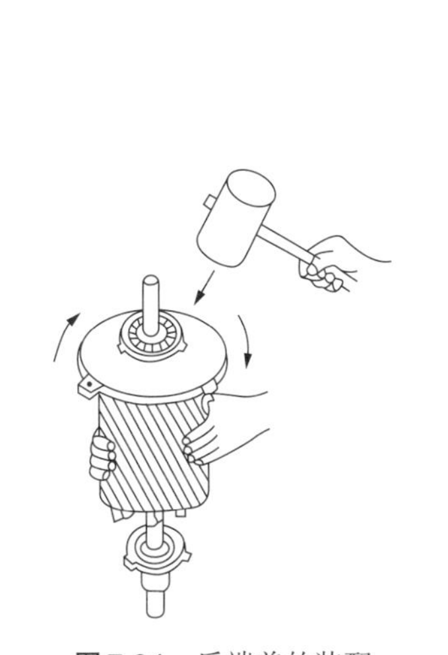

图7.94 后端盖的装配

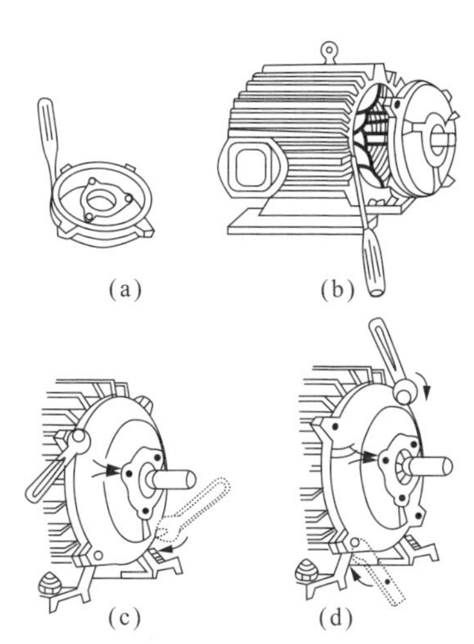

图7.95 前端盖的装配

3）皮带轮或联轴器的装配

皮带轮或联轴器的装配如图7.96所示。首先用细砂纸把电机转轴的表面打磨光滑（图7.96（a））。然后对准键槽，把皮带轮或联轴器套在转轴上（图7.96（b））。用铁块垫在皮带轮或联轴器前端，然后用手锤适当敲击，从而使皮带轮或联轴器套进电动机轴上（图7.96（c））。再用铁板垫在键的前端轻轻敲打使键慢慢进入槽内（图7.96（d））。

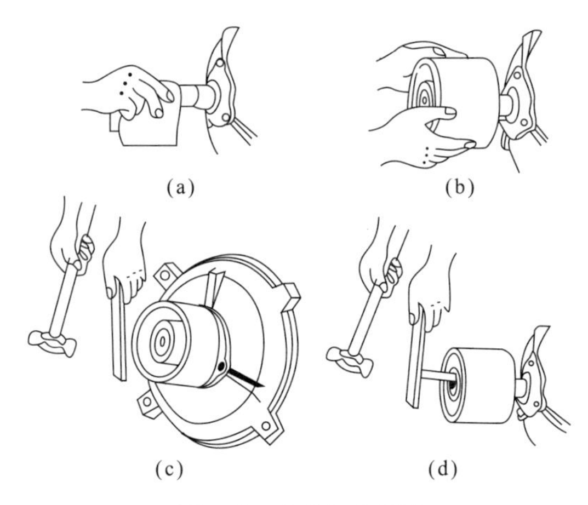

图7.96　皮带轮的装配

第8章 电动机的选用

137 电动机的选用原则

1）电动机类型的选择

电动机品种繁多，结构各异，分别适用于不同的场合，选择电动机时，首先应根据配套机械的负荷特性、安装位置、运行方式和使用环境等因素来选择，从技术和经济两方面进行综合考虑后确定选择什么类型的电动机。

对于无特殊变速调速要求的一般机械设备，可选用机械特性较硬的鼠笼式异步电动机。对于要求启动特性好，在不大范围内平滑调速的设备，一般应选用绕线式异步电动机。对于有特殊要求的设备，则选用特殊结构的电动机，如小型卷扬机、升降设备等，可选用锥形转子制动电动机。

2）电动机容量（功率）的选择

电动机的功率应根据生产机械所需要的功率来选择，尽量使电动机在额定负载下运行。实践证明，电动机的负荷为额定负荷的70%～100%时效率最高。电动机的容量选择过大，就会出现“大马拉小车”现象，其输出机械功率不能得到充分利用，功率因数和效率都不高。电动机的容量选得过小，就会出现“小马拉大车”现象，造成电动机长期过载，使其绝缘因发热而损坏，甚至将电动机烧毁。一般来说，对于采用直接传动的电动机，容量以1～1.1倍负载功率为宜；对于采用皮带传动的电动机，容量以1.05～1.15倍负载功率为宜。

另外，在选择电动机时，还要考虑到配电变压器容量的大小。一般来说，直接启动时，最大一台电动机的功率不宜超过变压器容量的30%。

3）电动机转速的选择

① 如果采用联轴器直接传动，电动机的额定转速应与生产机械的额

定转速相同。

② 如果采用皮带传动，电动机的额定转速不应与生产机械的额定转速相差太多，其变速比一般不宜大于3。

③ 如果生产机械的转速与电动机的转速相差很多，则可选择转速稍高于生产机械转速的电动机，再另配减速器，使二者都在各自的额定转速下运行。

在选择电动机的转速时，不宜选得过低，因为电动机的额定转速越低，极数越多，体积越大，价格越高。但高转速的电动机启动转矩小，启动电流大，电动机的轴承也容易磨损。因此在工农业生产上选用同步转速为1500 r/min（四极）或1000 r/min（六极）的电动机较多，这类电动机适用性强，功率因数和效率也较高。

4）电动机防护形式的选择

电动机的防护形式有开启式、防护式、封闭式和防爆式等，应根据电动机的工作环境进行选择。

① 开启式电动机内部的空气能与外界畅通，散热条件很好，但是它的带电部分和转动部分没有专门的保护，只能在干燥和清洁的工作环境下使用。

② 防护式电动机有防滴式、防溅式和网罩式等种类，可以防止一定方向内的水滴、水浆等落入电动机内部，虽然它的散热条件比开启式差，但应用比较广泛。

③ 封闭式电动机的机壳是完全封闭的，被广泛应用于灰尘多和湿气较大的场合。

④ 防爆式电动机的外壳具有严密密封结构和较高的机械强度，有爆炸性气体的场合应选用防爆式电动机。

138 电动机选用应考虑的参数

1）额定机械功率

额定机械功率用马力（hp）或瓦特（W）来表示（1hp=746W）。转矩与转速是决定输出机械功率的两个重要因素。转矩、转速与马力的关系可以通过一个基本方程来表示：

$$马力=\frac{转矩\times转速}{常数}$$

式中，转矩用1b/ft表示；转速用r/min表示；常数由转矩使用的单位决定。在此式中，常数为5252。

输出同样的功率，电动机运行得越慢，提供的转矩就越大。功率等级相同时，为了承受更大的转矩，慢速运行的电动机组成部件要比高速运行电动机的部件耐用。所以，转速慢的电动机比同马力等级的快速电动机体积更大、更重、更贵。

2）电 流

① 满载电流。在满载（满载力矩）时，期望电动机提供的电流叫做满载电流，也称作铭牌安培。电动机铭牌上的满载电流用来决定电路中过载感应元件的规格。

② 堵转电流。全电压启动时，期望电动机提供的电流叫做堵转电流，也称为启动浪涌电流。

③ 过载系数电流。当过载的百分比等于电动机铭牌上的过载系数时，电动机提供的电流叫做过载系数电流。例如，铭牌上标出的过载系数为1.15，则过载系数电流为电动机可以长期无损工作的115%的正常工作电流。

3）规范代号

NEMA（美国电气制造商协会）的规范代号用于计算电动机的堵转电流，单位为千伏安/马力（kV·A/hp）。过流保护设备的电流一定要高于电动机堵转电流，以保证当电动机启动时过流保护设备不会断开。按照字母顺序，代号从A ～V排列，代表堵转电流的递增，见表8.1。

$$LR电流（单相电动机）=\frac{代码值\times hp\times577}{额定电压}$$

$$LR电流（三相电动机）=\frac{代码值\times hp\times577}{额定电压}$$

表8.1 堵转规范（kV·A/hp）

A	0~3.15	G	5.6~6.3
B	3.15~3.55	H	6.3~7.1
C	3.55~4.0	J	7.1~8.0
D	4.0~4.5	K	8.0~9.0
E	4.5~5.0	L	9.0~10.0
F	5.0~5.6	M	10.0~11.2

4）设计代号

NEMA把交流电动机分为4种标准型，分别使用字母A，B，C，D表示，用来满足不同电器负载的特殊要求。设计代号表示电动机的转矩、启动电流、转差等相关的特性。B型是最常用的电动机，它的启动转矩相当高，启动电流适中。其他设计类型只在少部分特殊设备中使用。

5）效　率

电动机的效率是指输出机械功率与输入电功率之比，通常用百分数表示。电动机的输入功率等于传送给转轴的输出功率与电动机以发热形式损失的功率之和。电动机的功率损失如下。

① 铁心损耗。表示磁化铁心材料所需能量（磁滞损耗）和涡流损耗。

② 定子与转子电阻损耗。通过定子电阻（R）与转子绕组的电流（I）以热能I^2R的形式损失，通常称为铜损耗。

③ 机械损耗。包括电动机轴承的摩擦损耗与风扇的制冷损耗。

④ 杂散损耗。除去一次侧铜损、二次侧铜损、磁芯损耗、机械损耗所余下的损耗。杂散损耗主要是电动机带负载运行时产生的谐波损耗。谐波损耗包括谐波流过铜制绕组电流，铁心内的谐波磁通分量和叠片内的漏磁场产生的损耗。

6）能效电动机

能效电动机的效率为75%~98%。由于使用了优质材料与技术，能效电动机使用能量很少，如图8.1所示，所以被称为能效电动机。能效电动机的效率要求必须等于或大于MG-1出版物中NEMA标准的额定满载效率。

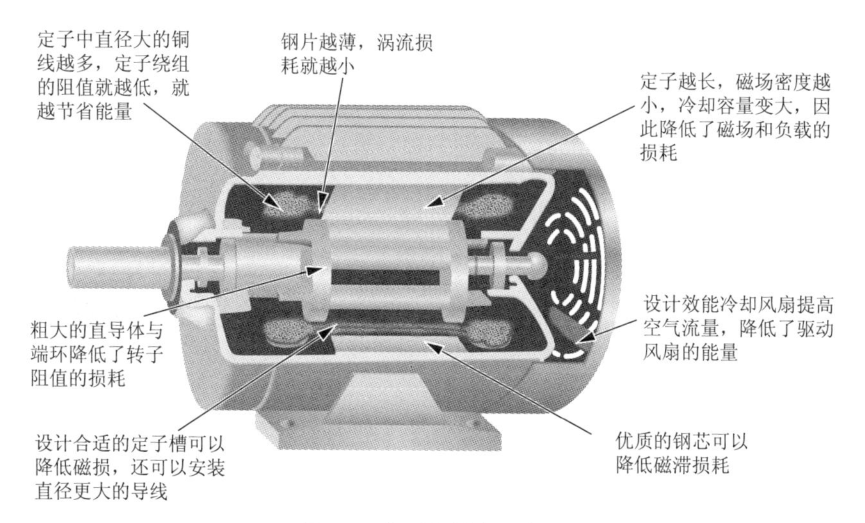

图8.1 典型的能效电动机

7）机座尺寸

电动机的机座尺寸多种多样，可以与不同的设备进行匹配。通常来讲，马力越高或者转速越低，机座尺寸就越大。为了使电动机工业更加标准化，NEMA给出了某些电动机的标准机座尺寸。例如，机座尺寸为56的电动机，轴高一定要超过3.5in这个基本尺寸。

8）频　率

这个频率是指交流电动机运行时线电压的频率。北美电动机要根据电源频率设计为60Hz，然而，世界上的其他地方都是50Hz。因此要保证电动机在50Hz或60Hz时仍然可以正常运行。例如，将三相频率从50Hz改为60Hz，转子转速会提高20%。

9）满载转速

满载转速是指给电动机提供额定转矩或马力时，它的运行转速。例如，一个典型的四极电动机，运行频率为60Hz，铭牌上的满载额定转速为1725r/min，同步转速为1800r/min。

10）负载要求

为电器选择正确电动机时必须要考虑负载的要求，尤其是需要对转速进行控制的设备。电动机控制负载时需要考虑的两个重要因素是转矩和与转速有关的马力。

① 恒转矩负载。恒转矩是指在转速变化的整个范围内负载是恒定的，如图8.2所示。当转速上升时，功率与转速变化成正比，但转矩始终恒定不变。典型的恒转矩设备如传送带、起重机与牵引装置。当转速增加时，功率与转速变化成正比，而转矩保持不变。例如，传送带负载在5ft/min或50ft/min时需要的转矩都是相同的。然而，功率需要同转速一同增加。

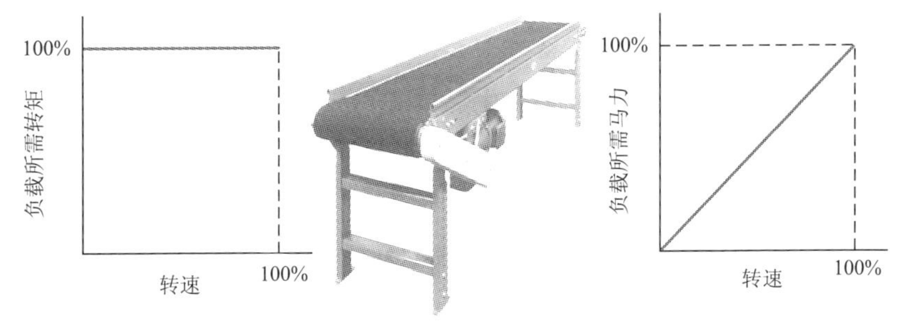

图8.2 恒转矩负载

② 可变转矩负载。负载低速运行需要的转矩很低，转速变大时转矩变大（图8.3），这种负载称为可变转矩负载。拥有可变转矩特性的负载有离心风扇、泵和吹风机等。为可变转矩负载选择电动机时，要以电动机在最大转速下运行时提供合适的转矩和马力为依据。

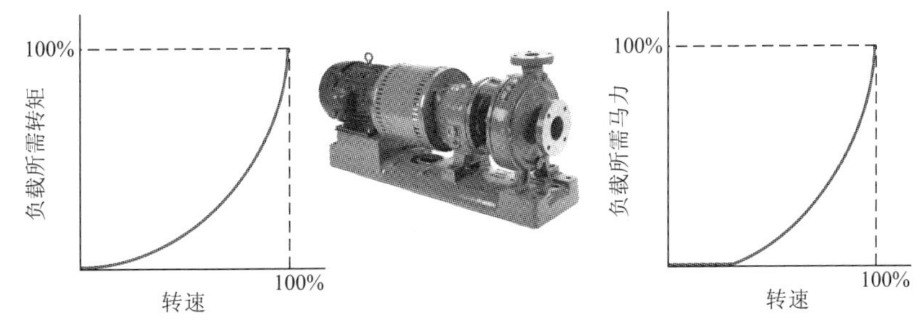

图8.3 可变转矩负载

③ 恒马力负载。恒马力负载要求在低速运行时的转矩大，高速运行时的转矩小，无论在什么转速下运行，它的马力都不变（图8.4）。车床就是这种设备。低速时，机械师使用大转矩进行重切削，等到高速时操作员完成切削，需要的转矩变小。

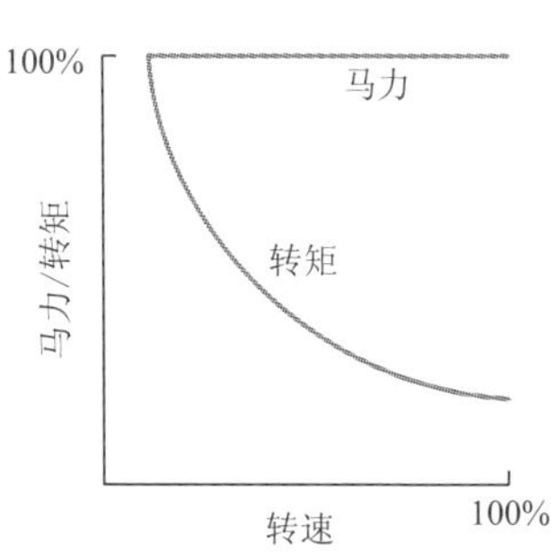

图8.4 恒马力负载

④ 高惯性负载。惯性是指物体保持某种运动的趋势，如果物体静止就继续保持静止，如果物体运行就一直运行下去。高惯性负载是一种难于启动的负载。将负载启动并使之运行需要很大的转矩，但是当电动机正常工作时，就不需要那么大的转矩了。高惯性负载通常与用飞轮为运行提供能量的机器相连，这样的设备有大型风扇、吹风机、冲床、商业洗衣机。

11）电动机的额定温度

电动机的绝缘系统使电气元件互相隔开，防止短路，不会使绕组烧毁或者发生故障。绝缘的主要敌人就是热量，所以熟悉不同电动机的额定温度是很重要的，可以保证电动机在安全温度下正常工作。

① 环境温度。环境温度是电动机在满载、持续工作时所在环境的最大安全温度。当电动机启动时，它的温度会升高，高于环境、室内和空气的温度。大多数电动机的标准环境温度等级是40℃（104°F）。然而这种温度标准只适用于正常温度的房间，对于一些特殊应用场合的电动机需要更高的抗温能力，例如，50℃或者60℃。

② 温升。温升是指电动机绕组从静止到满载工作时温度的变化值。由于引起温度升高的热量导致电气损耗与机械损耗，所以设计电动机时

需要考虑这个因素。

③ 过热允许值。过热允许值是电动机绕组的测量温度与绕组内最热处的实际温度之差，通常在5~15℃，这由电动机结构决定。温升、过热允许值与环境温度三者的和一定不能超过额定的绝缘温度。

④ 绝缘等级。绝缘等级用字母表示，等级分类是根据在绝缘特性没有受到严重损坏时电动机所能承受的温度。

12）运行系数

运行系数用于衡量电动机满载运行的时间。电动机根据它的运行特点分为连续型与间断型。连续型是指在没有损害或者无使用寿命降低的情况下电动机能够运行的时间。通常情况都会选择使用连续型电动机。间断型是指电动机工作一段时间后断开，经冷却后再重启，如起重机与吊车的电动机常使用间断型。

13）转　矩

电动机转矩是指使轴旋转的力。图8.5所示是转矩/转速曲线，说明了电动机各个运行阶段产生的转矩是如何变化的。

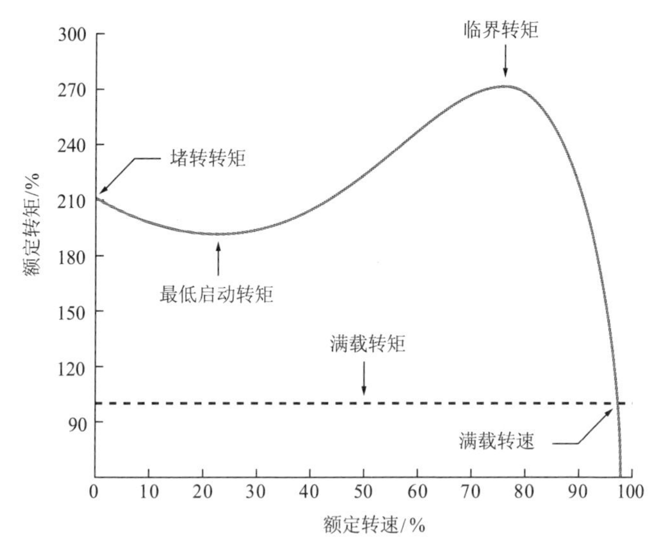

图8.5　电动机转矩/转速曲线

① 堵转转矩。堵转转矩（LRT）也称为启动转矩，是电动机全压启动时产生的转矩，此转矩可以克服电动机静止时的惯性。许多负载都需要比运行转矩大得多的转矩来使它们启动。

② 最低启动转矩。最低启动转矩（PUT）是指电动机从静止加速到正常运行转速期间所产生的最小转矩。如果电动机与负载的型号相配，最低启动转矩会很小。如果电动机的最低启动转矩比负载需要的小，电动机就会因过热而停止。某些电动机没有最低启动转矩，因为转矩/转速曲线的最低点就是堵转点。在这种情况下，最低启动转矩就是堵转转矩。

③ 临界转矩。临界转矩（BDT）也称牵出转矩，是电动机运行时获得的最大转矩。典型感应电动机的临界转矩范围是满载转矩的200%~300%。有些电器需要很高的临界转矩，才能在频繁出现过载的情况下运行，例如，传送带。通常传送带上摆放很多物体，超出了它的承受能力。临界转矩高可以使传送带继续在这种情况下运行，不会导致对电动机的热损害。

④ 满载转矩。满载转矩（FLT）是电动机在额定转速与功率下产生的转矩。若电动机一直在超过满载转矩的情况下工作，它的工作寿命会大打折扣。

14）电动机外壳

电动机外壳为电动机提供保护。选择合适的外壳对电动机的安全运行十分重要。若使用不合适的电动机外壳会影响电动机的性能和寿命。电动机外壳主要分成两类，一类是开放式，一类是全封闭式，如图8.6所示。开放式电动机外壳有通风口，允许外部空气进入电动机绕组。全封闭式电动机外壳阻止内部与外部空气的交换，但也不能保证完全密不透风。

(a) 开放式外壳

(b) 全封闭式外壳

图8.6 电动机外壳

开放式与全封闭式的电动机外壳根据外形设计、绝缘类型、冷却方法的不同又可以进一步细分，最常见的类型如下。

① 开放防滴溅型电动机。开放防滴溅型（ODP）电动机是外壳开放式电动机，这种设计的通风口使从0°~15°之间掉到电动机上的液滴与固体颗粒无法进入机器内。这是最常见的一种类型，用于无危害、相对干净的工业区域。

② 全封闭风冷型电动机。全封闭风冷型（TEFC）电动机是外壳全封闭式的电动机，风扇与电动机相连，对设备进行外部冷却。这种设计适合在极湿、极脏或者布满灰尘的地方使用。

③ 全封闭不通风型电动机。全封闭不通风型（TENV）电动机通常都是一些小型电动机（低于5hp），密封电动机的表面足够大，可以向外面辐射和输送热量，不需要外部风扇与气流。在风扇经常被纱布阻塞的纺织工业中，用这种电动机很有效。

④ 危险区域的电动机。危险区域的电动机外壳适用在有易燃易爆气体或灰尘的环境，或者可能出现这些情况的环境中。这种电动机需要保证内部出现的任何故障都不会使气体或者灰尘点燃。每个被批准用于危险环境中的电动机都有一个专用的UL铭牌。这个铭牌指示电动机是在级别Ⅰ还是级别Ⅱ区域工作。级别是指电动机工作环境中危险材料的物理特性。两个最常见的危险区域电动机为级别Ⅰ——防爆型与级别Ⅱ——防尘阻燃型。

防爆型适用于有易爆液体、蒸汽与天然气的环境；防尘阻燃型适用于有易燃粉尘，像煤、稻谷或者面粉的环境中。有些电动机在两种区域中都可以工作。

139 识读电动机的铭牌

1）铭牌记载事项

异步电动机的铭牌（图8.7）上，记载下列事项。

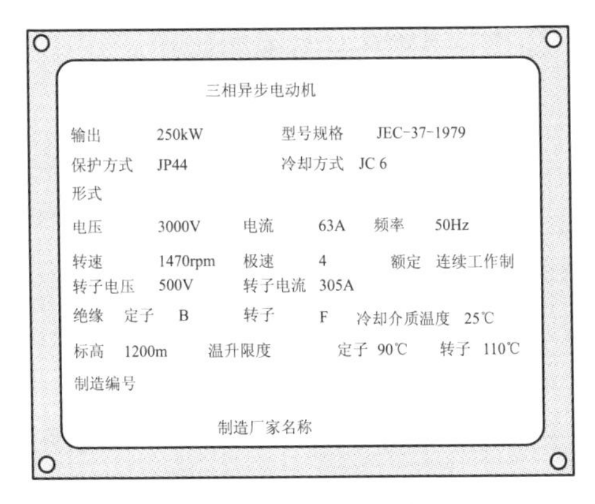

图8.7 电动机铭牌

① 额定输出。在额定输出功率50kW以下，可用额定有效输入替代额定输出来表示。

② 规格符号。表示依据标准规格的符号和编号。

③ 冷却方式的符号。在额定输出37kW以下，冷却方式为JCO，JCN4或JC4的场合，可以省略记载。

④ 形式。制造厂家给出的形式名称。

⑤ 标高。在1000m以下的场合可省略。

⑥ 制造编号。制造厂家规定的编号。

⑦ 额定电流。指在额定输出时的定子电流的近似值。

⑧ 转子电流。指线绕式异步电动机在额定输出时的转子电流近似值。

⑨ 制造年份。在输出较小、大批量生产时，也可以省略。

⑩ 冷却介质温度。在冷却介质温度为40℃时，也可以省略。

2）理解铭牌记载内容的预备知识

① 额定值。所谓额定值就是对所用异步电动机有保证的使用限度。在确定了输出的使用限度的同时，也规定了电压、转速、频率等，分别称为额定输出、额定电压、额定转速、额定频率等。

② 额定值的种类。额定值的种类有连续额定值和短时额定值。所谓连续额定值，是指在指定的条件下连续使用时，不超过标准规定的温升限度，也不超过其他限制的额定值。所谓短时额定值，是指从冷却状态

开始在规定的短时间内和指定条件下使用时，不超过标准规定的温升限度，也不超过其他限制的额定值。

③ 额定电压。低压三相鼠笼式异步电动机的额定电压。

④ 额定频率。低压三相鼠笼式异步电动机的额定频率为50Hz或60Hz专用，或者50Hz、60Hz共用。

⑤ 额定输出。异步电动机的额定输出，是指在额定电压和额定频率下，异步电动机连续从轴上产生的输出，以千瓦（kW）表示。通用低压三相鼠笼式异步电动机的额定输出（kW）为0.2，0.4，0.75，1.5，2.2，3.7，5.5，7.5，11，15，18.5，22，30，37（数值有小数是因为将从前以马力为输出的单位换算成千瓦的结果）。

⑥ 保护方式、冷却方式。

低压三相鼠笼式异步电动机的保护方式有：

- 与人体和固体异物有关的保护形式。
- 对水的浸入的保护形式。

异步电动机的冷却方式有：

- 由冷却介质的种类决定的形式。
- 由冷却介质通道和散热决定的形式。
- 由冷却介质输送方式决定的形式。

⑦ 绝缘的种类与最高允许温度。不限于异步电动机，所有的电机电器在运行时都会产生热，从而使温度上升，由于受热导致绝缘材料老化。在各个电机电器中，都有其确定的最高允许温度，使用的绝缘材料要与此温度相符合。异步电动机的绝缘种类，根据JIS C 4003（电气绝缘的耐热类别及耐热性能评价）的规定，按其构成材料的耐热特性，可分为Y种、A种、E种、B种、F种、H种。异步电动机各种绝缘的最高温度不能超过表8.2列出的最高允许温度。

表8.2 异步电动机绝缘的种类与最高允许温度

绝缘的种类	最高允许温度
Y	90

续表 8.2

绝缘的种类	最高允许温度
A	105
E	120
B	130
F	155
H	180
200，220，250	200,220,250

⑧ 低压三相鼠笼式异步电动机绝缘的种类。通用低压三相鼠笼式异步电动机绝缘的种类，随容量而有不同，一般采用E种绝缘、B种绝缘为主，也有部分采用F种绝缘，见表8.3。异步电动机绕组的温升是不同的，线圈绝缘、线圈间的连接或引出线的绝缘、线圈端部的支持物绝缘等部分相互间温升都有差别，因此没有必要将这些部分全用同一种绝缘。例如，在线圈绝缘采用B种绝缘的场合，即使引出导体的一部分使用A种绝缘也不会对运行特性、寿命有不好的影响，此时仍称此绕组的绝缘为B种绝缘。

表8.3 低压三相鼠笼式异步电动机绝缘的种类

种类 / 极数 / 额定输出/kW	保护式异步电动机			封闭式异步电动机		
	2极	4极	6极	2极	4极	6极
0.75	E种绝缘	E种绝缘	E种绝缘	E种绝缘	E种绝缘	E种绝缘
1.5	E	E	E	E	E	E
2.2	E	E	E	E	E	E
3.7	E	E	B种绝缘	E	E	B种绝缘
5.5	B种绝缘	B种绝缘	B	B种绝缘	B种绝缘	B
7.5	B	B	B	B	B	B
11	B	B	B	B	B	B
15	B	B	B	B	B	B
18.5	B	B	B	B	B	F种绝缘
22	B	B	F种绝缘	B	B	F
30	B	B	F	F种绝缘	F种绝缘	F
37	F种绝缘	F种绝缘	F	F	F	F

⑨ 温升限度。根据绝缘的种类，异步电动机的最高允许温度是确定的，因此异步电动机各部分的温升限度都有规定，见表8.4。所谓温升，是指当异步电动机在额定负荷下运行时，其各部分的测量温度与冷却介质（例如空气）的温度之差。

表8.4 空冷式异步电动机的温升限度

项	异步电动机部分	A种绝缘			E种绝缘			B种绝缘			F种绝缘			H种绝缘		
		温度计	电阻法	埋入温度计法	温度计	电阻法	埋入温度计法	温度计	电阻法	埋入温度计法	温度计	电阻法	埋入温度计法	温度计	电阻法	埋入温度计法
1	定子绕组	–	60	60	–	75	75	–	80	80	–	100	100	–	125	125
2	有绝缘的转子绕组	–	60	–	–	5	–	–	80	–	–	100	–	–	125	–
3	鼠笼式绕组	这部分的温度要保证在任何情况下都不会对邻近的绝缘物及其他材料造成损伤														
4	与绕组不接触的铁心或其他部分															
5	与绕组接触的铁心或其他部分	60 – –			75 – –			80 – –			100 – –			125 – –		
6	整流子与滑环	60 – –			70 – –			80 – –			90 – –			100 – –		
7	轴承（自冷式）	在表面测量为40℃；将温度计元件埋入轴承金属中测量为45℃；当使用耐热性良好的润滑剂时，在表面测量为55℃；但是，在采用水冷式轴承或特殊耐热润滑剂时，则与有关部门人员协商后确定														

140 电动机技术数据

电动机的技术数据见表8.5~表8.10。

表8.5 Y系列三相交流异步电动机技术数据

电动机型号	功率/kW	电流/A	接法	转速/(r/min)	功率因数/$\cos\varphi$	效率/%	最大转矩/额定转矩	堵转电流/额定电流	堵转转矩/额定转矩
Y801-2	0.75	1.9	Y	2825	0.84	73	2.2	7.0	2.2

续表 8.5

电动机型号	功率/kW	电流/A	接法	转速/(r/min)	功率因数/cosφ	效率/%	最大转矩/额定转矩	堵转电流/额定电流	堵转转矩/额定转矩
Y802-2	1.1	2.6	Y	2825	0.86	76	2.2	7.0	2.2
Y90S-2	1.5	3.4	Y	2840	0.85	79	2.2	7.0	2.2
Y90L-2	2.2	4.7	Y	2840	0.86	82	2.2	7.0	2.2
Y100L-2	3	6.4	Y	2880	0.87	82	2.2	7.0	2.2
Y112M-2	4	8.2	△	2890	0.87	85.5	2.2	7.0	2.2
Y132S_1-2	5.5	11.1	△	2900	0.88	85.5	2.2	7.0	2.0
Y132S_2-2	7.5	15	△	2900	0.88	86.2	2.2	7.0	2.0
Y160M_1-2	11	21.8	△	2930	0.88	87.2	2.2	7.0	2.0
Y160M_2-2	15	29.4	△	2930	0.88	88.2	2.2	7.0	2.0
Y160L-2	18.5	35.5	△	2930	0.89	89	2.2	7.0	2.0
Y180M-2	22	42.2	△	2940	0.89	89	2.2	7.0	2.0
Y200L_1-2	30	56.9	△	2950	0.89	90	2.2	7.0	2.0
Y200L_2-2	37	70.4	△	2950	0.89	90.5	2.2	7.0	2.0
Y225M-2	45	83.9	△	2970	0.89	91.5	2.2	7.0	2.0
Y250M-2	55	102.7	△	2970	0.89	91.4	2.2	7.0	2.0
Y280S-2	75	140.1	△	2970	0.89	91.4	2.2	7.0	2.0
Y280M-2	90	167	△	2970	0.89	92	2.2	7.0	1.6
Y315S-2	110	206.4	△	2970	0.89	91	2.2	7.0	1.6
Y315M_1-2	132	247.6	△	2970	0.89	91	2.2	7.0	1.6
Y315M_2-2	160	298.5	△	2970	0.89	91.5	2.2	7.0	1.6
Y355M_1-2	200	369	△	2975	0.90	91.5	2.2	7.0	1.6
Y355M_2-2	250	461.2	△	2975	0.90	91.5	2.2	7.0	1.6
Y801-4	0.55	1.6	Y	1390	0.76	70.5	2.2	7.0	2.2
Y802-4	0.75	2.1	Y	1390	0.76	72.5	2.2	6.5	2.2
Y90S-4	1.1	2.7	Y	1400	0.78	79	2.2	6.5	2.2
Y90L-4	1.5	3.7	Y	1400	0.79	79	2.2	6.5	2.2

续表 8.5

电动机型号	功率/kW	电流/A	接法	转速/(r/min)	功率因数/cosφ	效率/%	最大转矩/额定转矩	堵转电流/额定电流	堵转转矩/额定转矩
Y100L_1-4	2.2	5.0	Y	1420	0.82	81	2.2	6.5	2.2
Y100L_2-4	3	6.8	Y	1420	0.81	82.5	2.2	7.0	2.2
Y112M-4	4	8.8	△	1440	0.82	84.5	2.2	7.0	2.2
Y132S-4	5.5	11.6	△	1440	0.84	85.5	2.2	7.0	2.2
Y132M-4	7.5	15.4	△	1440	0.85	87	2.2	7.0	2.2
Y160M-4	11	22.6	△	1460	0.84	88	2.2	7.0	2.2
Y160L-4	15	30.3	△	1460	0.85	88.5	2.2	7.0	2.0
Y180M-4	18.5	35.9	△	1470	0.86	91	2.2	7.0	2.0
Y180L-4	22	42.5	△	1470	0.86	91.5	2.2	7.0	2.0
Y200L-4	30	56.8	△	1470	0.87	92.5	2.2	7.0	1.9
Y225S-4	37	69.8	△	1480	0.87	91.8	2.2	7.0	1.9
Y225M-4	45	84.2	△	1480	0.88	92.3	2.2	7.0	2.0
Y250M-4	55	102.5	△	1480	0.88	92.6	2.2	7.0	1.9
Y280S-4	75	139.7	△	1480	0.88	92.7	2.2	7.0	1.9
Y280M-4	90	164.3	△	1480	0.88	93.5	2.2	7.0	1.8
Y315S-4	110	201.9	△	1480	0.89	93	2.2	7.0	1.8
Y315M1-4	132	242.3	△	1480	0.89	93	2.2	7.0	1.8
Y315M2-4	160	293.7	△	1480	0.89	93	2.2	7.0	1.8
Y355M1-4	200	367.1	△	1480	0.89	93	2.2	7.0	1.8
Y355M2-4	250	458.9	△	1480	0.89	93	2.2	7.0	1.8
Y355M3-4	315	578.2	△	1480	0.89	93	2.2	7.0	1.8
Y90S-6	0.75	2.3	Y	910	0.70	72.5	2.0	6.0	2.0
Y90L-6	1.1	3.2	Y	910	0.72	73.5	2.0	6.0	2.0
Y100L-6	1.5	4.0	Y	940	0.74	77.5	2.0	6.0	2.0
Y112M-6	2.2	5.6	Y	940	0.74	80.5	2.0	6.0	2.0
Y132S-6	3	7.2	Y	960	0.76	83	2.0	6.5	2.0

续表 8.5

电动机型号	功率/kW	电流/A	接法	转速/(r/min)	功率因数/cosφ	效率/%	最大转矩/额定转矩	堵转电流/额定电流	堵转转矩/额定转矩
Y132M1-6	4	9.4	△	960	0.77	84	2.0	6.5	2.0
Y132M2-6	5.5	12.6	△	960	0.78	85.3	2.0	6.5	2.0
Y160M-6	7.5	17	△	970	0.78	86	2.0	6.5	2.0
Y160L-6	11	24.6	△	970	0.78	87	2.0	6.5	2.0
Y180L-6	15	31.5	△	970	0.81	89.5	2.0	6.5	1.8
Y200L$_1$-6	18.5	37.7	△	970	0.83	89.8	2.0	6.5	1.8
Y200L$_2$-6	22	44.6	△	970	0.83	90.2	2.0	6.5	1.8
Y225M-6	30	59.5	△	980	0.85	90.2	2.0	6.5	1.7
Y250M-6	37	72	△	980	0.86	90.8	2.0	6.5	1.8
Y280S-6	45	85.4	△	980	0.87	92	2.0	6.5	1.8
Y280M-6	55	104.9	△	980	0.87	91.6	2.0	7.0	1.8
Y315S-6	75	142.4	△	980	0.87	92	2.0	7.0	1.6
Y315M1-6	90	170.8	△	980	0.87	92	2.0	7.0	1.6
Y315M2-6	110	207.7	△	980	0.87	92.5	2.0	7.0	1.6
Y315M3-6	132	249.2	△	980	0.87	92.5	2.0	7.0	1.6
Y335M1-6	160	297	△	980	0.88	93	2.0	7.0	1.6
Y335M2-6	200	371.3	△	980	0.88	93	2.0	7.0	1.6
Y335M3-6	250	464.1	△	980	0.88	93	2.0	7.0	1.6
Y132S-8	2.2	5.8	Y	710	0.71	81	2.0	5.5	2.0
Y132M-8	3	7.7	Y	710	0.72	82	2.0	5.5	2.0
Y160M1-8	4	8.9	△	720	0.73	84	2.0	6.0	2.0
Y160M2-8	5.5	13.3	△	720	0.74	85	2.0	6.0	2.0
Y160L-8	7.5	17.7	△	720	0.75	86	2.0	5.5	2.0
Y180L-8	11	25.1	△	730	0.77	86.5	2.0	6.0	1.7
Y200L-8	15	34.1	△	730	0.76	88	2.0	6.0	1.8
Y225S-8	18.5	41.3	△	730	0.76	89.5	2.0	6.0	1.7

续表 8.5

电动机型号	功率/kW	电流/A	接法	转速/(r/min)	功率因数/cosφ	效率/%	最大转矩/额定转矩	堵转电流/额定电流	堵转转矩/额定转矩
Y225M-8	22	47.6	△	730	0.78	90	2.0	6.0	1.8
Y250M-8	30	63	△	730	0.80	90.5	2.0	6.0	1.8
Y280S-8	37	78.2	△	740	0.79	91	2.0	6.0	1.8
Y280M-8	45	93.2	△	740	0.80	91.7	2.0	6.0	1.8
Y315S-8	55	112.1	△	740	0.81	92	2.0	6.5	1.6
Y315M1-8	75	152.8	△	740	0.81	92	2.0	6.5	1.6
Y315M2-8	90	180.3	△	740	0.82	92.5	2.0	6.5	1.6
Y315M3-8	110	220.3	△	740	0.82	92.5	2.0	6.5	1.6
Y355M1-8	132	261.2	△	740	0.83	92.5	2.0	6.5	1.6
Y355M2-8	160	316.6	△	740	0.83	92.5	2.0	6.5	1.6
Y355M3-8	200	395.9	△	740	0.83	92.5	2.0	6.5	1.6
Y315S-10	45	100.2	△	585	0.75	91	2.0	5.5	1.4
Y315M1-10	55	121.8	△	585	0.75	91.5	2.0	5.5	1.4
Y315M2-10	75	163.9	△	585	0.76	91.5	2.0	5.5	1.4
Y355M1-10	90	185.8	△	585	0.80	92	2.0	5.5	1.4
Y355M2-10	110	227	△	585	0.80	92	2.0	5.5	1.4
Y355M3-10	132	272.5	△	585	0.80	92	2.0	5.5	1.4

表8.6 Y2系列三相交流异步电动机技术数据

电动机型号	功率/kW	电流/A	电压/V	防护等级	功率因数/cosφ	效率/%	最大转矩/额定转矩	堵转电流/额定电流	堵转转矩/额定转矩
Y2-631-2	0.18	0.51	380	IP54	0.8	65	2.2	5.5	2.2
Y2-632-2	0.25	0.67	380	IP54	0.81	68	2.2	5.5	2.2
Y2-711-2	0.37	0.98	380	IP54	0.81	70	2.2	6.1	2.2
Y2-712-2	0.55	1.33	380	IP54	0.82	73	2.2	6.1	2.3

续表 8.6

电动机型号	功率/kW	电流/A	电压/V	防护等级	功率因数/$\cos\varphi$	效率/%	最大转矩/额定转矩	堵转电流/额定电流	堵转转矩/额定转矩
Y2-801-2	0.75	1.78	380	IP54	0.83	75	2.2	6.1	2.3
Y2-802-2	1.1	2.49	380	IP54	0.84	77	2.2	7.0	2.3
Y2-90S-2	1.5	3.34	380	IP54	0.84	79	2.2	7.0	2.3
Y2-90L-2	2.2	4.69	380	IP54	0.85	81	2.2	7.0	2.3
Y2-100L-2	3	6.14	380	IP54	0.87	83	2.3	7.5	2.2
Y2-112M-2	4	7.83	380	IP54	0.88	85	2.3	7.5	2.2
Y2-132S_1-2	5.5	10.7	380	IP54	0.88	86	2.3	7.5	2.2
Y2-132S_2-2	7.5	14.2	380	IP54	0.88	87	2.3	7.5	2.2
Y2-160M_1-2	11	20.9	380	IP54	0.89	88	2.3	7.5	2.2
Y2-160M_2-2	15	27.9	380	IP54	0.89	89	2.3	7.5	2.2
Y2-160L-2	18.5	33.9	380	IP54	0.9	90	2.3	7.5	2.2
Y2-180M-2	22	40.5	380	IP54	0.90	90	2.3	7.5	2.0
Y2-200L_1-2	30	54.8	380	IP54	0.9	91.2	2.3	7.5	2.0
Y2-200L_2-2	37	66.6	380	IP54	0.9	92	2.3	7.5	2.0
Y2-225M-2	45	81	380	IP54	0.9	92.3	2.3	7.5	2.0
Y2-250M-2	55	99.6	380	IP54	0.9	92.5	2.3	7.5	2.0
Y2-280S-2	75	133.3	380	IP54	0.9	93	2.3	7.5	2.0
Y2-280M-2	90	158.2	380	IP54	0.91	93.8	2.3	7.5	2.0
Y2-315S-2	110	195.1	380	IP54	0.91	94	2.2	7.1	1.8
Y2-315M-2	132	231.6	380	IP54	0.91	94.5	2.2	7.1	1.8
Y2-315L_1-2	160	279.6	380	IP54	0.92	94.6	2.2	7.1	1.8
Y2-315L_2-2	200	347.6	380	IP54	0.92	94.8	2.2	7.1	1.8
Y2-355M-2	250	429.4	380	IP54	0.92	95.3	2.2	7.1	1.6
Y2-355L-2	315	538.9	380	IP54	0.92	95.6	2.2	7.1	1.6
Y2-631-4	0.12	0.43	380	IP54	0.72	57	2.2	4.4	2.1
Y2-632-4	0.18	0.61	380	IP54	0.73	60	2.2	4.4	2.1
Y2-711-4	0.25	0.76	380	IP54	0.74	65	2.2	5.2	2.1

续表 8.6

电动机型号	功率/kW	电流/A	电压/V	防护等级	功率因数/cosφ	效率/%	最大转矩/额定转矩	堵转电流/额定电流	堵转转矩/额定转矩
Y2-712-4	0.37	1.07	380	IP54	0.75	67	2.2	5.2	2.1
Y2-801-4	0.55	1.54	380	IP54	0.75	71	2.3	5.2	2.4
Y2-802-4	0.75	1.99	380	IP54	0.76	73	2.3	6.0	2.3
Y2-90S-4	1.1	2.8	380	IP54	0.77	75	2.3	6.0	2.3
Y2-90L-4	1.5	3.65	380	IP54	0.79	78	2.3	6.0	2.3
Y2-100L_1-4	2.2	5.05	380	IP54	0.81	80	2.3	7.0	2.3
Y2-100L_2-4	3	6.64	380	IP54	0.82	82	2.3	7.0	2.3
Y2-112M-4	4	8.62	380	IP54	0.82	84	2.3	7.0	2.3
Y2-132S-4	5.5	11.5	380	IP54	0.83	85	2.3	7.0	2.3
Y2-132M-4	7.5	15.3	380	IP54	0.84	87	2.3	7.0	2.3
Y2-160M-4	11	22.2	380	IP54	0.84	88	2.3	7.0	2.2
Y2-160L-4	15	29.8	380	IP54	0.85	89	2.3	7.5	2.2
Y2-180M-4	18.5	36.1	380	IP54	0.86	90.5	2.3	7.5	2.2
Y2-180L-4	22	42.6	380	IP54	0.86	91.5	2.3	7.5	2.2
Y2-200L-4	30	57.2	380	IP54	0.86	92	2.3	7.2	2.2
Y2-225S-4	37	69.6	380	IP54	0.87	92.5	2.3	7.2	2.2
Y2-225M-4	45	84	380	IP54	0.87	92.8	2.3	7.2	2.2
Y2-250M-4	55	102.9	380	IP54	0.87	93	2.3	7.2	2.2
Y2-280S-4	75	138	380	IP54	0.87	93.8	2.3	7.2	2.2
Y2-280M-4	90	165.6	380	IP54	0.87	94.2	2.3	7.2	2.2
Y2-315S-4	110	200.2	380	IP54	0.88	94.5	2.2	6.9	2.1
Y2-315M-4	132	239.1	380	IP54	0.88	94.8	2.2	6.9	2.1
Y2-315L_1-4	160	288	380	IP54	0.89	94.9	2.2	6.9	2.1
Y2-315L_2-4	200	358.9	380	IP54	0.89	95	2.2	6.9	2.1
Y2-355M-4	250	437.5	380	IP54	0.9	95.3	2.2	6.9	2.1
Y2-355L-4	315	547.4	380	IP54	0.9	95.6	2.2	6.9	2.1
Y2-711-6	0.18	0.71	380	IP54	0.66	56	2.0	4.0	1.9

续表 8.6

电动机型号	功率/kW	电流/A	电压/V	防护等级	功率因数/cosφ	效率/%	最大转矩/额定转矩	堵转电流/额定电流	堵转转矩/额定转矩
Y2-712-6	0.25	0.92	380	IP54	0.68	59	2.0	4.0	1.9
Y2-801-6	0.37	1.27	380	IP54	0.7	62	2.0	4.7	1.9
Y2-802-6	0.55	1.74	380	IP54	0.72	65	2.1	4.7	1.9
Y2-90S-6	0.75	2.23	380	IP54	0.72	69	2.1	5.5	2.0
Y2-90L-6	1.1	3.10	380	IP54	0.73	72	2.1	5.5	2.0
Y2-100L-6	1.5	3.89	380	IP54	0.75	76	2.1	5.5	2.0
Y2-112M-6	2.2	5.46	380	IP54	0.76	79	2.1	6.5	2.0
Y2-132S-6	3	7.1	380	IP54	0.76	81	2.1	6.5	2.1
Y2-132M_1-6	4	9.3	380	IP54	0.76	82	2.1	6.5	2.1
Y2-132M_2-6	5.5	12.3	380	IP54	0.77	84	2.1	6.5	2.1
Y2-160M-6	7.5	16.7	380	IP54	0.77	86	2.1	6.5	2.0
Y2-160L-6	11	23.6	380	IP54	0.78	87.5	2.1	6.5	2.0
Y2-180L-6	15	30.7	380	IP54	0.81	89	2.1	7.0	2.0
Y2-200L_1-6	18.5	37.7	380	IP54	0.86	92.5	2.0	7.0	2.1
Y2-200L_2-6	22	44.1	380	IP54	0.86	92.8	2.0	7.0	2.1
Y2-225M-6	30	58.4	380	IP54	0.84	91.5	2.1	7.0	2.0
Y2-250M-6	37	70.4	380	IP54	0.86	9.2	2.1	7.0	2.1
Y2-280S-6	45	85.4	380	IP44	0.86	92.5	2.0	7.0	2.1
Y2-280M-6	55	103.3	380	IP44	0.86	92.8	2.0	7.0	2.1
Y2-315S-6	75	140.2	380	IP44	0.86	93.8	2.0	7.0	2.0
Y2-315M-6	90	167.0	380	IP44	0.86	94	2.0	7.0	2.0
Y2-315L_1-6	110	202.3	380	IP44	0.86	94	2.0	6.7	2.0
Y2-315L_2-6	132	242.3	380	IP44	0.87	94	2.0	6.7	2.0
Y2-355M_1-6	160	287.9	380	IP44	0.88	94.5	2.0	6.7	1.9
Y2-355M_2-6	200	358.4	380	IP44	0.88	94.7	2.0	6.7	1.9
Y2-355L-6	250	444.8	380	IP44	0.88	94.9	2.0	6.7	1.9
Y2-801-8	0.18	0.86	380	IP44	0.61	51	1.9	3.3	1.8

续表 8.6

电动机型号	功率/kW	电流/A	电压/V	防护等级	功率因数/cosφ	效率/%	最大转矩/额定转矩	堵转电流/额定电流	堵转转矩/额定转矩
Y2-802-8	0.25	1.14	380	IP44	0.61	54	1.9	3.3	1.8
Y2-90S-8	0.37	1.47	380	IP44	0.61	62	1.9	4.0	1.8
Y2-90L8	0.55	2.10	380	IP44	0.61	63	2.0	4.0	1.8
Y2-100L_1-8	0.75	2.34	380	IP44	0.67	71	2.0	4.0	1.8
Y2-100L_2-8	1.1	3.22	380	IP44	0.69	73	2.0	5.0	1.8
Y2-112M-8	1.5	4.41	380	IP54	0.69	75	2.0	5.0	1.8
Y2-132S-8	2.2	6	380	IP54	0.71	78	2.0	6.0	1.8
Y2-132M-8	3	7.6	380	IP54	0.73	79	2.0	6.0	1.8
Y2-160M_1-8	4	10	380	IP54	0.73	81	2.0	6.0	1.9
Y2-160M_2-8	5.5	13.3	380	IP54	0.74	83	2.0	6.0	2.0
Y2-160L-8	7.5	17.8	380	IP54	0.75	85.5	2.0	6.0	2.0
Y2-180L-8	11	24.9	380	IP54	0.76	87.5	2.0	6.6	2.0
Y2-200L-8	15	33.3	380	IP54	0.76	88	2.0	6.6	2.0
Y2-225S-8	18.5	40.1	380	IP54	0.76	90	2.0	6.6	1.9
Y2-225M-8	22	46.8	380	IP54	0.78	90.5	2.0	6.6	1.9
Y2-250M-8	30	63	380	IP54	0.79	91	2.0	6.6	1.9
Y2-280S-8	37	76.2	380	IP54	0.79	91.5	2.0	6.6	1.9
Y2-280M-8	45	92.5	380	IP54	0.79	92	2.0	6.6	1.9
Y2-315S-8	55	110.4	380	IP54	0.81	92.8	2.0	6.6	1.8
Y2-315M-8	75	148.1	380	IP54	0.81	93	2.0	6.6	1.8
Y2-315L_1-8	90	177.6	380	IP54	0.82	93	2.0	6.6	1.8
Y2-315L_2-8	110	215.8	380	IP54	0.82	93.8	2.0	6.6	1.8
Y2-355M_1-8	132	256.8	380	IP54	0.82	93.7	2.0	6.4	1.8
Y2-355M_2-8	160	307.8	380	IP54	0.82	94.2	2.0	6.4	1.8
Y2-355L-8	200	383	380	IP54	0.83	94.5	2.0	6.4	1.8
Y2-315S-10	45	95.2	380	IP54	0.75	91.5	2.0	6.0	1.5
Y2-315M-10	55	116.7	380	IP54	0.75	92	2.0	6.0	1.5

续表 8.6

电动机型号	功率/kW	电流/A	电压/V	防护等级	功率因数/cosφ	效率/%	最大转矩/额定转矩	堵转电流/额定电流	堵转转矩/额定转矩
Y2-315L_1-10	75	156.3	380	IP54	0.76	92.5	2.0	6.0	1.5
Y2-315L_2-10	90	187.2	380	IP54	0.77	93	2.0	6.0	1.5
Y2-355M_1-10	110	224.7	380	IP54	0.78	93.2	2.0	6.0	1.3
Y2-355M_2-10	132	270	380	IP54	0.78	93.5	2.0	6.0	1.3
Y2-355L-10	160	322.5	380	IP54	0.78	93.5	2.0	6.0	1.3

表8.7 YR系列（IP44）三相交流异步电动机技术数据

电动机型号	功率/kW	电流/A	定子电压/V	转速/(r/min)	功率因数/cosφ	效率/%	最大转矩/额定转矩	转子电压/V	转子电流/A
YR132S_1-4	2.2	5.5	380	1440	0.77	82	3.0	190	7.9
YR132S_2-4	3	7.0	380	1440	0.78	83	3.0	215	9.4
YR132M_1-4	4	9.3	380	1440	0.77	84.5	3.0	230	11.5
YR132M_2-4	5.5	12.6	380	1440	0.77	86	3.0	272	13
YR160M-4	7.5	15.7	380	1460	0.83	87.5	3.0	250	19.5
YR160L-4	11	22.5	380	1460	0.83	89.5	3.0	276	25
YR180L-4	15	30	380	1465	0.85	89.5	3.0	278	34
YR200L_1-4	18.5	36.7	380	1465	0.86	89	3.0	248	47.5
YR200L_2-4	22	43.2	380	1465	0.86	90	3.0	293	47
YR225M_2-4	30	57.6	380	1475	0.87	91	3.0	360	51.5
YR250M_1-4	37	71.4	380	1480	0.86	91.5	3.0	289	79
YR250M_2-4	45	85.9	380	1480	0.87	91.5	3.0	340	81
YR280S-4	55	103.8	380	1480	0.88	91.5	3.0	485	70
YR280M-4	75	140	380	1480	0.88	92.5	3.0	354	128
YR132S_1-6	1.5	4.17	380	955	0.70	78	2.8	180	5.9
YR132S_2-6	2.2	5.96	380	955	0.7	80	2.8	200	7.5
YR132M_1-6	3	8.2	380	955	0.69	80.5	2.8	206	9.5

续表 8.7

电动机型号	功率/kW	电流/A	定子电压/V	转速/(r/min)	功率因数/cosφ	效率/%	最大转矩/额定转矩	转子电压/V	转子电流/A
$YR132M_2-6$	4	10.7	380	955	0.69	82.5	2.8	230	11
YR160M-6	5.5	13.4	380	970	0.74	84.5	2.8	244	14.5
YR160L-6	7.5	17.9	380	970	0.74	86	2.8	266	18
YR180L-6	11	23.6	380	975	0.81	87.5	2.8	310	22.5
$YR200L_1-6$	15	31.8	380	975	0.81	88.5	2.8	198	48
$YR225M_1-6$	18.5	38.3	380	980	0.83	89.5	2.8	187	62.5
$YR225M_2-6$	22	45	380	980	0.83	90	2.8	224	61
$YR250M_1-6$	30	60.3	380	980	0.84	90.5	2.8	282	66
$YR250M_2-6$	37	73.9	380	980	0.84	91.5	2.8	331	69
YR280S-6	45	87.9	380	985	0.85	91.5	2.8	362	76
YR280M-6	55	106.9	380	985	0.85	92	2.8	423	80
YR160M-8	4	10.7	380	715	0.69	82.5	2.4	216	12
YR160L-8	5.5	14.1	380	715	0.71	83	2.4	230	15.5
YR180L-8	7.5	18.4	380	725	0.73	85	2.4	255	19
$YR200L_1-8$	11	26.6	380	725	0.73	86	2.4	152	46
$YR225M_1-8$	15	34.5	380	735	0.75	88	2.4	169	56
$YR225M_2-8$	18.5	42.1	380	735	0.75	89	2.4	211	54
$YR250M_1-8$	22	48.1	380	735	0.78	89	2.4	210	65.5
$YR250M_2-8$	30	66.1	380	735	0.77	89.5	2.4	270	69
YR280S-8	37	78.2	380	735	0.79	91	2.4	281	81.5
YR280M-8	45	92.9	380	735	0.80	92	2.4	359	76

表 8.8 YR 系列（IP23）三相交流异步电动机技术数据

电动机型号	功率/kW	电流/A	定子电压/V	转速/(r/min)	功率因数/cosφ	效率/%	最大转矩/额定转矩	转子电压/V	转子电流/A
YR160M-4	7.5	16	380	1421	0.84	84	2.8	260	19

续表 8.8

电动机型号	功率 /kW	电流 /A	定子电压 /V	转速 /(r/min)	功率因数 /cosφ	效率 /%	最大转矩/额定转矩	转子电压 /V	转子电流 /A
YR160L_1-4	11	22.6	380	1434	0.85	86.5	2.8	275	26
YR160L_2-4	15	30.2	380	1444	0.85	87	2.8	260	37
YR180M-4	18.5	36.1	380	1426	0.88	87	2.8	197	61
YR180L-4	22	42.5	380	1434	0.88	88	3.0	232	61
YR200M-4	30	57.7	380	1439	0.88	89	3.0	255	76
YR200L-4	37	70.2	380	1448	0.88	89	3.0	316	74
YR225M_1-4	45	86.7	380	1442	0.88	89	2.5	240	120
YR225M_2-4	55	104.7	380	1448	0.88	90	2.5	288	121
YR250S-4	75	141.1	380	1453	0.89	90.5	2.6	449	105
YR250M-4	90	167.4	380	1457	0.89	91	2.6	521	107
YR280S-4	110	201.3	380	1458	0.89	91.5	3.0	349	196
YR280M-4	132	239	380	1463	0.89	92.5	3.0	419	194
YR160M-6	5.5	12.7	380	949	0.77	82.5	2.5	279	13
YR160L-6	7.5	16.9	380	949	0.78	83.5	2.5	260	19
YR180M-6	11	24.2	380	940	0.78	84.5	2.8	146	50
YR180L-6	15	32.6	380	947	0.79	85.5	2.8	187	53
YR200M-6	18.5	39	380	949	0.81	86.5	2.8	187	65
YR200L-6	22	45.5	380	955	0.82	87.5	2.8	224	63
YR225M_1-6	30	59.4	380	955	0.85	87.5	2.2	227	86
YR225M_2-6	37	73.1	380	964	0.85	89	2.2	287	82
YR250S-6	45	88	380	966	0.85	89	2.2	307	93
YR250M-6	55	105.7	380	967	0.86	89.5	2.2	359	97
YR280S-6	75	141.8	380	969	0.88	90.5	2.5	392	121
YR280M-6	90	166.7	380	972	0.89	91	2.5	481	118
YR160M-8	4	10.5	380	703	0.71	81	2.2	262	11
YR160L-8	5.5	14.2	380	705	0.71	81.5	2.2	243	15

续表 8.8

电动机型号	功率/kW	电流/A	定子电压/V	转速/(r/min)	功率因数/cosφ	效率/%	最大转矩/额定转矩	转子电压/V	转子电流/A
YR180M-8	7.5	18.4	380	692	0.73	82	2.2	105	49
YR180L-8	11	26.8	380	699	0.73	83	2.2	140	53
YR200M-8	15	36.1	380	706	0.73	85	2.2	153	64
YR200L-8	18.5	44	380	712	0.73	86	2.2	187	64
YR225M_1-8	22	48.6	380	710	0.78	86	2.0	161	90
YR225M_2-8	30	65.3	380	713	0.79	87	2.0	200	97
YR250S-8	37	78.9	380	715	0.79	87.5	2.0	218	110
YR250M-8	45	95.5	380	720	0.79	88.5	2.0	264	109
YR280S-8	55	114	380	723	0.82	89	2.2	279	125
YR280M-8	75	152.1	380	725	0.82	90	2.2	359	131

表8.9 J2系列三相交流异步电动机技术数据

电动机型号	功率/kW	电流/A	接法	转速/(r/min)	功率因数/cosφ	效率/%	最大转矩/额定转矩	堵转电流/额定电流	堵转转矩/额定转矩
J2-61-2	17	32.5	△	2910	0.90	88.5	2.2	7	1.2
J2-62-2	22	41.7	△	2920	0.90	89	2.2	7	1.2
J2-71-2	30	56.2	△	2940	0.91	89.2	2.2	7	1.1
J2-72-2	40	73.9	△	2940	0.91	90.5	2.2	6.5	1.1
J2-81-2	55	99.8	△	2950	0.92	91	2.2	6.5	1
J2-82-2	75	135	△	2950	0.92	91.5	2.2	6.5	1
J2-91-2	100	179.6	△	2960	0.92	92	2.2	6.5	1
J2-92-2	125	223.3	△	2960	0.92	92.5	2.2	6.5	1
J2-61-4	13	25.5	△	1460	0.88	88	2	7	1.2
J2-62-4	17	33	△	1460	0.88	89	2	7	1.2
J2-71-4	22	42.5	△	1460	0.88	89.5	2	7	1.1

续表 8.9

电动机型号	功率/kW	电流/A	接法	转速/(r/min)	功率因数/cosφ	效率/%	最大转矩/额定转矩	堵转电流/额定电流	堵转转矩/额定转矩
J2-72-4	30	57.6	△	1460	0.88	90	2	7	1.1
J2-81-4	40	75	△	1470	0.89	91	2	6.5	1.1
J2-82-4	55	103	△	1470	0.89	91.5	2	6.5	1.1
J2-91-4	75	137.5	△	1470	0.90	92	2	6.5	1
J2-92-4	100	182.4	△	1470	0.90	92.5	2	6.5	1
J2-61-6	10	21.4	△	960	0.82	86.5	1.8	6.5	1.2
J2-62-6	13	27.4	△	960	0.83	87	1.8	6.5	1.2
J2-71-6	17	35	△	970	0.84	88	1.8	6.5	1.2
J2-72-6	22	44.4	△	970	0.85	88.5	1.8	6.5	1.2
J2-81-6	30	59.3	△	970	0.86	89.5	1.8	6.5	1.2
J2-82-6	40	77.4	△	970	0.87	90.5	1.8	6.5	1.2
J2-91-6	55	104	△	980	0.88	91.5	1.8	6.5	1
J2-92-6	75	139.5	△	980	0.89	92	1.8	6.5	1
J2-61-8	7.5	17.1	△	720	0.78	85.5	1.8	5.5	1.1
J2-62-8	10	22.1	△	720	0.80	86	1.8	5.5	1.1
J2-71-8	13	28	△	720	0.81	87	1.8	5.5	1.1
J2-72-8	17	36	△	720	0.82	87.5	1.8	5.5	1.1
J2-81-8	22	46	△	730	0.82	88.5	1.8	5.5	1.1
J2-82-8	30	61.6	△	730	0.83	89	1.8	5.5	1.1
J2-91-8	40	80.3	△	730	0.84	90	1.8	5.5	1.1
J2-92-8	55	109.5	△	730	0.84	91	1.8	5.5	1.1
J2-81-10	17	39	△	580	0.76	87	1.8	5.5	1.1
J2-82-10	22	49.3	△	580	0.77	88	1.8	5.5	1.1
J2-91-10	30	66.1	△	580	0.78	88.5	1.8	5.5	1.1
J2-92-10	40	87.2	△	580	0.78	89.5	1.4	5.5	1

表8.10 JO_2系列三相交流异步电动机技术数据

电动机型号	功率/kW	电流/A	接法	转速/(r/min)	功率因数/cosφ	效率/%	最大转矩/额定转矩	堵转电流/额定电流	堵转转矩/额定转矩
JO_2-11-2	0.8	1.84	Y	2810	0.85	77.5	2.2	7.0	1.8
JO_2-12-2	1.1	2.44	Y	2810	0.86	79.5	2.2	7.0	1.8
JO_2-21-2	1.5	3.22	Y	2860	0.87	81	2.2	7.0	1.8
JO_2-22-2	2.2	4.64	Y	2860	0.87	82.5	2.2	7.0	1.8
JO_2-31-2	3	10.7/6.17	Y	2860	0.88	84	2.2	7.0	1.8
JO_2-32-2	4	8.06	△	2860	0.88	85.5	2.2	7.0	1.8
JO_2-41-2	5.5	10.9	△	2920	0.88	86.5	2.2	7.0	1.6
JO_2-42-2	7.5	14.8	△	2920	0.88	87.5	2.2	7.0	1.8
JO_2-51-2	10	19.7	△	2920	0.88	87.5	2.2	7.0	1.4
JO_2-52-2	13	25.5	△	2920	0.88	88	2.2	7.0	1.4
JO_2-61-2	17	32.4	△	2940	0.90	88.5	2.2	7.0	1.3
JO_2-71-2	22	42.0	△	2940	0.90	88.5	2.2	7.0	1.2
JO_2-72-2	30	56.0	△	2940	0.91	89.5	2.2	7.0	1.2
JO_2-81-2	40	74.3	△	2950	0.91	90	2.2	6.5	1.2
JO_2-82-2	55	101	△	2950	0.92	90	2.2	6.5	1.2
JO_2-91-2	75	136.2	△	2950	0.92	91	2.2	6.5	1.1
JO_2-92-2	100	181	△	2950	0.92	92	2.6	6.5	1.1
JO_2-11-4	0.6	1.62	Y	1380	0.76	74	2.0	7.0	1.8
JO_2-12-4	0.8	2.06	Y	1380	0.77	76.5	2.0	7.0	1.8
JO_2-21-4	1.1	2.68	Y	1410	0.79	79	2.0	7.0	1.8
JO_2-22-4	1.5	3.49	Y	1410	0.81	80.5	2.0	7.0	1.8
JO_2-31-4	2.2	8.5/4.90	Y/△	1430	0.83	82	2.0	7.0	1.8
JO_2-32-4	3	11.25/6.50	Y/△	1430	0.84	83.5	2.0	7.0	1.8
JO_2-41-4	4	8.40	△	1440	0.85	85	2.0	7.0	1.8
JO_2-42-4	5.5	11.3	△	1440	0.86	86	2.0	7.0	1.8
JO_2-51-4	7.5	15.1	△	1450	0.87	87	2.0	7.0	1.4

续表 8.10

电动机型号	功率/kW	电流/A	接法	转速/(r/min)	功率因数/cosφ	效率/%	最大转矩/额定转矩	堵转电流/额定电流	堵转转矩/额定转矩
JO_2-52-4	10	20.0	△	1450	0.87	87.5	2.0	7.0	1.4
JO_2-61-4	13	25.6	△	1460	0.88	88	2.0	7.0	1.3
JO_2-62-4	17	32.9	△	1460	0.88	89	2.0	7.0	1.3
JO_2-71-4	22	42.5	△	1470	0.88	89.5	2.0	7.0	1.2
JO_2-72-4	30	57.6	△	1470	0.88	90	2.0	7.0	1.2
JO_2-81-4	40	75	△	1470	0.88	91	2.0	6.5	1.2
JO_2-82-4	55	102.6	△	1470	0.89	91.5	2.0	6.5	1.2
JO_2-91-4	75	137.7	△	1470	0.89	93	2.0	6.5	1.1
JO_2-92-4	100	184	△	1470	0.90	92	2.0	6.5	1.1
JO_2-21-6	0.8	2.31	Y	930	0.70	75	1.8	6.5	1.8
JO_2-22-6	1.1	3.01	Y	930	0.72	77	1.8	6.5	1.8
JO_2-31-6	1.5	6.8/3.92	Y/△	940	0.74	78.5	1.8	6.5	1.8
JO_2-32-6	2.2	9.46/5.46	Y/△	940	0.76	80.5	1.8	6.5	1.8
JO_2-41-6	3	12.25/7.07	Y/△	960	0.78	82.5	1.8	6.5	1.8
JO_2-42-6	4	9.15	△	960	0.79	84	1.8	6.5	1.8
JO_2-51-6	5.5	12.3	△	960	0.80	85	1.8	6.5	1.4
JO_2-52-6	7.5	16.3	△	960	0.81	86	1.8	6.5	1.4
JO_2-61-6	10	21.3	△	960	0.82	87	1.8	6.5	1.4
JO_2-62-6	13	27.2	△	970	0.83	87.5	1.8	6.5	1.4
JO_2-71-6	17	34.8	△	970	0.84	88.5	1.8	6.5	1.4
JO_2-72-6	22	44.3	△	970	0.85	89	1.8	6.5	1.4
JO_2-81-6	30	59.3	△	970	0.86	89.5	1.8	6.5	1.4
JO_2-82-6	40	77.4	△	970	0.87	90.5	1.8	6.5	1.4
JO_2-91-6	55	104	△	970	0.88	91.5	1.8	6.5	1.2
JO_2-92-6	75	139.5	△	970	0.89	92	1.8	6.5	1.2
JO_2-21-8	0.6	3.55/2.05	Y/△	670	—	—	1.8	5.5	1.5

续表 8.10

电动机型号	功率/kW	电流/A	接法	转速/(r/min)	功率因数/ cosφ	效率/%	最大转矩/额定转矩	堵转电流/额定电流	堵转转矩/额定转矩
JO_2-22-8	0.8	4.47/2.58	Y/△	700	—	—	1.8	5.5	1.5
JO_2-31-8	1.1	5.76/3.34	Y/△	700	0.65	65	1.8	5.5	1.5
JO_2-32-8	1.5	7.20/4.45	Y/△	700	0.62	74	1.8	5.5	1.5
JO_2-41-8	2.2	10.58/6.1	Y/△	720	0.68	80.5	1.8	5.5	1.8
JO_2-42-8	3	13.68/7.89	Y/△	720	0.72	82.5	1.8	5.5	1.8
JO_2-51-8	4	9.64	△	720	0.75	84	1.8	5.5	1.5
JO_2-52-8	5.5	12.8	△	720	0.77	85	1.8	5.5	1.5
JO_2-61-8	7.5	17	△	720	0.78	86	1.8	5.5	1.3
JO_2-62-8	10	21.8	△	720	0.80	87	1.8	5.5	1.3
JO_2-71-8	13	27.9	△	720	0.81	87.5	1.8	5.5	1.3
JO_2-72-8	17	35.8	△	720	0.82	88	1.8	5.5	1.3
JO_2-81-8	22	46	△	730	0.82	88.5	1.8	5.5	1.3
JO_2-82-8	30	61.6	△	730	0.83	89	1.8	5.5	1.3
JO_2-91-8	40	80.3	△	730	0.84	90	1.8	5.5	1.3
JO_2-92-8	55	109.5	△	730	0.84	91	1.8	5.5	1.3
JO_2-81-10	17	38.4	△	580	0.76	87.5	1.8	5.5	1.2
JO_2-82-10	22	49.3	△	580	0.77	88	1.8	5.5	1.2
JO_2-91-10	30	66.1	△	580	0.78	88.5	1.8	5.5	1.2
JO_2-92-10	40	87.2	△	580	0.78	89.5	1.8	5.5	1.2

第9章 变压器

141 变压器的原理

1）变压器的作用

变压器按照用途不同可以分为很多种，可以说是照明、电子设备、动力机械等的基础，作用很大（变压器实物参看图9.1）。

(a) 输配电用变压器

(b) 柱上变压器

图9.1 各种变压器

2）变压器的原理

如图9.2所示，变压器是铁心上绕有绕组（线圈）的电器，一般把接于电源的绕组称为一次绕组，接于负荷的绕组称为二次绕组。

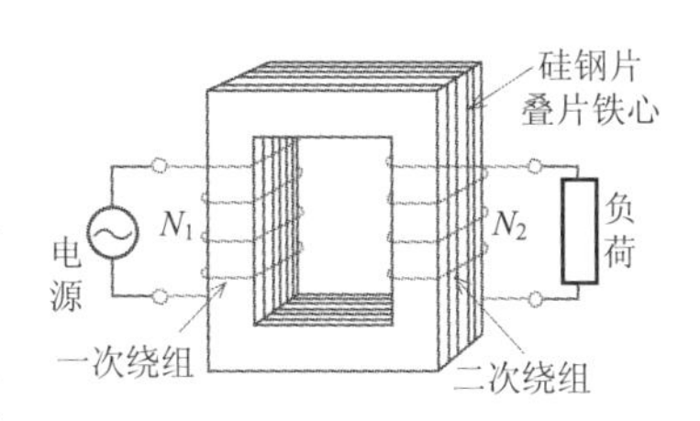

图9.2 变压器的基本电路

图9.3中，给一次绕组施加直流电压时，仅当开关开闭瞬间，才使电灯亮一下。这因为仅当开关开闭时才引起一次绕组中电流变化，使贯穿二次绕组的磁通发生变化，靠互感作用在二次绕组中感应出电势（图9.4）。

图9.3（b）是一次绕组施加交流电压的情况，图9.3（b）中交流电压大小和正负方向随时间而变化，故由此而生的磁通也随电压变化，这

就在二次绕组不断感应出电势，使电灯一直发亮。

这样，在变压器一次绕组施加的电源电压，可感应出二次绕组。

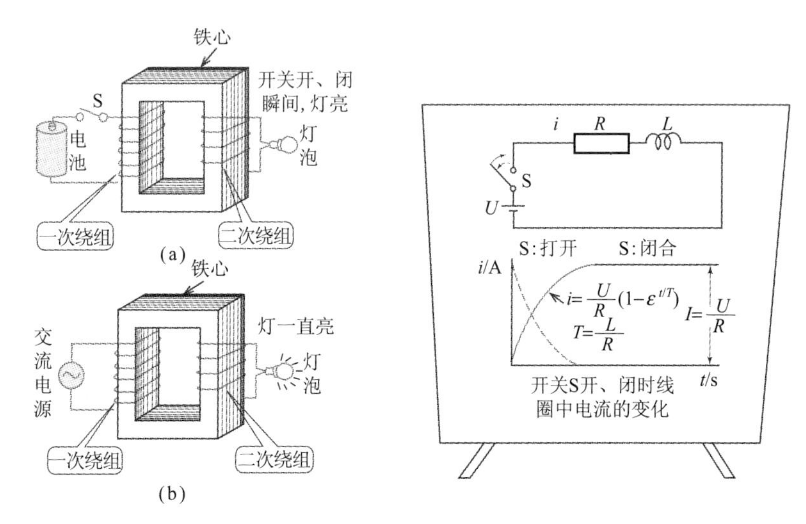

图9.3 变压器的原理

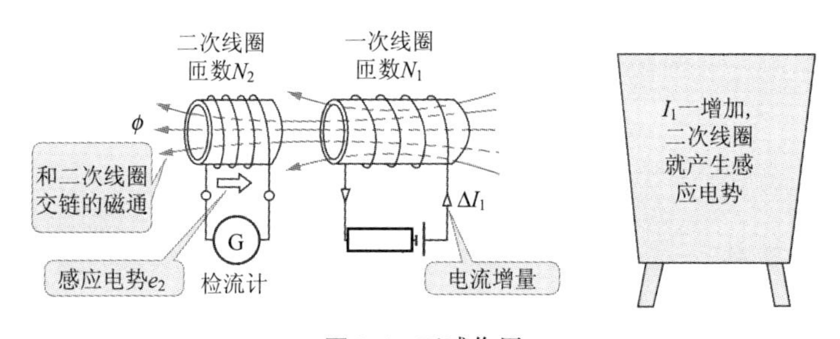

图9.4 互感作用

3）根据匝数比变压

图9.5中，铁心中磁通ϕ（Wb）（和i_1同相），若在Δt（s）时间间隔内磁通变化$\Delta\phi$（Wb），则根据与电磁感应有关的法拉第-楞次定律，在一次和二次绕组（匝数各为N_1和N_2）感应的e_1和e_2都有阻止磁通变化的方向，如下式所示：

$$e_1=-N_1\frac{\Delta\phi}{\Delta t}(\mathrm{V})$$

$$e_2 = -N_2 \frac{\Delta\phi}{\Delta t}(\mathrm{V})$$

加于一次绕组的端电压u_1和一次绕组感应电势（一次感应电势）e_1间的关系如下式所示：

$$u_1 = -e_1 = N_1 \frac{\Delta\phi}{\Delta t}(\mathrm{V})$$

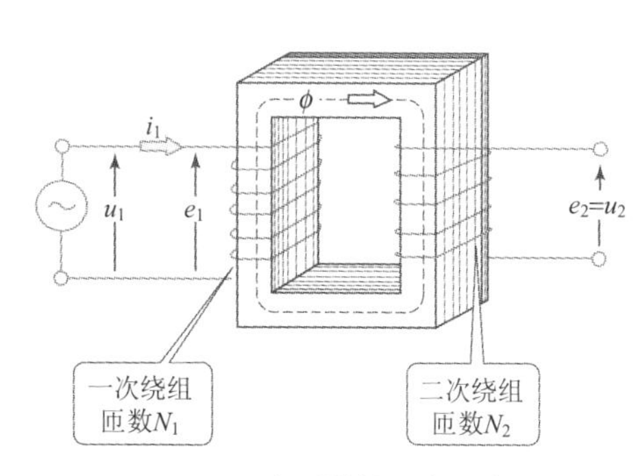

图9.5 变压器的基本电路

出现于二次绕组的端电压u_2和二次绕组的感应电势e_2相同，表示为

$$u_2 = e_2 = -N_2 \frac{\Delta\phi}{\Delta t}(\mathrm{V})$$

u_1和u_2反相。

下面将u_1和u_2改用有效值U_1和U_2表示，U_1与U_2之比如下式：

$$\frac{U_1}{U_2} = \frac{N_1 \dfrac{\Delta\phi}{\Delta t}(\mathrm{V})}{-N_2 \dfrac{\Delta\phi}{\Delta t}(\mathrm{V})} = \frac{N_1}{N_2} = a$$

式中，a等于一次侧匝数和二次侧匝数之比，故称a为匝数比。

设变压器没有损耗，认为二次侧输出的功率与一次侧输入的功率相等（图9.6），那么将有如下关系：

$$P_1 = P_2$$

$$U_1 I_1 = U_2 I_2$$

$$\frac{U_1}{U_2} = \frac{I_2}{I_1} = \frac{N_1}{N_2} = a$$

式中，$\dfrac{U_1}{U_2}$称为变压比；$\dfrac{I_2}{I_1}$的倒数$\dfrac{I_1}{I_2}$称为电流比。

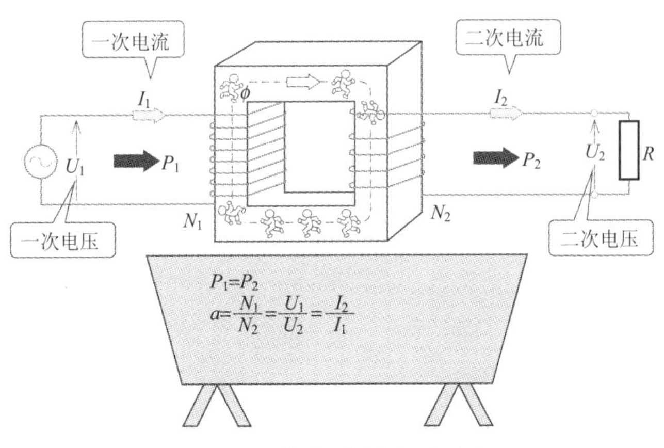

图9.6　匝数比/变压比/电流比

142 变压器的结构

1）按铁心和绕组的配置分类

变压器基本上由铁心和绕组组成，图9.7所示为铁心部分和绕组部分，图9.8所示为使用绝缘油的变压器的剖面图。按变压器铁心和绕组的配置来分类，可分为心式和壳式两种。

图9.7　变压器的铁心和绕组

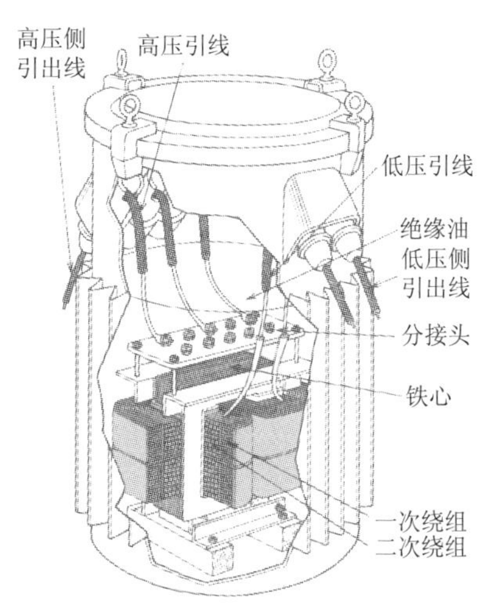

图9.8　变压器剖面图

图9.9（a）为心式铁心，结构特点是外侧露出绕组，而铁心在内侧，从绕组绝缘考虑，这种安置合适，故适用于高电压。图9.9（b）为壳式铁心，在铁心内侧安放绕组，从外侧看得见铁心，它适用于低电压大电流的场合。

2）铁　心

变压器铁心通常使用饱和磁通密度高、磁导率大和铁耗（涡流损耗和磁滞损耗）少的材料（图9.10）。

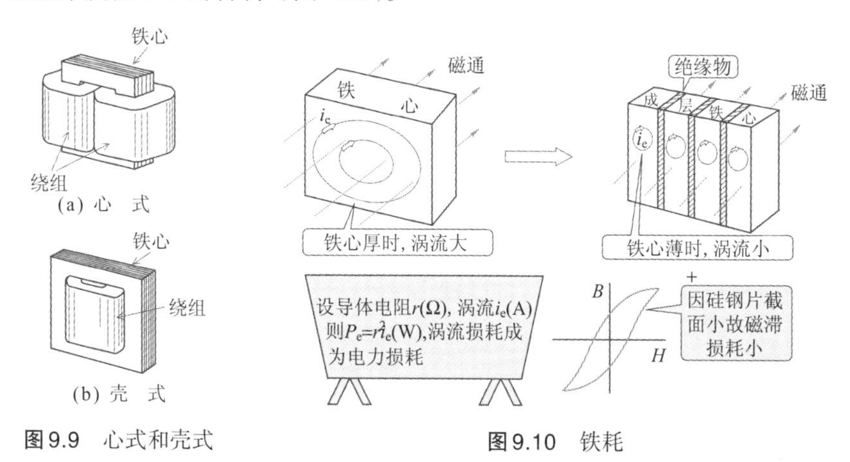

图9.9　心式和壳式　　　**图9.10**　铁耗

硅含有率为4%~4.5%的S级硅钢片是广为应用的材料。厚度为0.35mm，为了减少涡流损耗，需一片一片地涂以绝缘漆，将这种硅钢片叠起来就成为铁心，称为叠片铁心。图9.11所示为意硅钢片铁心装配过程。

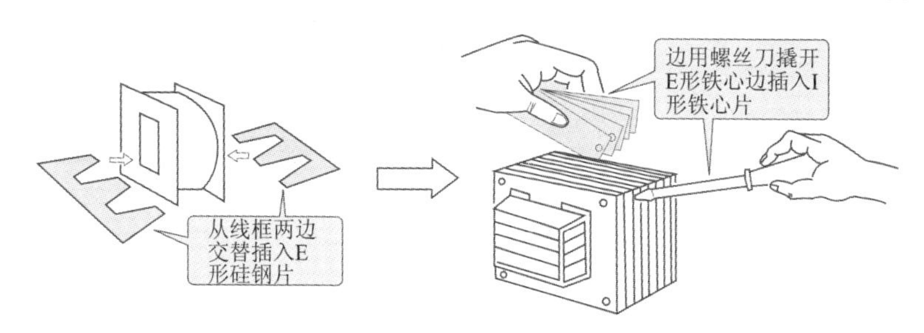

图9.11　EI（壳式）铁心的装配

将硅钢片进行特殊加工，使压延方向的磁导率大，这样处理后的硅钢片称为取向性硅钢片。沿压延方向通过磁通时，比普通硅钢片的铁耗小，磁导率也大。用取向性硅钢带做成的卷铁心变压器如图9.12所示，目的是使磁通和压延方向一致。卷铁心先整体用合成树脂胶合，再在两处切断，放入绕组后，再将铁心对接装好。图9.13所示为切成两半装好的卷铁心（又称对接铁心）。卷铁心通常用于如柱上变压器那样的中型变压器中。

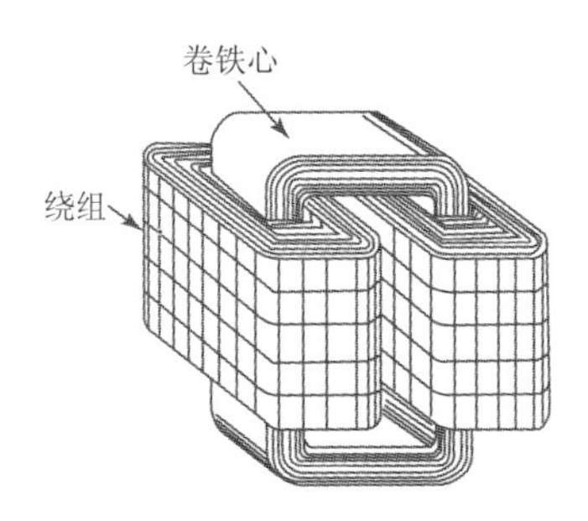

图9.12 用取向性硅钢带做成的卷铁心变压器

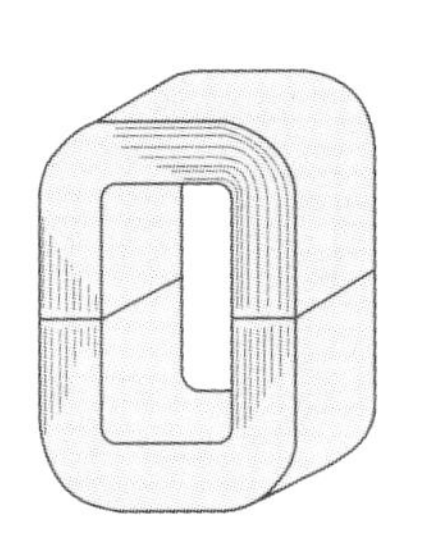

图9.13 对接铁心

3）绕 组

绕组的导线用软铜线、圆铜线和方铜线（图9.14）。

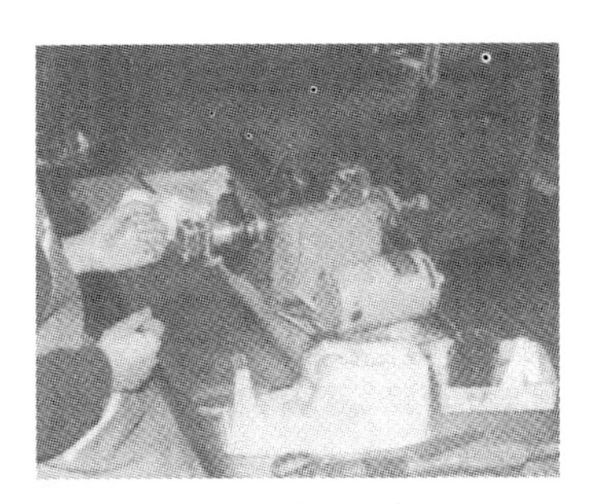

(a) 绕组绕制方法

(b) 铜线

图9.14 绕组绕制方法和铜线

图9.15为中型、大型变压器的绕组情况，有圆筒式和饼式绕法。一次绕组和二次绕组与铁心之间的绝缘层用牛皮纸、云母纸或硅橡带，等等。

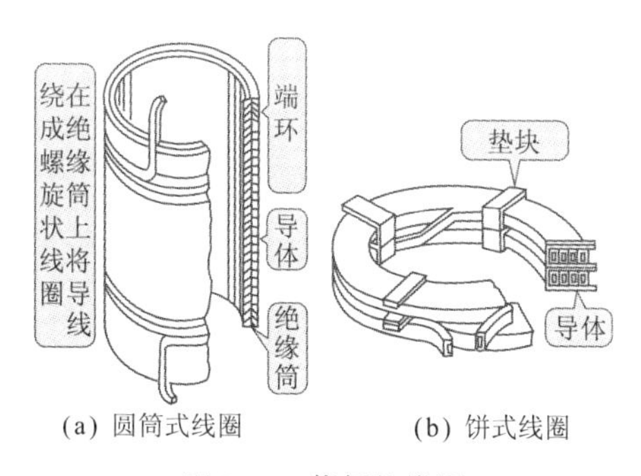

(a) 圆筒式线圈 (b) 饼式线圈

图9.15 绕好的线圈

4）外套和套管

油浸变压器的外箱由于要安放铁心、绕组和绝缘物，故主要用软钢板焊接而成。

为了把电压引入变压器绕组，或从绕组引出电压，需将导线和外箱绝缘，为此要用瓷套管（图9.16）。高电压套管常用充油套管和电容型套管。

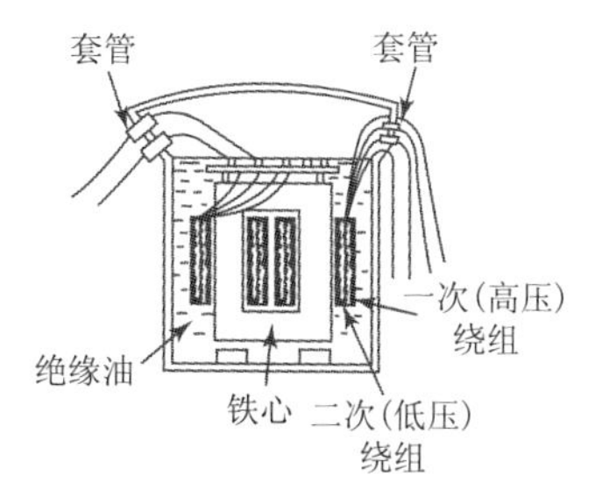

图9.16 套 管

143 变压器的电压和电流

1）理想变压器的电压、电流和磁通

如在前面变压器原理中所介绍的那样，忽略了一次、二次绕组的电阻、漏磁通以及铁耗等，变压器就可称为理想变压器（图9.17）。

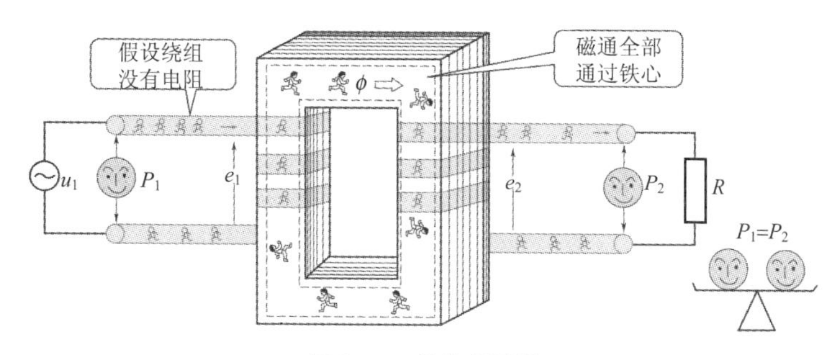

图9.17 理想变压器

图9.18中，一次绕组施加交流电压u_1（V），二次绕组两端开放称为空载。图中一次绕组中电流i_0流过，铁心中就产生主磁通ϕ，因而把i_0称为励磁电流。若忽略绕组电阻，则它只有感抗，故i_0及ϕ的相位滞后电源电压相位 π/2（rad）。另外，u_1和一次、二次感应电势e_1、e_2的相位关系是：$u_1=-e_1$，即为反相位，而e_1和e_2为同相位。以e_1为基准，它们的关系如图9.18（b）所示，图9.18（c）是矢量图（$\dot{U}_1$、$\dot{E}_1$、$\dot{E}_2$、$\dot{I}_0$、$\dot{\Phi}$为u_1、e_1、e_2、i_0、ϕ的矢量）。

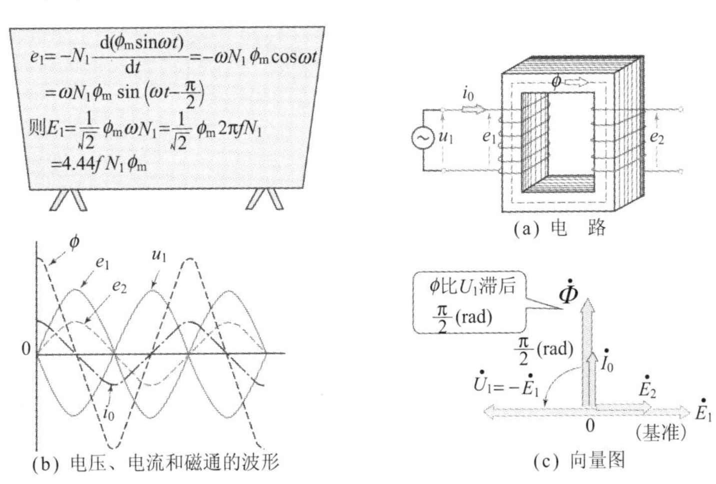

图9.18　空载时的电路、波形和向量图

一次侧施加的交流电压频率为f（Hz），铁心中磁通最大值若以ϕ_m（Wb）表示，则一次，二次感应电势e_1、e_2的有效值E_1、E_2将如下式所示：

$$E_1 = 4.44 f N_1 \phi_m (\mathrm{V})$$

$$E_2 = 4.44 f N_2 \phi_m (\mathrm{V})$$

图9.19为二次绕组加上负荷，即变压器负荷状态（图中，u_1、e_1、i_1、i_0用向量$\dot{U}_1$、$\dot{E}_1$、$\dot{I}_1$、$\dot{I}_0$表示）。二次绕组N_2中的负荷电流为

$$\dot{I}_2 = \frac{\dot{E}_2}{\dot{Z}}$$

由于$\dot{I}_2$作用，二次绕组产生新的磁势$N_2\dot{I}_2$，它有抵消主磁通的作用。为

了使主磁通不被抵消，一次绕组将有新的电流流入，使一次绕组产生磁势$N_1\dot{I}_1'$, $N_2\dot{I}_2+N_1\dot{I}_1'=0$，称$\dot{I}_1'$为一次负荷电流。

这样，有负载时一次全电流$\dot{I}_1$将为：

$$\dot{I}_1=\dot{I}_1'+\dot{I}_0$$

图9.19（b）用向量图表示了上述关系。

一般来说，二次负荷电流$\dot{I}_2$大时，励磁电流$\dot{I}_0$与$\dot{I}_1$相比很小，只占百分之几，因此，可以认为一次电流$\dot{I}_1$和一次负荷电流$\dot{I}_1'$近似相等。

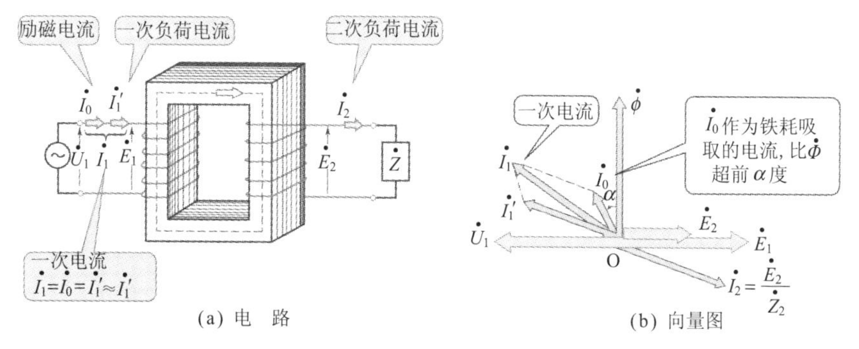

(a) 电 路　　(b) 向量图

图9.19 负荷时的电路和向量图

2）实际变压器有绕组电阻和漏磁通

实际变压器中，一次、二次绕组有电阻，铁心中有铁耗。另外，一次绕组电流产生的磁通，并不全部交链二次绕组，会产生漏磁通ϕ_{11}和ϕ_{12}（图9.20）。

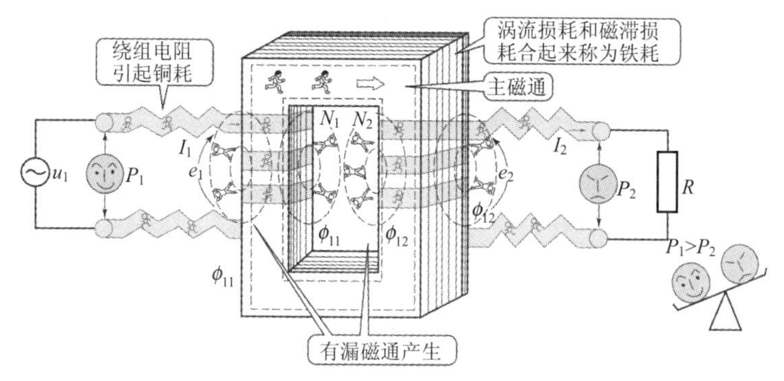

图9.20 实际的变压器

若实际变压器中，一次、二次绕组电阻为r_1、r_2，则在r_1、r_2上的铜耗产生电压降。这里，ϕ_{11}只交链一次绕组，只在一次绕组中感应电势，只在一次绕组中产生电压降。同样，ϕ_{12}只在二次绕组产生电压降。

因此，实际变压器可用一次、二次绕组电阻r_1、r_2分别和一次漏电抗x_1、二次漏电抗x_2相串联的电路来表示，如图9.21（a）所示，图中$\dot{U}_1'$称为励磁电压，且$\dot{U}_1' = -\dot{E}_1$。图9.21（b）为该电路的电压电流关系的向量图。

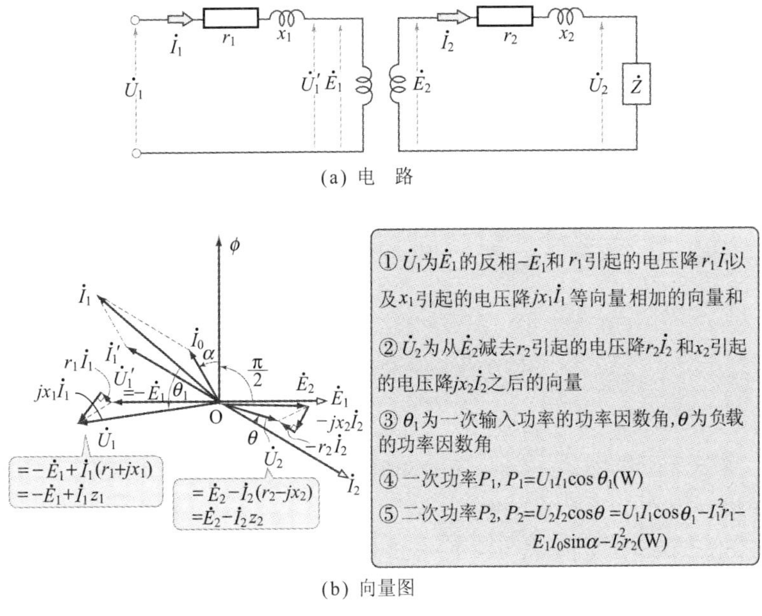

(a) 电　路

(b) 向量图

图9.21　实际变压器的电路和向量图

144 变压器的规格和损耗

1）使用变压器时要注意规格

变压器有使用上的限度，即额定值。额定值包括功率、电压、电流、频率和功率因数等，这些都表示在附于变压器箱体上的铭牌中（图9.22）。

图9.22 变压器的铭牌

额定容量（也称额定输出功率），是指在标牌中的额定频率及额定功率因数一般为100%情况下，二次侧输出端得到的视在功率，即

额定容量=（额定二次电压）×（额定二次电流）

单位用伏安（V·A）、千伏安（kV·A）或兆伏安（MV·A）。

2）铜耗、磁滞损耗和涡流损耗

变压器无旋转部分，因此无摩擦等机械损耗，但有铁心产生的铁耗，还有电流流过一次二次绕组而产生的铜耗（图9.23）。根据变压器是否带有负荷，这些损耗可分为空载损耗和负荷损耗。

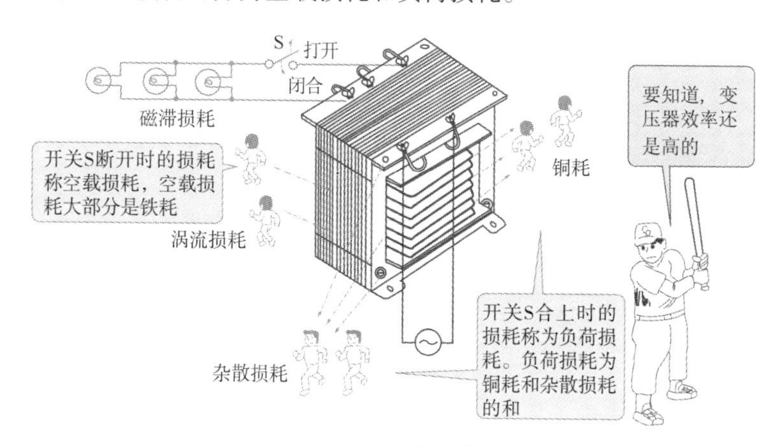

图9.23 变压器的损耗

① 空载损耗。在低压侧施加额定电压，高压侧不接负荷，处于开路状态，从低压侧电路供给的功率全部成为变压器的损耗，这种损耗称为空载损耗。图9.24是空载损耗测量电路，低压侧施加额定频率的正弦波额定电压；电流表读数为空载电流；功率表读数为空载损耗。

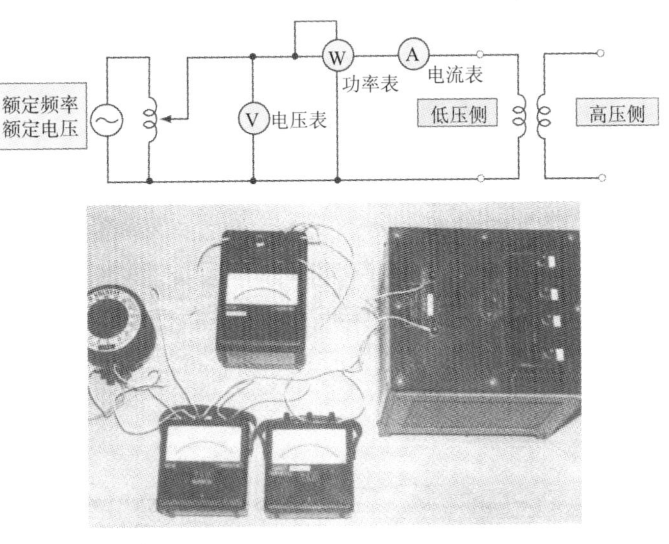

图9.24　空载损耗的测量电路

空载损耗大部分是铁耗，铁耗为磁滞损耗和涡流损耗之和。这两种损耗可用下式求得：

$$磁滞损耗 \quad p_h = k_h f B_m^2 \ (\mathrm{W/kg}) \tag{9.1}$$

$$涡流损耗 \quad p_e = k_e (t k_f f B_m)^2 \ (\mathrm{W/kg}) \tag{9.2}$$

式中，k_h、k_e为取决于材料的常数；t为钢片厚度；f为频率；B_m为最大的磁通密度；k_f为波形因数（正弦波时为1.11）。

由式（9.2）可知，由于涡流损耗P_e与钢片厚度t的平方成正比，故铁心用薄钢片叠成为好。还有，在同一电压下磁滞损耗与频率成反比，而涡流损耗与频率无关系。由$U_1 = 4.44 f N_1 \phi_m = 4 k_f f N_1 A B_m$，能解出$B_m$代入式（9.1）和式（9.2）。

因此，60Hz用的变压器若用于50Hz，铁耗将增至1.2倍。所以说一般

60Hz用的变压器不能用于50Hz，但50Hz用的电力变压器却可用于60Hz。

② 负荷损耗。由负荷电流在变压器中产生的损耗，称为负荷损耗。图9.25是测量负荷损耗的电路。该电路中低压侧短路，使低压侧有额定频率的额定电流，功率表读数即为负荷损耗。因为绕组电阻随温度而变化，所以必须把实测值修正为电气设备试验用的基准温度75℃的值，这种将低压短路进行的试验称为短路试验。

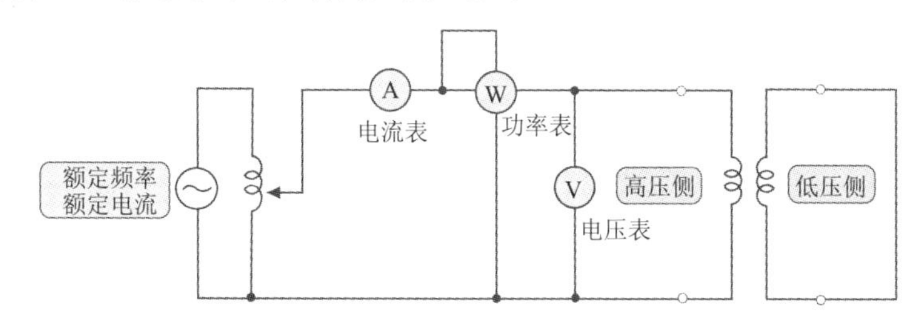

图9.25 负荷损耗的测量电路

负荷损耗是由于负荷电流在一次、二次绕组产生的铜耗和杂散损耗之和。这里所说的杂散损耗是指负荷电流在变压器中产生漏磁通，引起外箱和固紧螺钉等金属部分有涡流，从而产生损耗。小型变压器杂散损耗与铜耗之比一般极小，但大型变压器却是一个不能忽略的值。

图9.26为空载损耗和负荷损耗的测量值。

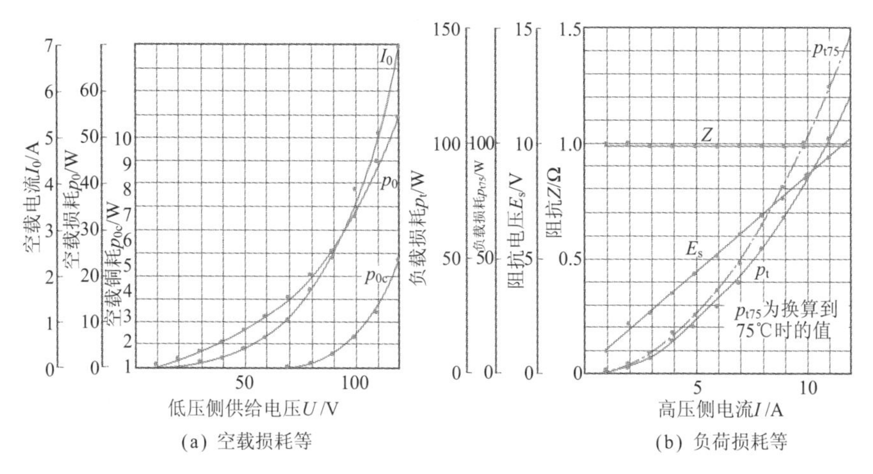

图9.26 空载损耗和负荷损耗的测量值

145 变压器的效率和电压调整率

1）变压器的效率

发电机把机械能变换为电能，电动机进行相反的变换。然而变压器是电能自己的变换，因此，结构简单，损耗小，效率在95%以上，非常高（图9.27）。变压器效率的表示方法有以下几种。

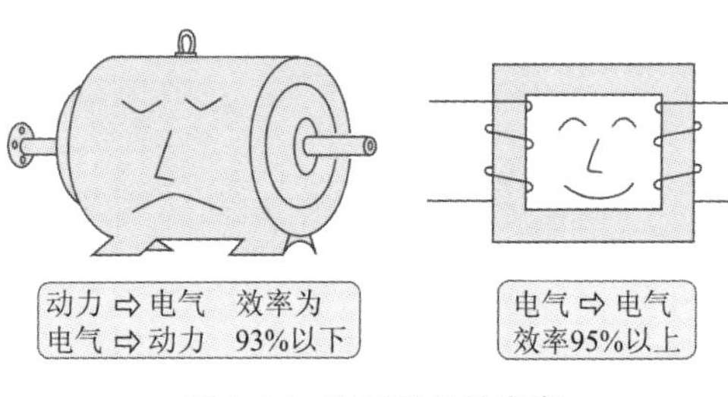

图9.27 变压器的效率高

① 实测效率。只说效率二字，是指实测效率。给图9.28实测电路接上负荷，测出二次和一次功率，然后算出二者之比就可以了。最大效率理论上是铁耗和铜耗相等的时候，实际变压器从1/2负荷到额定负荷都几乎接近最大效率值。图9.29是效率实测例。

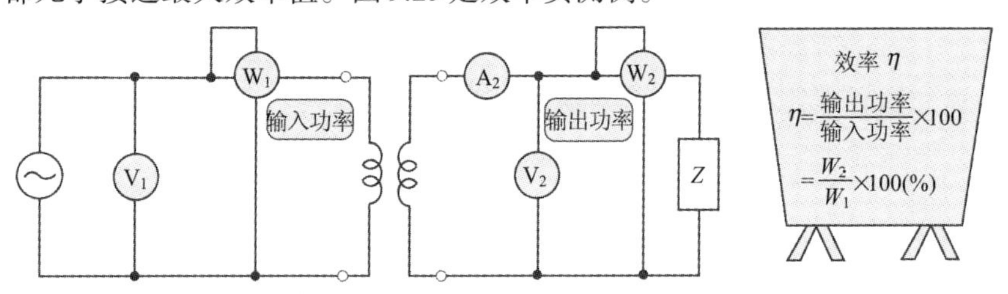

图9.28 实测效率的测量电路

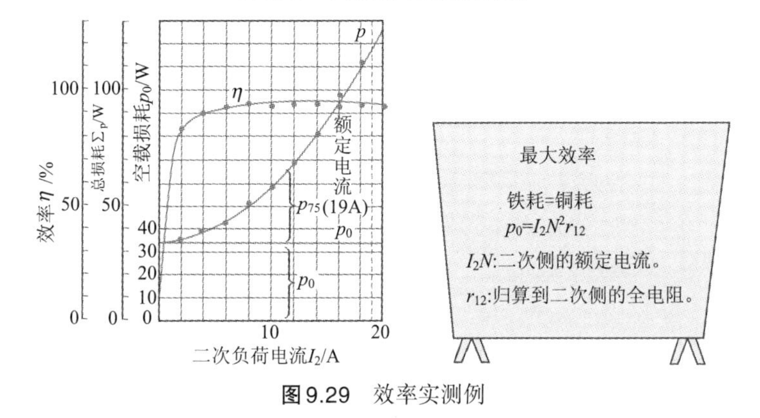

图9.29 效率实测例

② 规约效率。变压器容量大时，实测效率的测量准备工作很难。于是，进行空载试验和短路试验求出损耗，然后，用损耗和输入功率或输出功率表示效率，这称为规约效率，如下式：

$$规约效率\eta = \frac{输出功率(kW)}{输出功率(kW)+损耗(kW)} \times 100\,\%$$

$$= \frac{输入功率(kW)-损耗(kW)}{输入功率(kW)} \times 100\,\%$$

这里若令变压器容量为W（kV·A），铁耗为p_i（kW）。额定负载铜耗为p_c（kW）,负载功率因数为$\cos\theta$,则额定负载时效率为

$$额定负载效率\,\eta = \frac{W\cos\theta}{W\cos\theta + p_i + p_c} \times 100\,\%$$

③ 全日效率。柱上变压器等，一天中很少是带不变的负荷，因此需要计算一天总计效率。

$$全日效率\eta_d = \frac{日输出电量}{日输入电量} \times 100\,\%$$

由于空载损耗大，故全日效率较实测效率低。配电用柱上变压器的全日效率在3/5负荷附近有最大的效率。

2）电压调整率

变压器二次侧端电压随着负荷增减而变化，变化的值越小越好。电压变化的比率称为电压调整率。因9.30是电压调整率的测量电路。首先在额定频率、额定功率因数和额定二次电流条件下，调节一次电压U_1使二次电压保持为额定电压U_{2N}。然后，保持此U_1不变，把二次负荷去掉，变成空载，二次端电压变为U_{20}，电压调整率如下式所示：

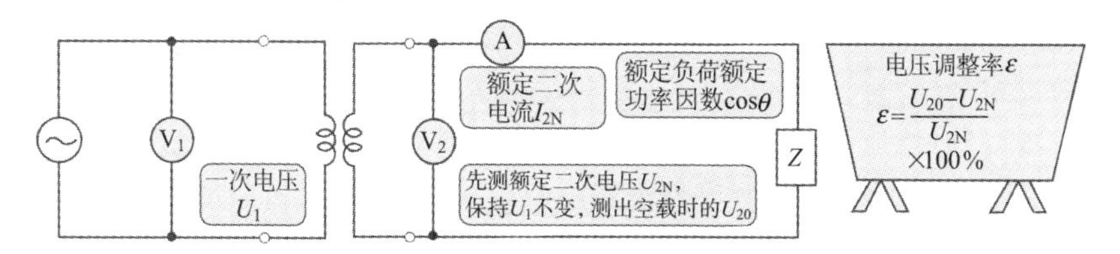

图9.30 电压调整率的测量电路

$$电压调整率\ \varepsilon = \frac{U_{20} - U_{2N}}{U_{2N}} \times 100\ \%$$

电压调整率为1.5%~5%，容量越大，电压调整率越小。图9.31为容量和电压调整率关系的一个例子。

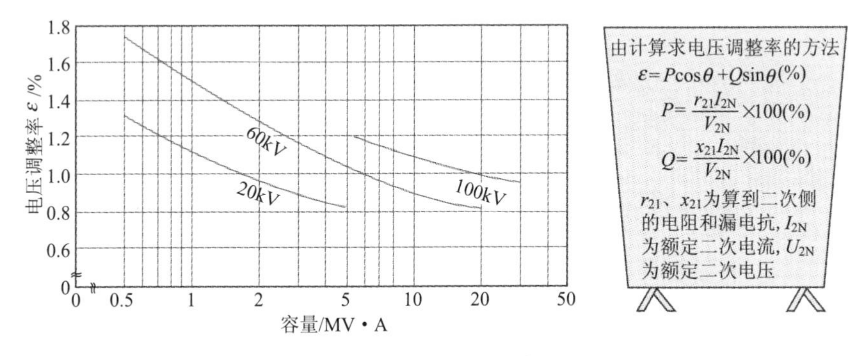

图9.31　电压调整率

146 变压器温升和冷却

1）温升和温度测量

变压器运行中铁心中的铁耗，绕组中的铜耗，都变为热而使变压器温度上升，如图9.32（a）所示。变压器温度升高时，用于其中的绝缘物就会变质劣化，绝缘抗电强度、黏度、燃点都下降，因此变压器温度应不超过绝缘物的允许温度。

变压器温度测量是包括用电阻法测量绕组温度和用温度计法测量油和铁心温度。

用电阻法测量绕组测试是用下式求得：

$$绕组温度\ t_2 = \frac{R_2 - R_1}{R_1}(235 + t_1) + t_1\ （℃）$$

式中，t_1为试验开始时变压器绕组的温度（℃）；R_1为t_1时变压器绕组的电阻（Ω）；R_2为温度t_2时同一绕组的电阻（Ω）。

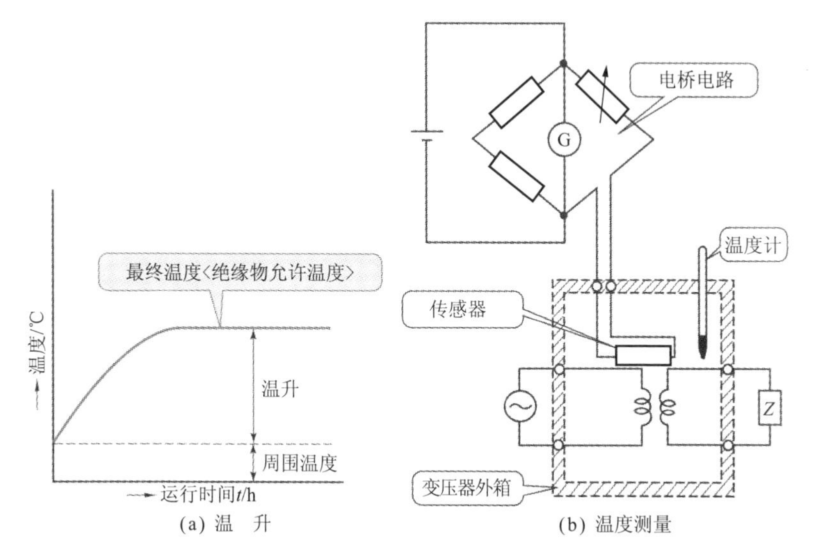

(a) 温 升
(b) 温度测量

图9.32 温升和温度测量

图9.32（b）所示为使用水银温度计或酒精温度计等温度计测量的场合。

还有，在大型变压器中用传感器来测量，它用电桥测量铜线的电阻值，如图9.32所示，由铜线电阻值可知温度。

用上述方式测量的温度上限应在表9.1所列值以下。

表9.1 温升上限

变压器部位		温度测量方法	温升上限
绕 组		电阻法	55℃
油	本体内的油直接与大气接触	温度计法	50℃
	本体内的油不直接与大气接触		55℃

2）冷却方法

为了使变压器长时间安全运行，必须把各部位温度降到规定限度以下，图9.33为变压器的冷却示意。表9.2列出了变压器冷却方法和用途（图9.34）。

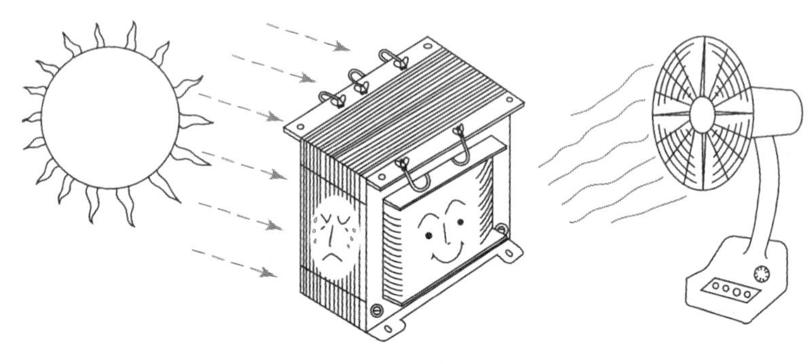

图9.33 温升和冷却

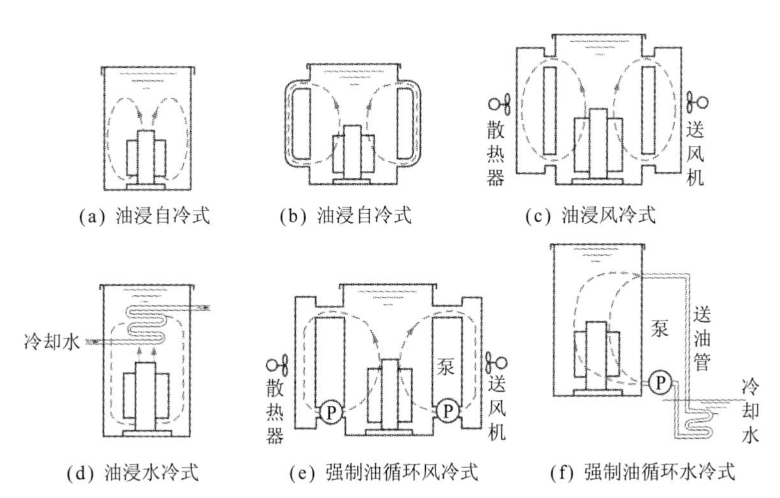

(a) 油浸自冷式 (b) 油浸自冷式 (c) 油浸风冷式

(d) 油浸水冷式 (e) 强制油循环风冷式 (f) 强制油循环水冷式

图9.34 各种冷却方式

表9.2 变压器的冷却方法和用途

分类		冷却方法	用途	
干式	自冷式	靠和周围空气自然对流和辐射把热散发出去	小容量变压器，测量用互感器	
	风冷式	用送风机强制周围空气循环	中型电力变压器，H类绝缘变压器	

续表 9.2

分类		冷却方法	用途	
油浸式	自冷式	靠和周围空气自然对流和辐射把热散发出去	小型配电用柱上变压器	图9.34（a）、（b）
	风冷式	用送风机强制周围空气循环	中型以上电力变压器	图9.34（c）
	水冷式	箱体内装有冷却水管，靠冷却水循环把油冷却	同　上	图9.34（d）
	强制油循环风冷式	箱体外装有冷却管，用泵把箱内的油打到箱外冷却管，形成强制油循环，箱外冷却管用送风机冷却	同　上	图9.34（e）
	强制油循环水冷式	箱体外装有冷却管，用泵把箱内的油打到箱外冷却管，形成强制油循环，箱外冷却管用冷却水冷却	同　上	图9.34（f）
充气式		使用化学稳定的碳氟化合物做冷却剂，利用液体的汽化热来冷却	同　上	

3）变压器油和油劣化的防止

变压器一般使用品质良好的矿物油，为了防止火灾，也可用不燃性合成绝缘油。变压器油除了把变压器本体浸没，使绕组绝缘变好以外，同时还有冷却作用，防止温度上升。

变压器油需具备以下条件：

① 为了能起绝缘作用，耐电强度应高。

② 为了发挥对流冷却作用，油热膨胀系数要大，黏度要小，为了增加散热量，比热要大，凝固点要低。

③ 化学稳定，高温下也无化学反应。

油浸变压器中油的温度随负荷变化而升降，油不断进行膨胀和收缩，这使得变压器内的空气反复进出。因此，大气中的湿气会进入油中，不仅会引起耐电强度降低，而且和油面接触的空气中的氧气会使油氧化，从而形成泥状沉淀物。

为了防止上述油劣化，采用了图9.35所示的储油箱（俗称油枕），油膨胀和收缩引起的油面上下变化，只在储油箱内进行，油的污染变少，沉淀物可以排出清除。为了除去大气中的湿气，在储油箱上装有吸湿呼吸器，其内放入活性铝矾土吸湿剂。

图9.35 储油箱

147 变压器层间短路的检测

变压器的故障可以分为内部故障与外部故障，如图9.36所示。故障的表面现象及对策示于表9.3。层间短路也叫局部短路，是变压器绕组层与层之间的绝缘破坏，使绕组短路所致。层间短路可以使变压器过热，甚至烧坏。

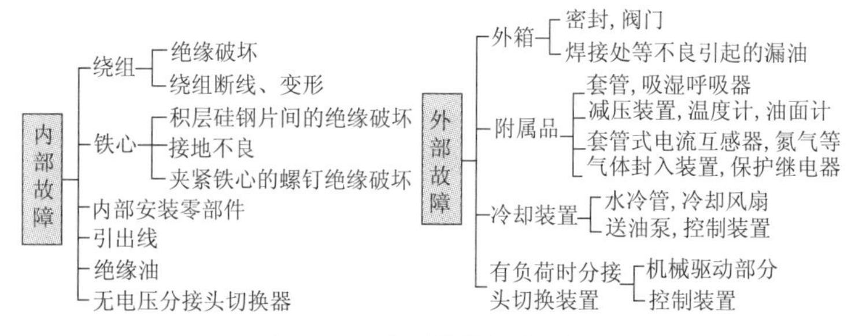

图9.36 变压器的故障示例

表9.3 小容量变压器的故障原因及对策

现象及原因		对 策
一般故障（大部分伴有烧损）	二次配线短路引起的烧损	安装容量适当的断路器，按颜色区别，配线要整齐
	过载引起的烧损	配置容量适合于负荷的变压器，安装双金属片式烧损防止器
	绝缘物老化引起的烧损	按计划定期维护可延长寿命
	绝缘油老化引起的烧损	更换新的绝缘油（可防止冷却效果及绝缘耐力降低）
	套管事故	保持套管清洁
	雷击引起的烧损	避雷器设备
局部短路断线	浸 水	检查套管有无裂缝，铁板有无锈孔
	分接头不良	更换正确的分接头
	落下金属片等异物	切换分接头及检查内部时防止工具坠落
	雷 击	安装避雷器
	过 载	负荷管理
	绕组与引线之间断线	制造不良，应严格质量管理
	分接头或螺钉松动	充分紧固
	雷 击	安装避雷器

1）层间短路的检测

如果测量一台变压器的二次电流，有层间短路的变压器与正常的变压器大不相同。这是因为有层间短路的变压器在短路点流过的电流与励磁电流相加的缘故，因此变压器有无短路可以用二次电流的大小来判断，如图9.37所示。二次电流的频率特性示于图9.38，可看出它与有无层间短路无关，在某个频率下电流为最小。

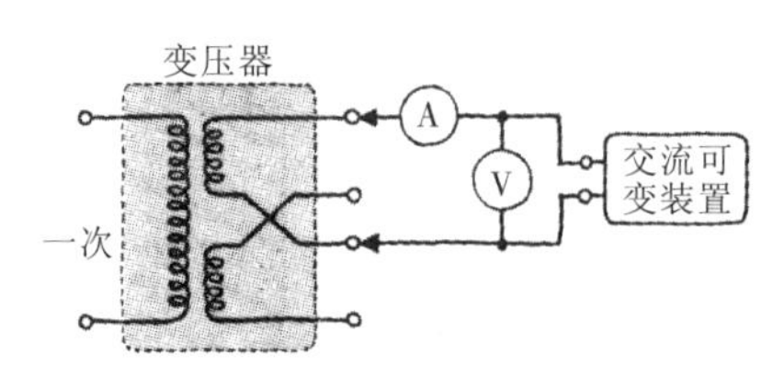

图9.37　变压器励磁电流的测定

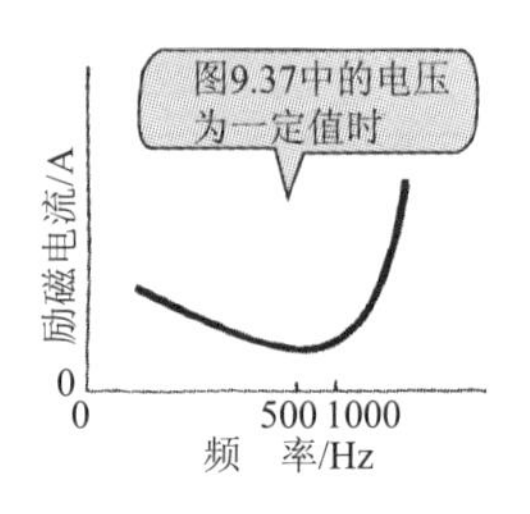

图9.38　励磁电流的频率特性

2）判断有无层间短路

① 准备。将测试器的开关置于“局部短路”的位置。短接测试用的端子，按下判断按钮。如果红灯亮，蜂鸣器响；打开测试用的端子，如果红灯灭，蜂鸣器不响，说明功能正常。

打开变压器的一次及二次断路器，可防止触电及高空作业时出现坠落事故。环境黑暗时应准备作业照明。

② 测定。将测试引线接到变压器的二次侧，如图9.39所示。测试器的切换开关置于“局部短路”的位置，按下判断按钮。如果红灯亮，蜂鸣器响就是层间短路，否则就是没有层间短路。所加的电压是10V、400Hz，判断是否合格的基准电流是0.5A。

3）判断是否断线及测量绝缘电阻

在变压器绕组的“断线”中，有导线完全断开的，有即将断开的，也有因接触不良使接触电阻增大的，都必须检测出来。

把测试电压加在一次侧或二次侧的端子，过10s后根据电流的大小自动计算出直流电阻是否达到500Ω以上。达到500Ω以上即可判断为断线，此时红灯亮，蜂鸣器响。

此外，绝缘电阻也是判断变压器好坏的重要因素。在30～100MΩ的范围就是“良好”，在刻度盘的绿色区显示。

如果变压器的绝缘电阻很低，应使用1000V或2000V的绝缘电阻计，以提高判断的精度。

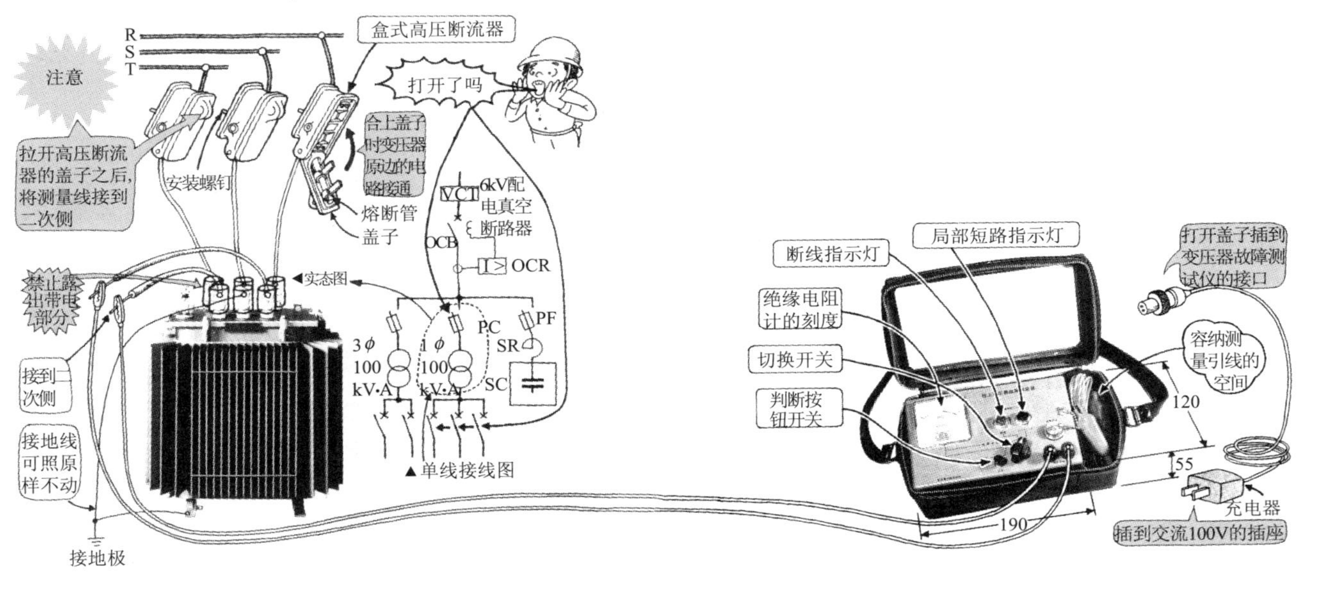

图 9.39 变压器故障测试仪的使用方法

148 变压器的安装和预防性维护

变压器在安装前应该检查一下是否有输送过程中可能造成的物理损伤（图9.40）。要特别检查以下几点：

- 在变压器外壳上是否有过度的凹陷。
- 螺帽、螺栓和零件是否松懈。
- 凸出部分如绝缘物、计量器和电表是否损坏。

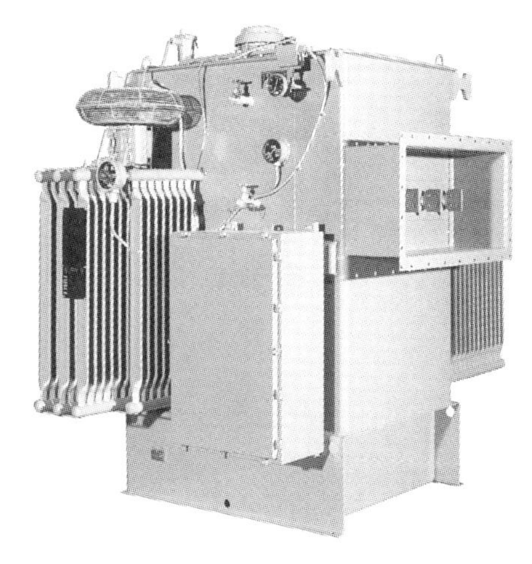

图9.40 配电变压器

通过合适的维护可以增加变压器寿命。因此应该建立检修维护计划来增加设备的使用期限。变压器检修的频率取决于工作条件。如果变压器处于干净而且比较干燥的地方，每年检修一次就足够了。在有灰尘和化学烟雾的恶劣环境下，就需要更频繁的检修。一般来说变压器厂商对于每个已售出的特定类型的变压器会推荐一种预防性维修程序。在检修过程中需要检查和保养的项目包括：

- 应该清除绕组或绝缘套上的污垢和残渣，从而使空气自由流通并能降低绝缘失效的可能性。
- 检查破损或有裂痕的绝缘套。
- 尽可能地检查所有的电力连接处及其紧密度。连接松动会导致电阻增加所产生的局部过热。

- 检查通风道的工作状态，清除障碍物。
- 测验冷却剂的介电强度。
- 检查冷却剂液位，如果液位过低要增加冷却剂的量。但不要超过液位标准面。
- 检查冷却剂压力和温度计。
- 用兆欧表或高阻计进行绝缘电阻检测。

变压器可以安装在室内也可以安装在室外。由于某些类型的变压器存在潜在危险，因此如果把这些变压器安装在室内就要遵守特定的安装要求。一般情况下，变压器和变压器室应在专业人员维修时易于进入而限制非专业人员接近的位置。

149 各种常用的变压器

1）测量用互感器

① 测量高电压、大电流用的互感器。在输配电系统的高电压、大电流电路中，很难用一般的仪表直接测量电压和电流。因此，需要变成可以测量的低电压和小电流。用于这一目的的测量专用的特殊变压器称为测量用互感器，有电压互感器和电流互感器。

② 电压互感器。电压互感器（PT：Potential Transformer）是将高电压变成低电压的变压器，与一般电力变压器没有不同；但为了减小测量误差，绕组电阻和漏电抗也相对要小一些。图9.41是其外观图。油浸式用于高压，干式用于低压。电压互感器的接线如图9.42所示，一次侧接一般的电压指示表计。还应指出，电压互感器额定二次电压为100V。

(a) 油浸式

(b) 干　式

图9.41　测量用电压互感器的外观

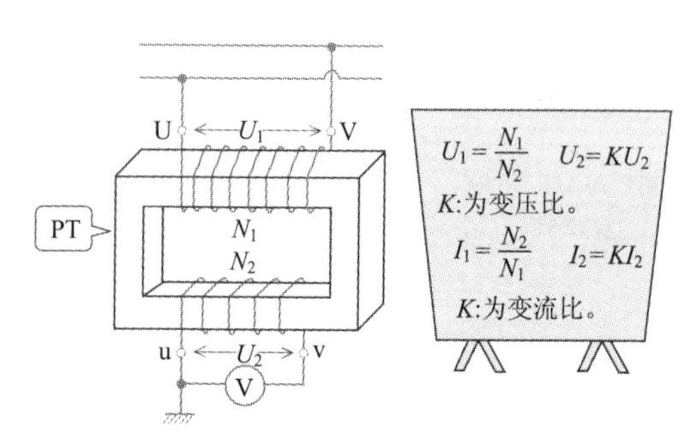

图9.42 电压互感器的接线

③ 电流互感器。电流互感器（CT：Current Transformer）是将大电流变成小电流的变压器，为了使励磁电流小，铁损耗要小，故采用磁导率大的优质铁心。电流互感器的接线如图9.43所示，电流互感器的一次侧接测量电路，额定二次电流为5A。也应指出，一次侧若有电流时将二次侧开路，将会产生很高的电压将绕组或仪表烧坏，同时将会危及人的安全，所以其二次侧绝不允许开路。图9.44是其外观图。油浸式用于高压，干式用于低压电路。

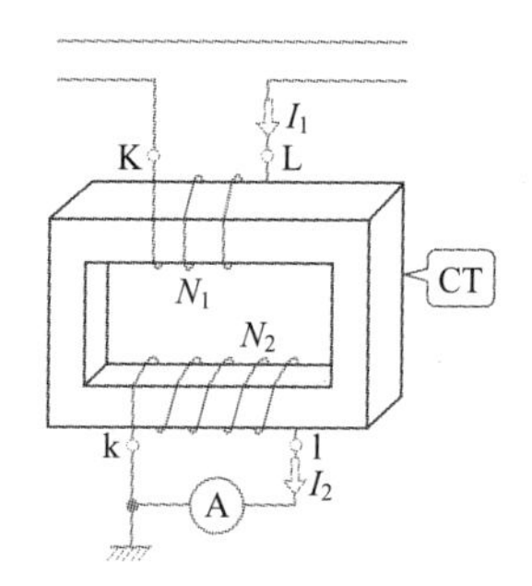

图9.43 电流互感器的接线

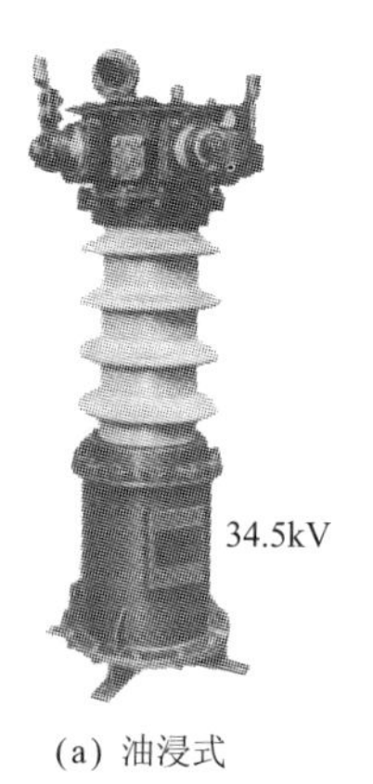

(a) 油浸式

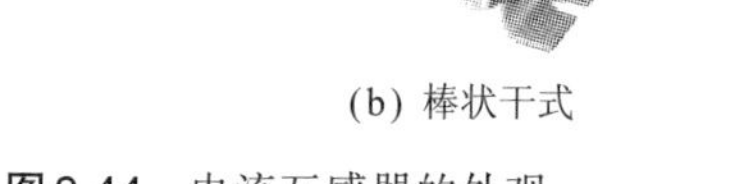

(b) 棒状干式

图9.44 电流互感器的外观

2）自耦变压器

自耦变压器作为变压器的一种，其自身只有一个线圈。自耦变压器没有隔离功能，仅当不需要隔离的时候才会用到。这种变压器主要用于电压匹配。如果一个240V交流电压要加在一台208V的设备上，可以采用自耦变压器来降低电压。在大多数情况下，安装一个自耦变压器比安装一个为设备定制的降压器的成本低得多。如图9.45所示，表示升压和降压自耦变压器的工作原理图。图9.46示出了一个电压适配自耦变压器。

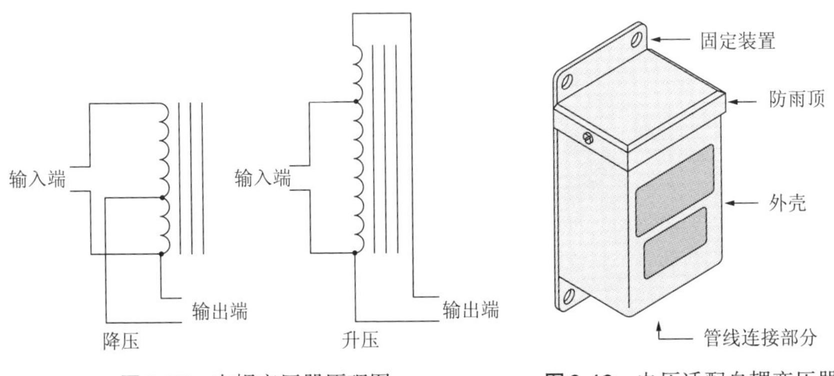

图9.45 自耦变压器原理图　　**图9.46** 电压适配自耦变压器

自耦变压器的另外一种应用是用作可变电压源。利用一个滑动抽头取代固定的中心抽头，这样输出电压就可以任意调整。图9.47示出一个可变自耦变压器的工作原理图。

可变自耦变压器通常进行独立封装，如图9.48所示。这种变压器用

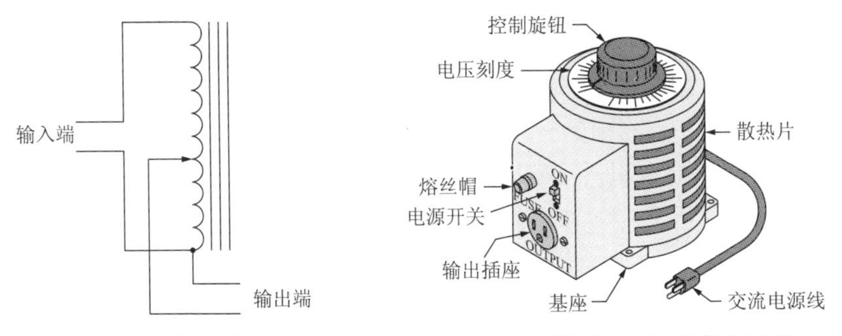

图9.47 可变自耦变压器原理图　　**图9.48** 封装好的可变自耦变压器

作测试实验台或即时安装，其工作性能是非常不错的。它们通常有一根标准交流输入线和交流输出电源插座。有些型号的变压器甚至还提供输出电压表。

可变自耦变压器也有面板安装型的，如图9.49所示。这种布局使其特别适合定制或OEM安装。

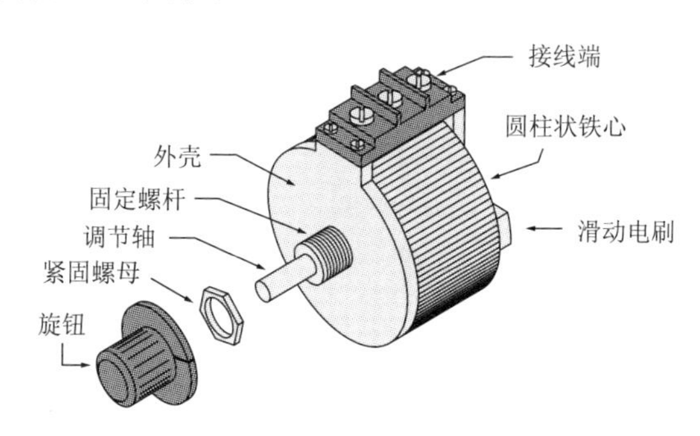

图9.49 可变自耦变压器

3）三相变压器

变压器也可以用于制作三相电源。三相变压器由共用一个铁心的三个单相变压器组成，其输入和输出端可以按照三角形或者星形的方式接线。如图9.50 ~ 图9.53所示，分别为三相变压器的四种基本接线方式。

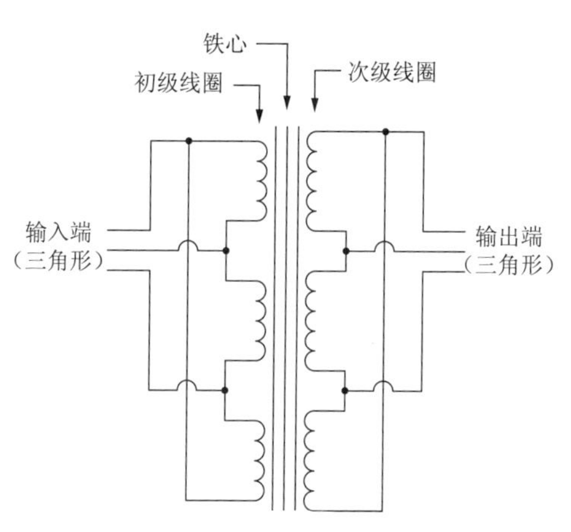

图9.50 三角形－三角形三相变压器原理图

除了三相变压器使用三个线圈，而单相变压器使用单个线圈以外，商用的三相变压器跟单相变压器具有相同的封装。图9.54示出了一个商用的三相变压器。请注意：每个线圈端同其他线圈端都是分离的。这样输入和输出端就可以按照三角形或者星形的方式连接了。

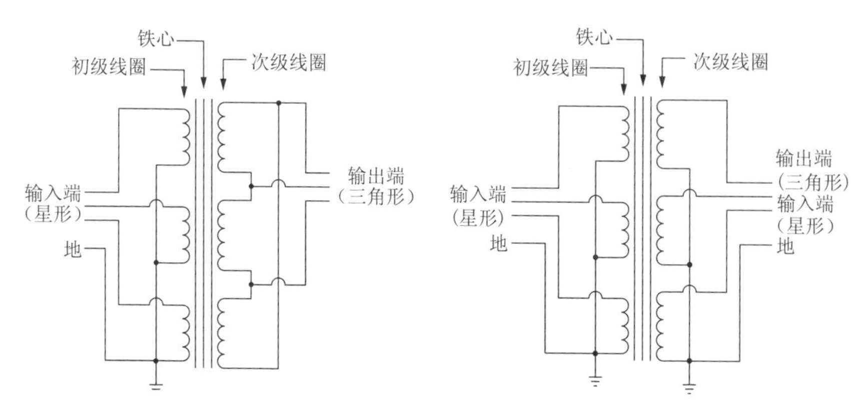

图9.51 星形－三角形三相变压器原理图

图9.52 星形－星形三相变压器原理图

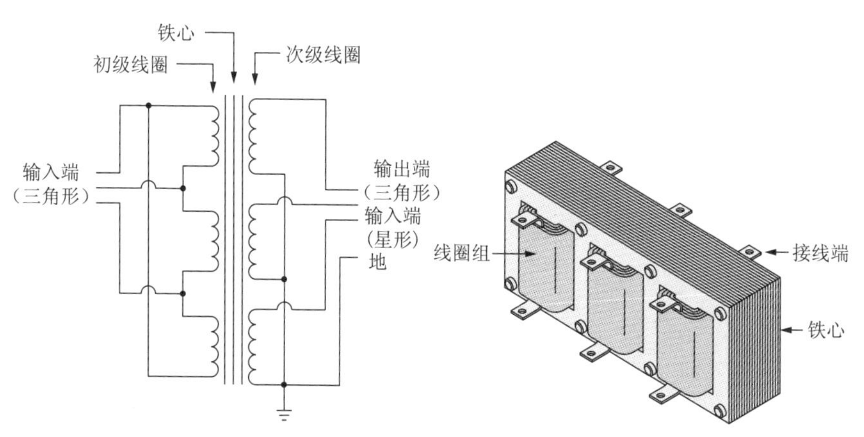

图9.53 三角形－星形三相变压器原理图

图9.54 商用三相变压器

如果接线正确，三个单相变压器可以作为一个三相变压器使用。按三角形方式连接输入输出端的三个单相变压器，如图9.55所示。

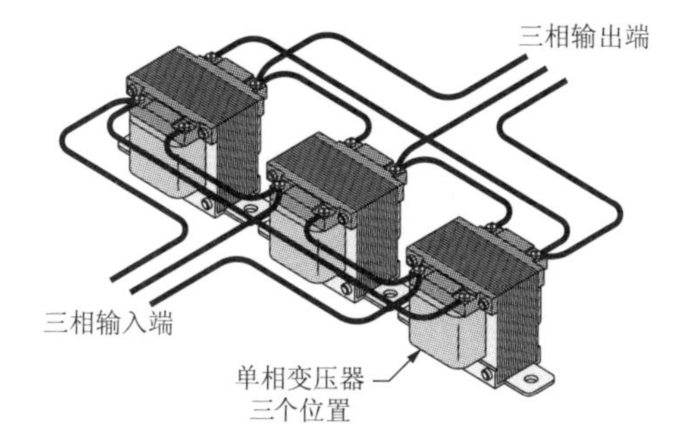

图9.55 由三个单相变压器组成的三相变压器

大的配电站通常使用大型三相变压器。根据应用场合的不同，可以选择使用自耦变压器，也可以选用隔离变压器。图9.56示出了一个大的三相配电变压器，为了提高绝缘和冷却性能，这种变压器通常浸入到绝缘性很强的介电油中。

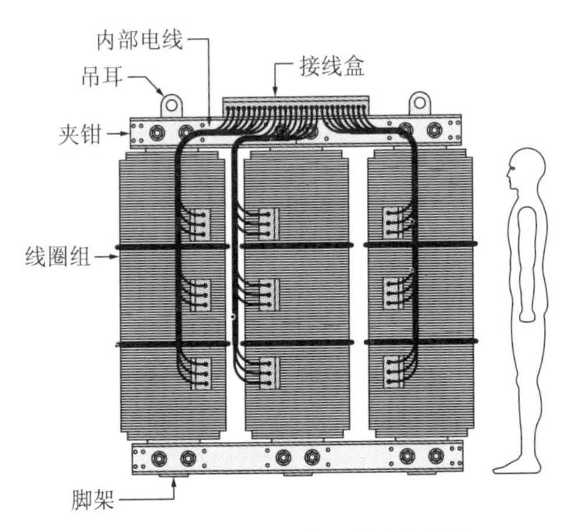

图9.56 大型三相配电变压器

我们在日常生活中经常能够看到杆式变压器。这类变压器作为一种电源变压器，也需要浸入到高绝缘性的介电油中。不锈钢外壳用来保护他远离各种不利外界环境的影响。通常情况下，这种变压器能够以良好的工作性能持续工作多达50年之久。位于顶部比较大的端子为初级线圈，位于旁边的端子为次级线圈。次级线圈上有中心抽头，是用来接地的。图9.57所示为一个典型的商用单相杆式变压器及其接线方式。请注意：次级线圈的中心抽头接到了一个公共端上，该公共端与杆和变压器供电的建筑物一起接地。

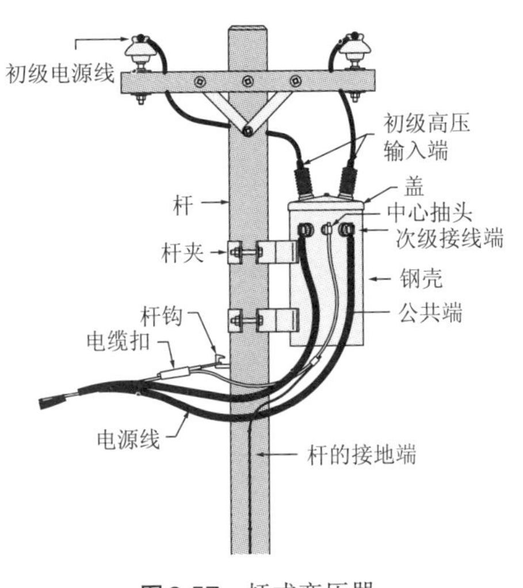

图9.57 杆式变压器

4）点火线圈

一种常用的变压器为自动点火线圈，如图9.58所示。这种变压器能提供高压脉冲以产生电火花，12V的输入电压就可以产生出从30 000~70 000V不等的输出电压。这种变压器通常在一个杯状的铁心中装有两个螺线管线圈。铁心与线圈封装在一个不锈钢壳中，顶部装有一个带有高压接线端的塑料盖。

图9.59示出了一个自动点火线圈的原理图。图中用粗线表示的小线圈为初级线圈，细线表示的大线圈为次级线圈。初级线圈和次级线圈都有一端与公共端相连，铁心通常与高压接线端相连。

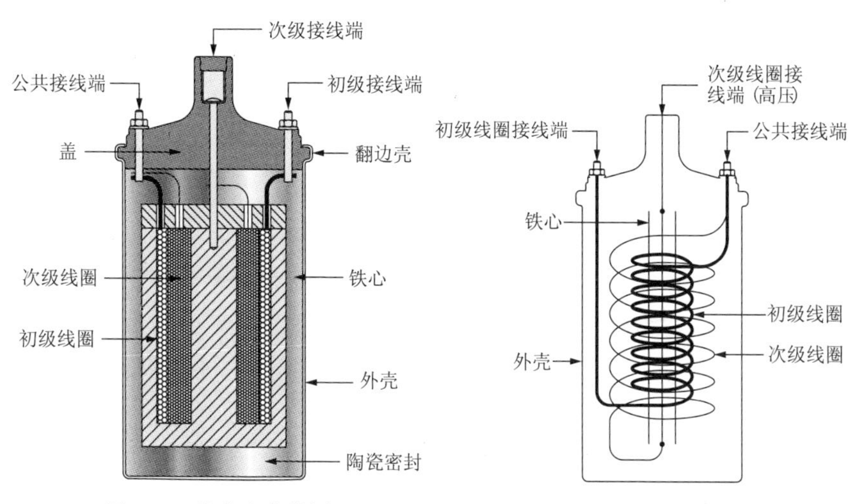

图9.58　汽车点火线圈

图9.59　点火线圈原理图

由于汽车点火线圈使用的是直流电源，因此需要使用中断方式来激活点火线圈。如图9.60所示，公共端通常通过一组触点接地。每当触点断开时，线圈中的磁场消失，次级线圈将产生高电压脉冲。该触点与转子同步，转子引导高压脉冲到需要点火的汽缸中。点火线圈的初级线圈接线端通过一个点火开关与供电电池的正极相连。电容器跨接在这些触点上，用来减小触点火花，同时延长触点的使用寿命。

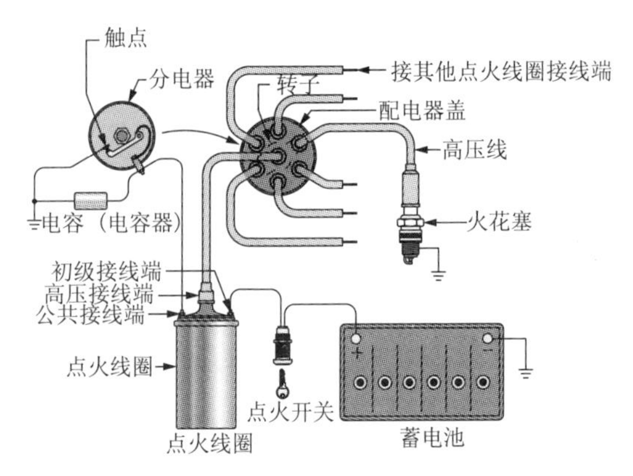

图9.60 汽车点火系统

5）饱和变压器

在很多领域都需要限制变压器的输出电流。最常见的应用场合是蓄电池充电器和电焊机。在这种场合，负载基本上为0Ω。如果把它们同标准变压器相连，电路很可能会跳闸，或者彻底损坏线圈。对于这种场合通常使用专用的饱和变压器。

所有变压器的输出电流都取决于铁心的磁导率。一旦铁心达到饱和状态，输出电流将维持在一个与铁心磁导率相对应的恒定值。因此，可以通过控制铁心的磁导率将输出电流控制或者限制在一个规定的范围内。

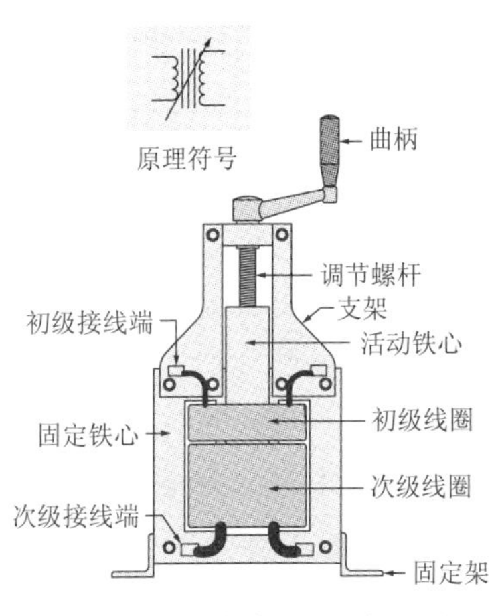

图9.61 活动铁心饱和变压器

有两种方法可以用来控制变压器的饱和值，第一种方法是改变铁心的大小和位置，图9.61示出了一个活动铁心变压器，它常见于小型交流电焊机。铁心做成典型的“E”形，但是中间的脚可以缩回。当中间的脚缩回时，铁心的磁导率降低，使铁心饱和值降到低电流水平。这样，将中间的脚插入铁心，即可增加饱和电流；将中间的脚缩回，可减小饱和电流。

同样，可以通过移动线圈减小电磁

耦合来达到限制电流的目的。图9.62所示是一个活动线圈变压器。在这种情况下，通过次级线圈的上升或者下降来调整线圈的耦合系数，从而限制输出电流。

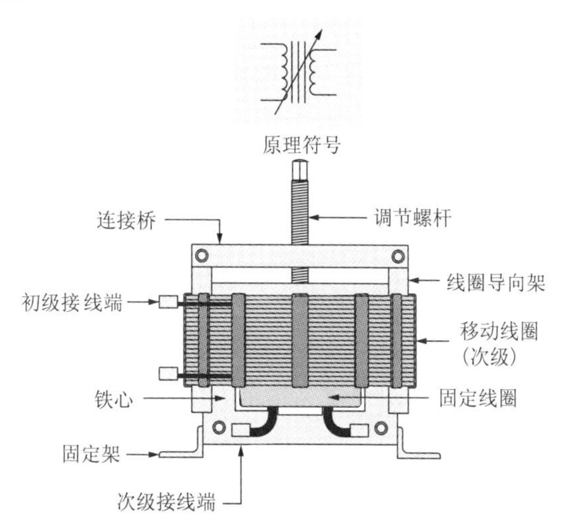

图9.62 活动线圈变压器

第二种限制电流的方法是利用电流在铁心中产生附加磁通。如图9.63所示，给铁心增加一个线圈，增加的线圈相当于一个电抗器。当电抗器通电时，将磁化铁心，从而占用了铁心的部分磁通容量。这样就减小了变压器的容量，从而限制了输出电流。

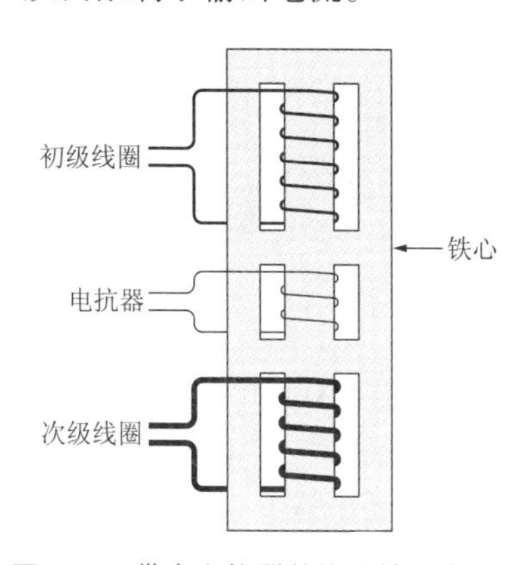

图9.63 带有电抗器的饱和铁心变压器

图9.64示出了一个饱和变压器的控制电路原理图。请注意：这个电路的结构很简单。由于低廉的成本和坚固耐用的设计风格，正好满足了电焊机的工作要求。

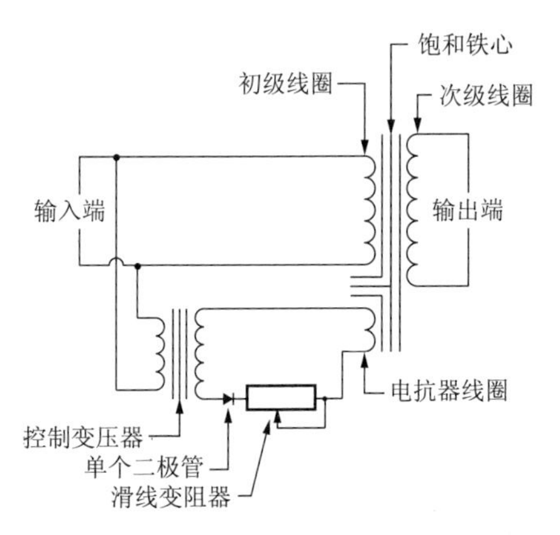

图9.64 饱和变压器控制电路原理图

图9.65示出了一个带有积分电抗器的小型饱和变压器。这种变压器并不常见，并且通常是特制的。

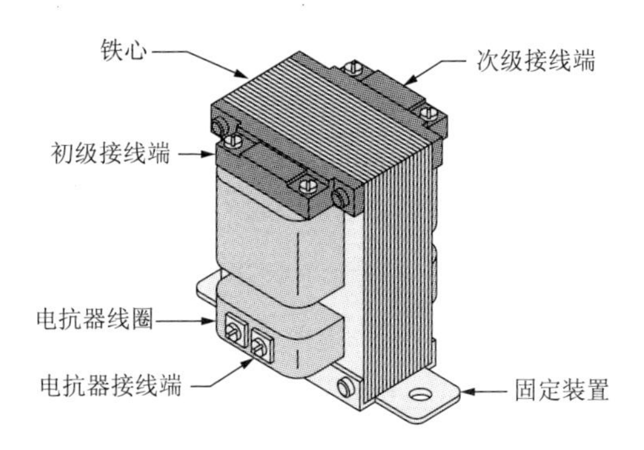

图9.65 饱和铁心变压器

饱和铁心变压器常用来给氖灯供电。氖灯需要位于8000~15 000V的高电压才能启动，而工作电压只需要400V。氖灯变压器具有高的开路电压和低的工作电流。当氖灯处于断电状态时，其内部阻抗相当高，此时需要一个高电压来电离管中的氖气微粒，用以接通它。然而，一旦氖灯接通，其内部阻抗会降到很低，造成变压器短路。此时，变压器的输出电压降低到与氖管的工作电流和阻抗相匹配，使氖管工作在低电压状态。氖灯变压器如图9.66所示。

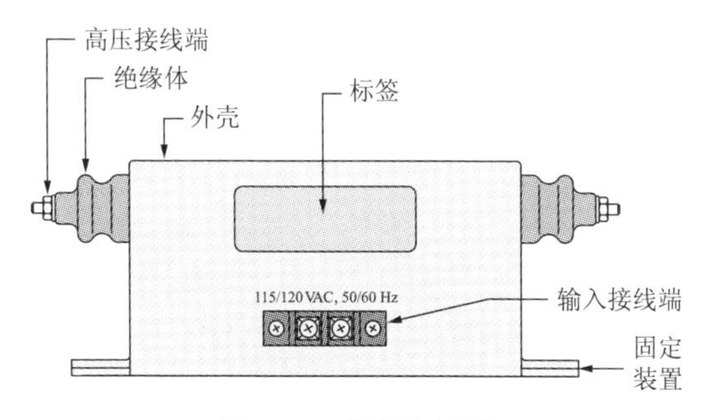

图9.66 氖灯变压器

6）恒压变压器

恒压变压器常用于需要精密电源的场合，但实际上只用在配电系统不好的地方。它也用于提供现场电源的野外设备。

恒压变压器利用铁磁共振产生一个可调节的输出。首先，将一个补偿线圈加到铁心上，然后将其通过一个电容器与次级线圈输出端串联。所选用的电容器要与铁心的共振频率相匹配。如果输入电压发生变化，那么电容器/补偿线圈将调整铁心的饱和度，以产生一个恒定的电压输出。恒压变压器如图9.67所示。

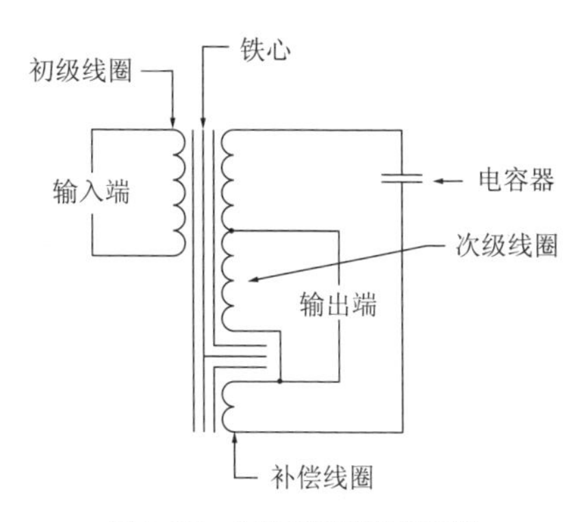

图9.67 恒压变压器原理图

图9.68示出了一个商用的恒压变压器。请注意：该变压器的外观同图9.65中所示的饱和变压器很相似。

对于一些小型单点应用场合，恒压变压器常做成独立封装形式，如图9.69所示。

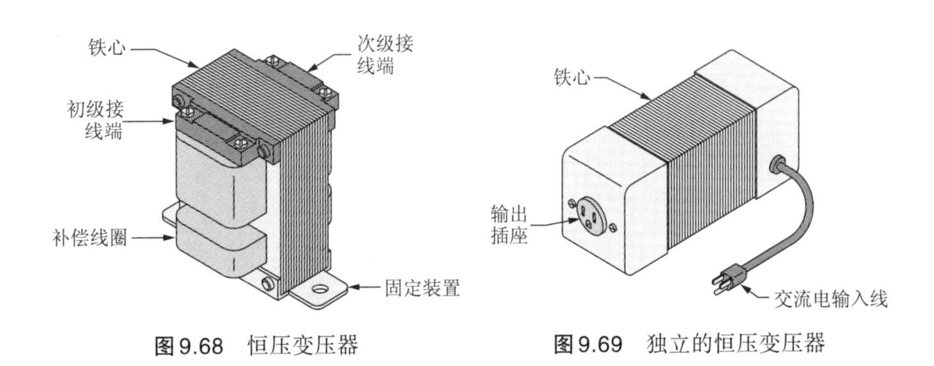

图9.68 恒压变压器

图9.69 独立的恒压变压器

第10章 照明和室内线路

150 白炽灯

图10.1所示为一个早期的白炽灯泡和灯座。电灯由一个装有很长灯丝的透明灯泡组成。灯泡内充满了低压惰性气体。灯丝连接在两个灯丝接线端上，接线端则密封于灯泡基座中。另外还有一根细铁丝用来支撑灯丝。

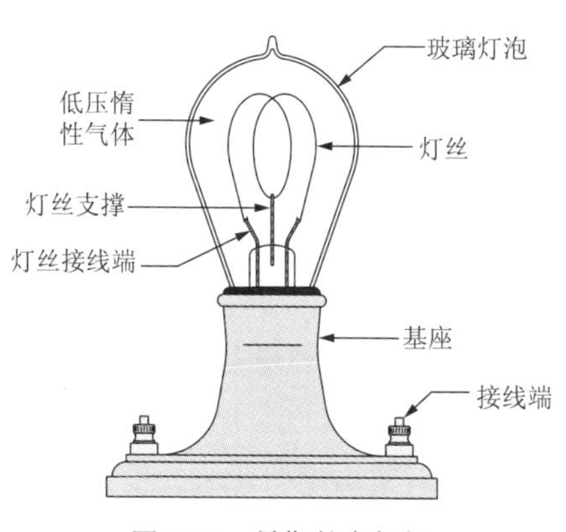

图10.1 早期的白炽灯

制作一个如图10.2所示的简单的白炽灯泡，是一件非常简单的事情。将一根极细的钨丝连接在两个接线端上作为灯丝，将其放入一个试管中，然后将试管中充满氩气。最后用一个高温软木塞塞紧试管的底部。利用一个可调电源给灯泡供电，慢慢提高电压直到灯丝发光。当灯泡达到最大工作温度时，软木塞就已经塞得非常紧了，密封住了惰性气体。

图10.3示出一个装有螺旋灯头的白炽灯泡。灯丝由盘绕的钨丝制成，同样在充满惰性气体的环境下工作。惰性气体通常采用80%大气压的氩气。采用这样的气压是因为在额定的工作温度下，灯泡内部气压会升高

并达到大气压力。现在的灯泡内部通常会覆盖一层白色的散射物，使得光线更加柔和，散射效果更佳。

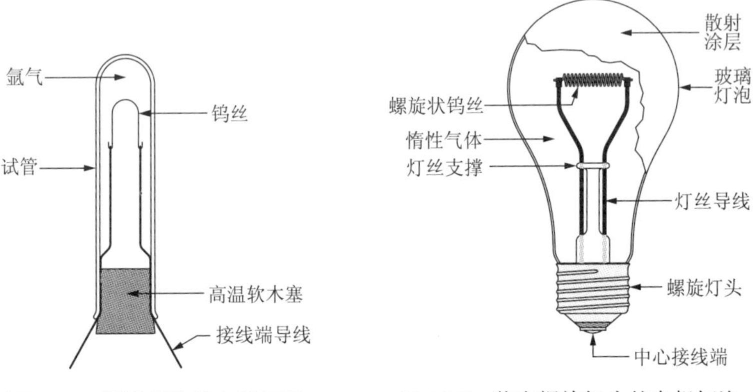

图10.2 简易制作的白炽灯泡　　**图10.3** 装有螺旋灯头的白炽灯泡

151 白炽灯的常用控制电路

1）一只开关控制一盏灯电路

电路如图10.4所示，这是一种最基本、最常用的照明灯控制电路。开关S应串接在220V电源相线上，如果使用的是螺口灯头，相线应接在灯头中心接点上。开关可以使用拉线开关、扳把开关或跷板式开关等单极开关。开关以及灯头的功率不能小于所安装灯泡的额定功率。

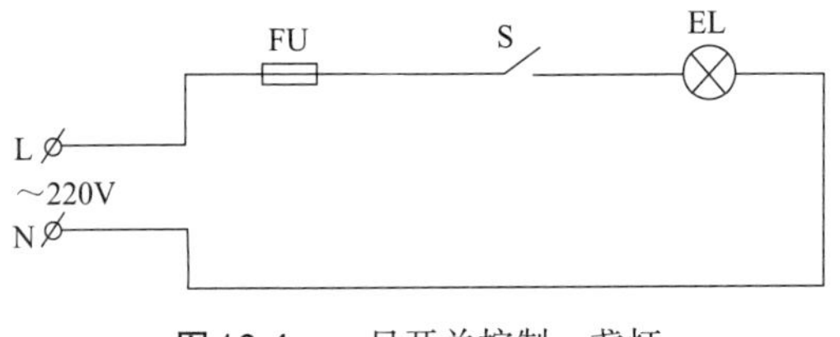

图10.4 一只开关控制一盏灯

为了便于夜间开灯时寻找到开关位置，可以采用有发光指示的开关来控制照明灯，电路如图10.5所示。当开关S打开时，220V交流电经电阻R降压限流加到发光二极管LED两端，使LED通电发光。此时流经电灯EL的电流甚微，约2mA左右，可以认为不消耗电能，电灯也不会点亮。合上开关S，电灯EL可正常发光，此时LED熄灭。若打开S，LED不发光，如果不是灯泡EL灯丝烧断，那就是电网断电了。

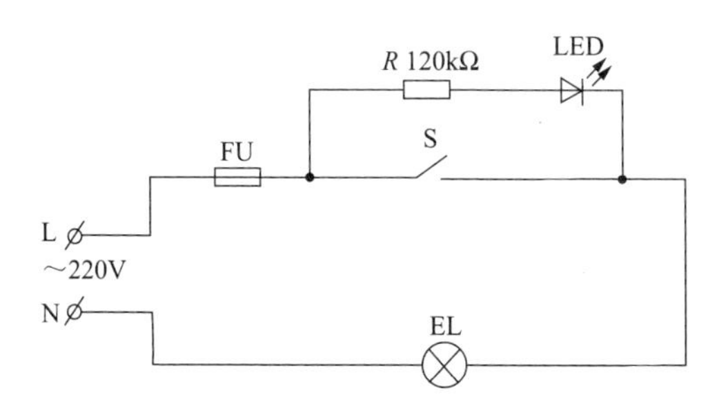

图10.5　白炽灯采用有发光指示的开关电路

2）一只开关控制三盏灯（或多盏灯）电路

电路如图10.6（a）所示，安装接线时，要注意所连接的所有灯泡的总电流，应小于开关允许通过的额定电流值。为了避免布线中途的导线接头，减少故障点，可将接头安排在灯座中，电路如图10.6（b）所示。

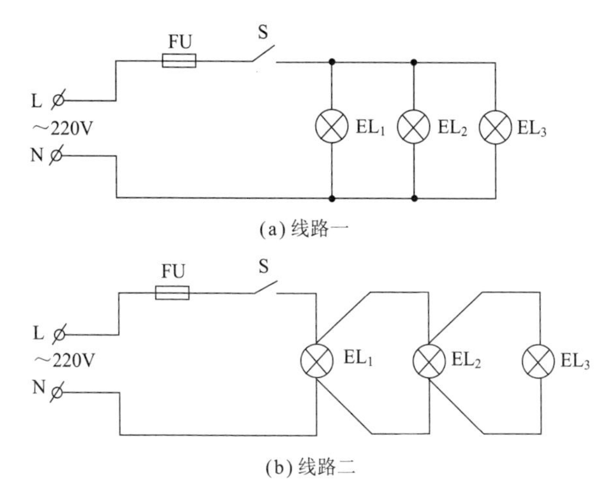

图10.6　一只开关控制三盏灯（或多盏灯）

3）两只开关在两地控制一盏灯电路

电路如图10.7（a）所示，这种方式用于需两地控制时，如楼梯上使用的照明灯，要求在楼上、楼下都能控制其亮灭。安装时，需要使用两根导线把两只单刀双掷开关连接起来。

另一种线路（图10.7（b））可在两开关之间节省一根导线，同样能达到两只开关控制一盏灯的效果。这种方法适用于两只开关相距较远的场所，缺点是由于线路中串接了整流管，灯泡的亮度会降低些，一般可应用于亮度要求不高的场合。二极管VD_1 ~ VD_4一般可用1N4007，如果所用灯泡功率超过200W，则应用1N5407等整流电流更大的二极管。

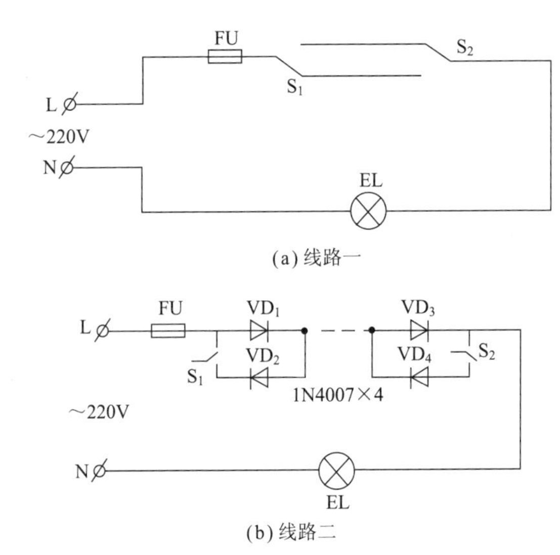

图10.7 两只开关在两地控制一盏灯

4）三地控制一只灯电路

由两只单刀双掷开关和一只双刀双掷开关可以实现三地控制一只灯的目的，电路如图10.8所示。图中S_1、S_3为单刀双掷开关，S_2为双刀双掷开关。不难看出，无论电路初始状态如何，只要扳动任意一只开关，负载EL将由断电状态变为通电状态或者相反。

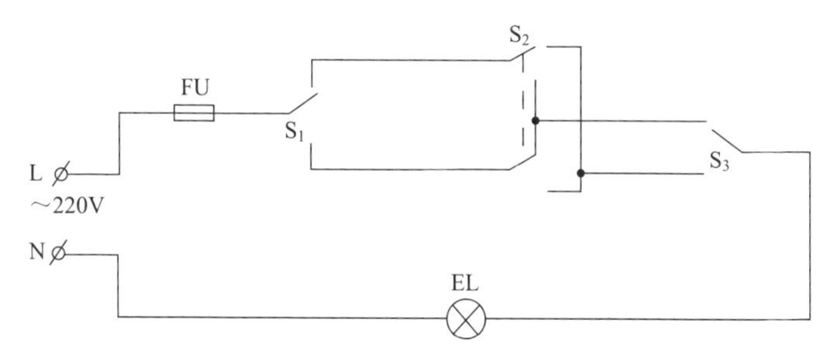

图 10.8 三地控制一盏灯

5）五层楼单元照明灯控制电路

电路如图 10.9 所示，S_1 ~ S_5分别装在单元一至五层楼的楼梯内，灯泡分别装在各楼层的走廊里。S_1、S_5为单极双联开关，S_2 ~ S_4为双极双联开关。这样在任意楼层都可控制单元走廊的照明灯。例如上楼时开灯，到五楼再关灯，或从四楼下楼时开灯，到一楼再关灯。

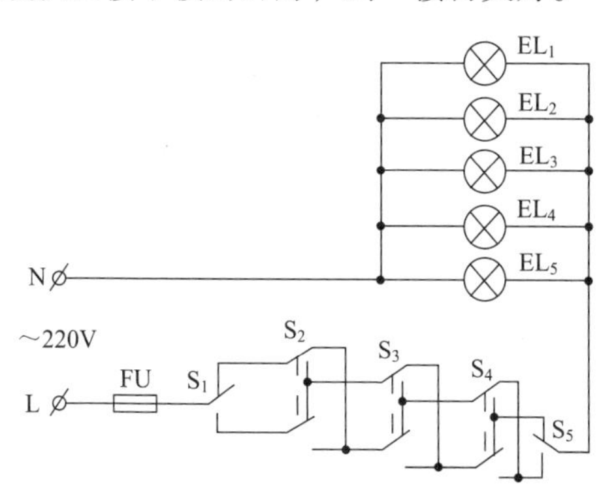

图 10.9 五层楼单元照明灯控制电路

6）自动延时关灯电路

用时间继电器可以控制照明灯自动延时关灯。该方法简单易行，使用方便，能有效地避免长明灯现象，电路如图 10.10 所示。

SB_1 ~ SB_4和EL_1 ~ EL_4是设置在四处的开关和灯泡（如在四层楼的每一层设置一个灯泡和一个开关）。当按下SB_1 ~ SB_4开关中的任意一只时，失电延时时间继电器KT得电后，其常开触点闭合，使EL_1 ~ EL_4均点亮。当手离开所按开关后，时间继电器KT的接点并不立即断开，而是延时一定时间后才断开。在延时时间内灯泡EL_1～EL_4继续亮着，直至延时结束接点断开才同时熄灭。延时时间可通过时间继电器上的调节装置进行调节。

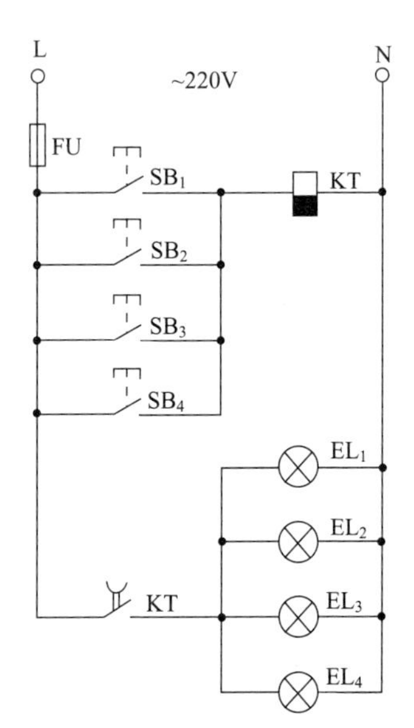

图10.10　自动延时关灯电路

152 荧光灯

荧光灯与白炽灯一样被广泛使用。它在单位功率下可以产生更高的光效，更加适合于大多数办公室和商业场所。图10.11示出一种典型的荧光灯管。

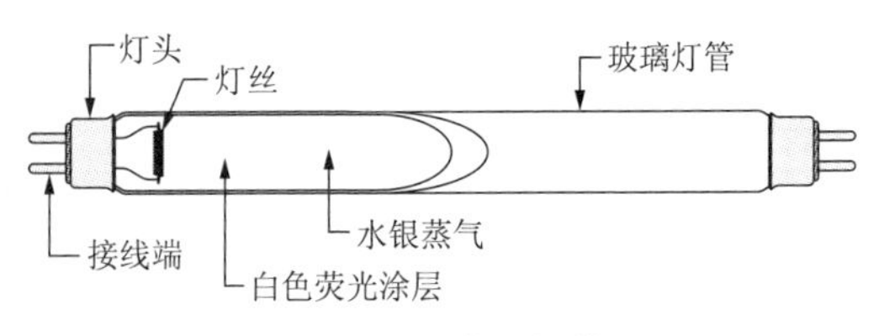

图10.11　荧光灯管

这种灯管很长，在每端都有一组灯丝，灯管中充满氩气或汞蒸汽。灯管内部的表面上附有一层白色的荧光材料。灯管开始工作时，电流经过灯丝产生很强的电子束和热量。在灯管温度升高以后，电压击穿灯管的两极，灯管内部的气体分子受到激发产生紫外线。紫外线再次激发管壁上的荧光物质就产生了可见光。

图10.12所示为一个简单的荧光灯启动电路。按下启动开关使得灯丝发热，待灯管加热后，开关松开改变电源导路方向，灯丝上的电压将击穿灯管内的气体，并最终使得气体发光。要关闭荧光灯只需断开电源。

如果需要自动启动一个荧光灯管，通常可以使用一个启辉器，如图10.13所示。启辉器是一个内部充满氖气的管子，管子内部有两个触点，其中一个是固定的，另外一个触点是由一种双金属材料合成的金属丝。

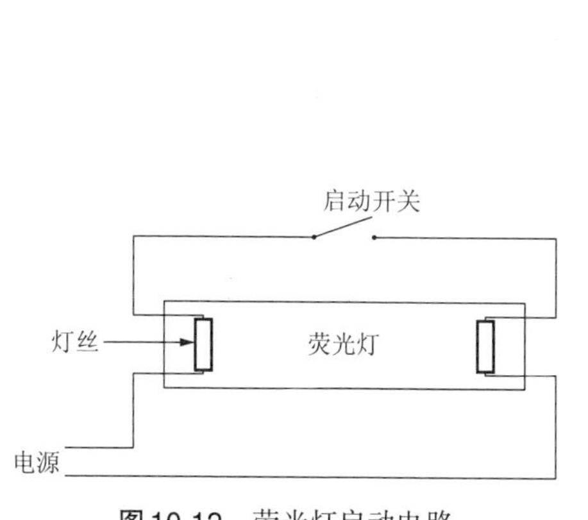

图10.12 荧光灯启动电路

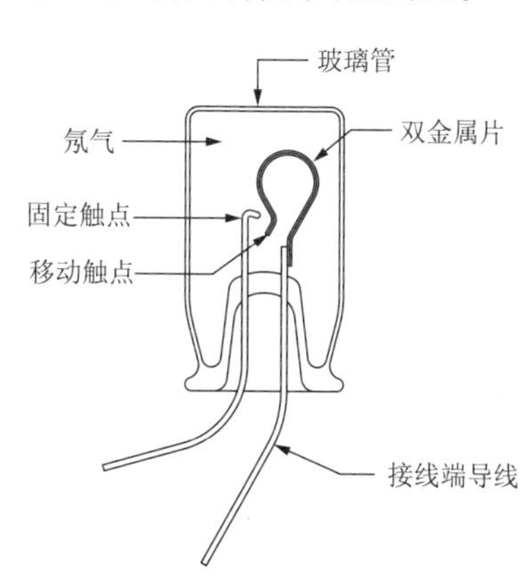

图10.13 启辉器

图10.14所示为有启辉器的荧光灯启动电路。当电源接通时，启辉器产生电弧使得双金属材料受热。随复合金属丝温度升高，金属丝产生变形，并最终与固定金属丝接触，为灯丝提供了导电回路。金属丝接触后，电弧消失，复合金属丝冷却后与固定金属丝断开连接，灯丝之间的电源导路断开，灯管发光。灯管电路将吸收大多数的电源电流，足以阻止启辉器再次发光。这种启辉器电路最重要的优点之一就是如果出现瞬时的电源断电，那么灯管还可以自动启动。

因为荧光灯管工作时的电阻很小，所以有必要在电路中加入一个镇流器，如图10.14所示。镇流器的一个主要作用是在启动器触点打开时提供一个瞬时高压，同时又可以限制电灯工作电流。图10.15所示为典型的荧光灯镇流器。

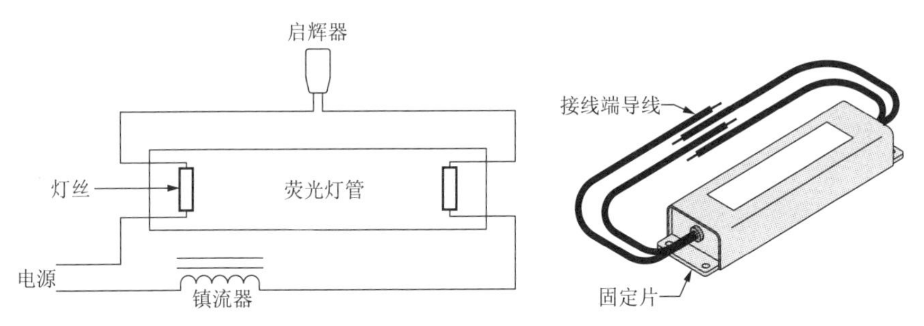

图10.14　有镇流器的荧光灯启动电路

图10.15　荧光灯镇流器

153 与白炽灯、荧光灯相关的灯头、灯座

1）标准灯头

每一种灯泡都有许多种标准灯头可供选择。一般情况下，常识会帮助我们做出选择。比如，在许多手持照明设施选用中等螺旋灯头，而交通工具上多选用三脚式灯头。

图10.16所示为常用白炽灯的标准螺口灯头。中号灯头是最常用的一种灯头，灯泡功率从25～150W，而小型和烛台型灯头多用在装饰灯饰上。迷你型灯头可以用在闪光灯、指示灯及搭建积木中。中等裙边式灯头一般用在户外照明设施中，如泛光照明。次大型灯头多用在功率较高的灯和水银灯上。大号灯头用于工业和大功率设备上。

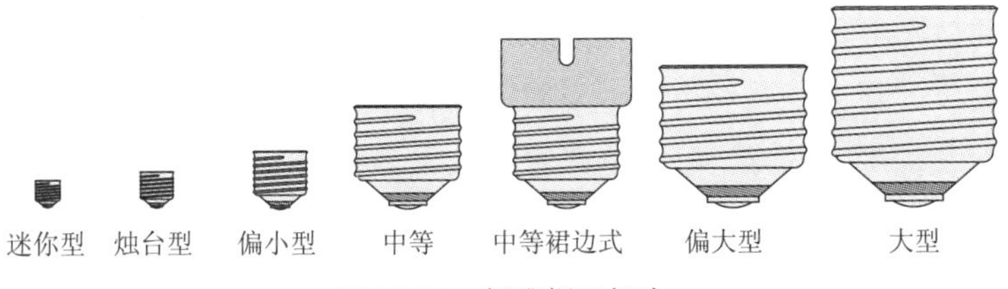

图10.16　标准螺口灯头

卡口灯头经常用在汽车和仪器设备中。图10.17所示为双触点和单触点灯头。双触点灯头通常用于双灯丝灯泡中，如汽车尾灯。其中一个灯丝在行驶中点亮，而另外一个更亮的则在制动时点亮。

带法兰灯头的灯泡如图10.18所示，是闪光灯和指示灯中经常用到的类型。灯泡采用螺纹接头固定在灯头中。

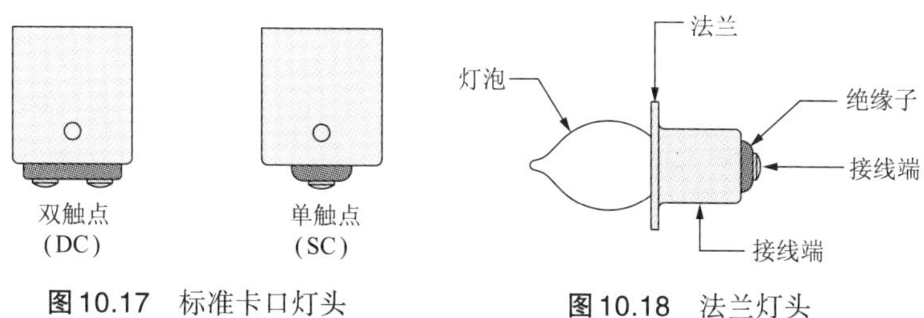

图10.17 标准卡口灯头　　**图10.18** 法兰灯头

双插头灯头如图10.19所示，经常使用在高强度灯泡上，比如卤素灯上。这种灯头多用于放映机和声像设备中。

带有凹槽灯头的灯泡，一般用在需要很小的白炽灯泡的工作场合。这些灯泡可以塞入采用弹簧卡紧的插口中。图10.20所示为典型的带有凹槽的灯泡。

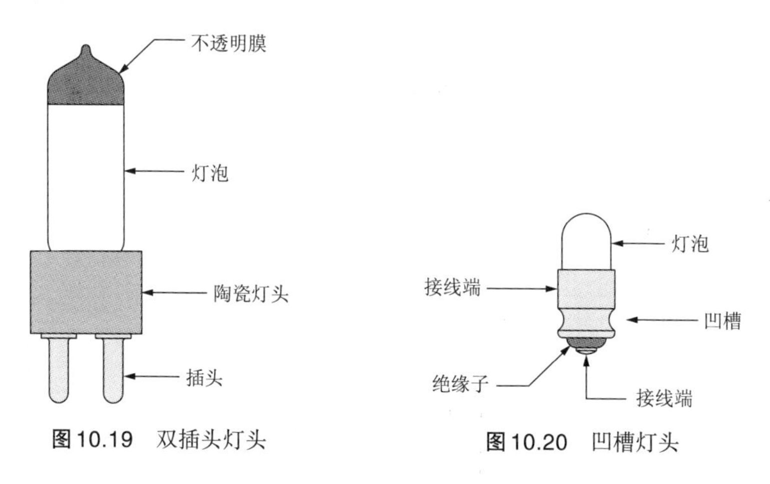

图10.19 双插头灯头　　**图10.20** 凹槽灯头

密封梁式灯头多用于汽车、建筑设备和船舶中，通常采用图10.21所示的四种基本结构之一。其中两脚的和三脚的通常用于标准接头。扁平接线片则使用在标准弯曲接头上，螺栓接头则应用于连接剥皮电线或螺纹连接片。

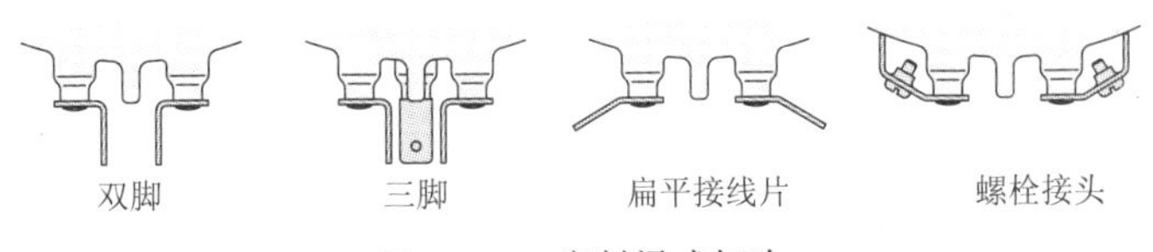

图10.21　密封梁式灯头

荧光灯管通常使用中型双脚或单脚灯头，如图10.22所示。隐藏双触点式是比较典型的工业应用类型，而迷你双插头灯头则使用在小型设备和仪器中。

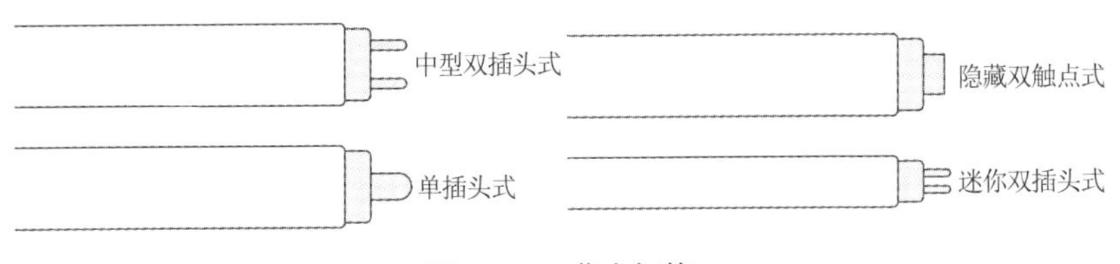

图10.22　荧光灯管

2）灯泡座

图10.23所示为一些商用的灯泡座。灯座通常包含多种功率、材料、开关和固定方式。图中还有可将烛台型灯泡安装于中型灯座的转接螺旋插座。

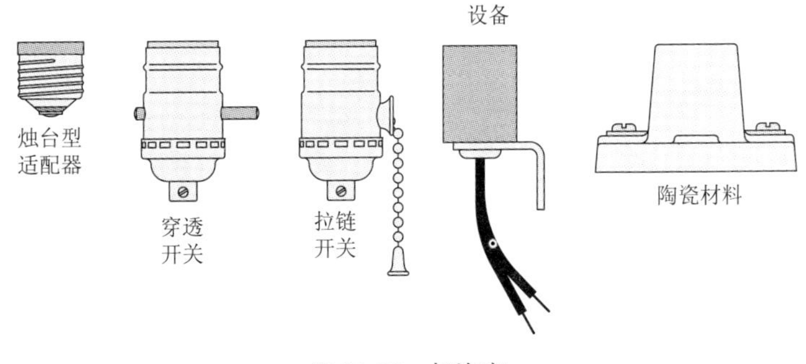

图10.23　灯泡座

卡口灯座通常有焊片式、弯脚安装式和塑料法兰式。焊片式灯座能够支撑连接有导线的灯泡。这类应用中一种更好的选择就是弯脚安装式灯座。灯座可以用螺栓螺母或空心铆钉安装。图10.24所示为三种典型的卡口灯座。

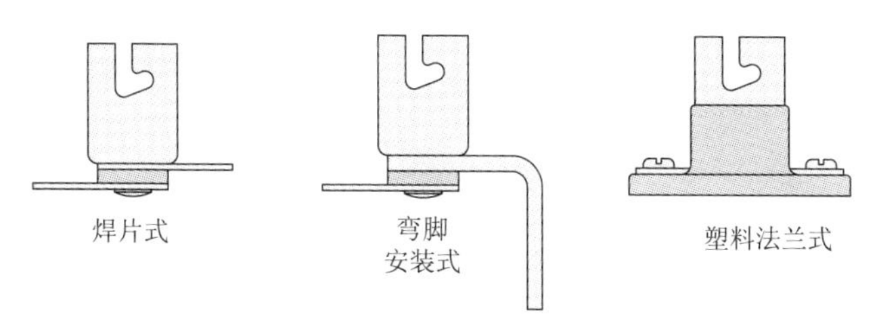

图10.24 卡口灯座

面板安装型灯座如图10.25所示，通常用在工业设备中。图中所示为面板安装型灯座的两个例子，左边的适用于卡口和螺口灯头，右边的则适用于法兰灯头。

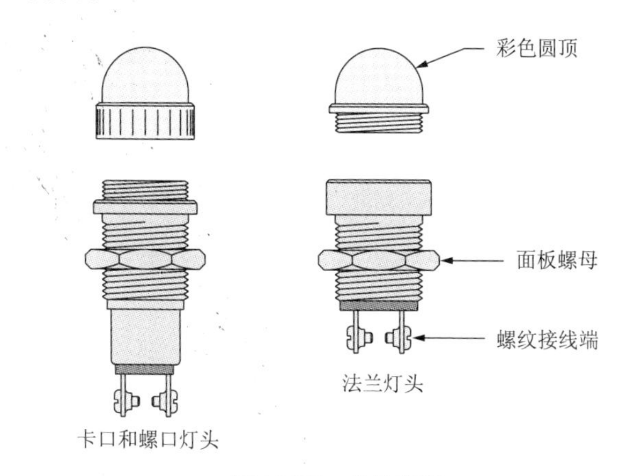

图10.25 卡口灯座

3）灯泡形状

可供选择的灯泡形状有很多种，图10.26所示为一些常见的标准白炽灯泡。类型字母指明了典型形状，通常类型字母后会跟随一个数字，数字表示灯泡的直径，灯泡直径以1/8in为一个增量等级。举一个例子，

G25号就是一个球形灯泡，直径为25乘以0.125in或$3\frac{1}{8}$ in。A10号就是一个圆柱形灯泡，直径为$1\frac{1}{4}$ in。

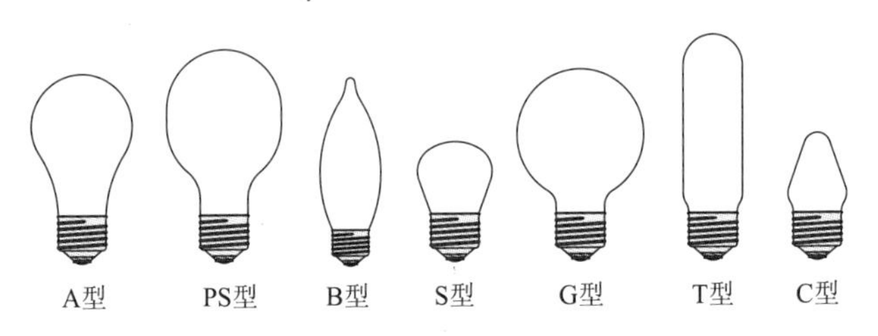

图10.26 标准的灯泡形状

泛光灯和聚光灯与标准白炽灯一样，也有它们自己的标识。图10.27所示为一些经常可以见到的泛光灯和聚光灯。

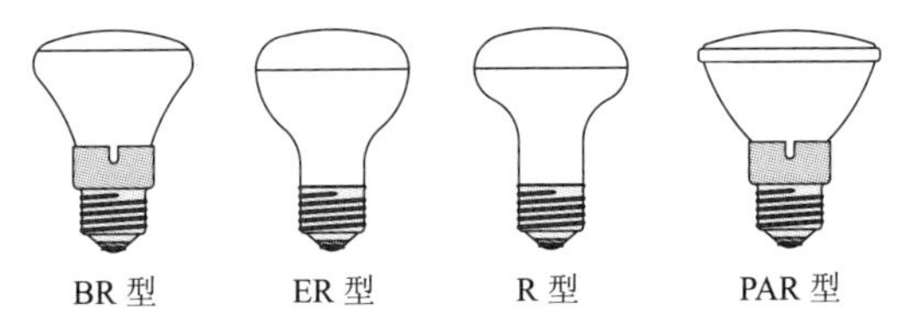

图10.27 标准的泛光灯和聚光灯

图10.28所示为水银蒸汽灯和高压钠灯的灯泡形状和标识。值得注意的是，这些灯泡通常只会安装在次大型或大型灯头中。

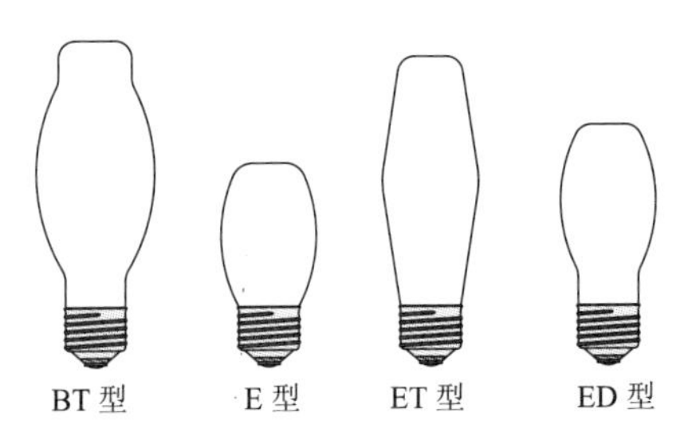

图10.28 标准高压放电灯泡形状

如今，随处可见采用螺纹灯头的紧凑型荧光灯泡，如图10.29所示。这些灯泡和同类的白炽灯相比效率更高，因而得到广泛应用。

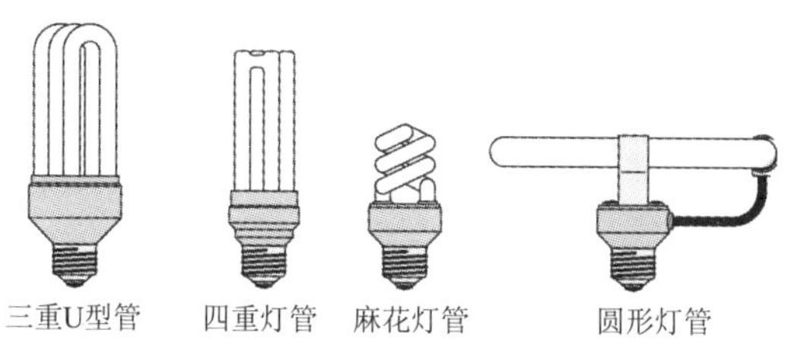

图10.29 螺纹灯头荧光灯管

灯泡通常都有内置的反射装置，可分为不同的两类：散射和聚光。泛光灯通常在灯丝后面有一个反射面，将灯丝产生的光向前反射。而灯的镜片充当一个散射体，镜片一般为磨砂型或由一系列散射镜片组成，如图10.30所示。

聚光灯有一个抛物面形反射镜，其作用是将焦点上的点光源反射成为强光束。这种聚光灯可以是一个完整的灯泡；但是，经常会看见它采用图10.31所示的组装式结构。在这种场合，反射镜设计成在其焦点处可以安装一个高强度卤素灯泡的形式。装配时将一个散光屏蔽罩固定在平面镜片的中央。平面镜片的作用是防止尘土进入反光镜。

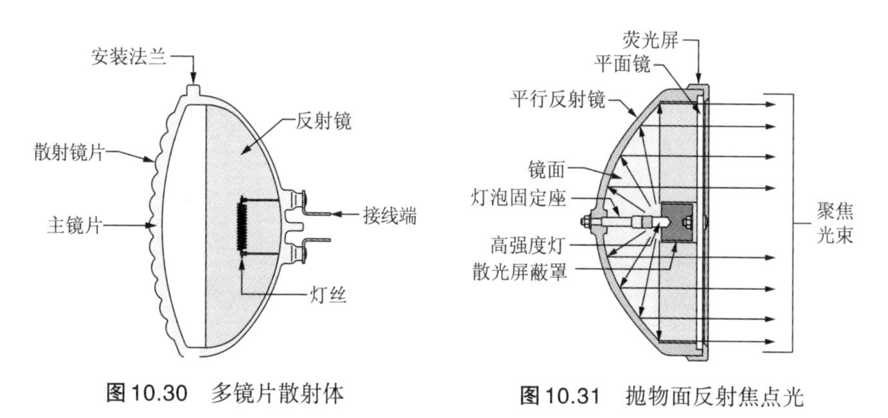

图10.30 多镜片散射体

图10.31 抛物面反射焦点光

154 白炽灯的安装方法

1）悬吊式照明灯的安装

① 圆木（木台）的安装。先在准备安装挂线盒的地方打孔，预埋

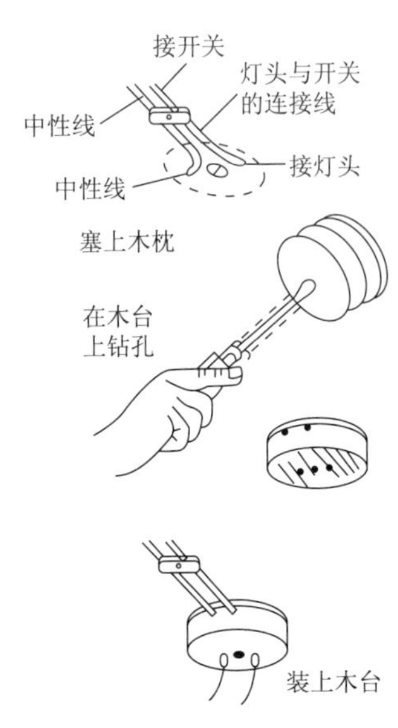

图10.32　圆木的安装

木榫或膨胀螺栓。然后对圆木进行加工，在圆木中间钻3个小孔，孔的大小应根据导线的截面积选择。如果是护套线明配线，应在圆木底面正对护套线的一面用电工刀刻两条槽，将两根导线嵌入圆木槽内，并将两根电源线端头分别从两个小孔中穿出。最后用木螺钉通过中间小孔将圆木固定在木榫上，如图10.32所示。

② 挂线盒的安装。塑料挂线盒的安装过程是先将电源线从挂线盒底座中穿出，用螺丝将挂线盒紧固在圆木上，如图10.33（a）所示。然后将伸出挂线盒底座的线头剥去20mm左右绝缘层，弯成接线圈后，分别压接在挂线盒的两个接线桩上。再按灯具的安装高度要求，取一段花线或塑料绞线作挂线盒与灯头之间的连接线，上端接挂线盒内的接线桩，下端接灯头接线桩。为了不使接头处承受灯具重力，吊灯电源线在进入挂线盒盖后，在离接线端头50mm处打一个结（电工扣），如图10.33（b）所示。这个结正好卡在挂线盒孔里，承受着部分悬吊灯具的重量。

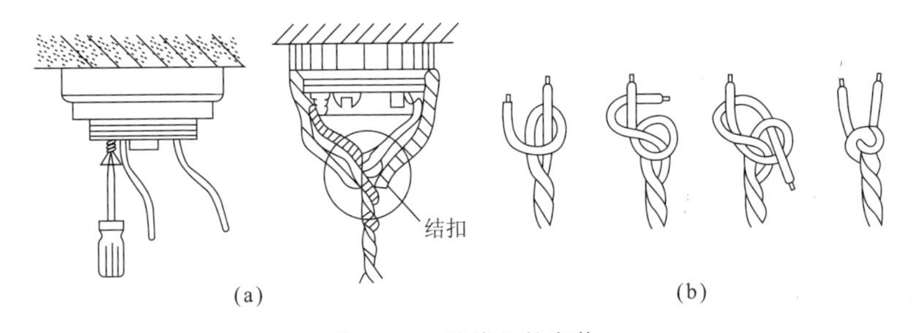

图10.33　挂线盒的安装

③ 灯座的安装。首先把螺口灯座的胶木盖子卸下，将软吊灯线下端穿过灯座盖孔，在离导线下端约30mm处打一电工扣，然后把去除绝缘

层的两根导线下端的芯线分别压接在灯座两个接线端子上，如图10.34所示，最后旋上灯座盖。如果是螺口灯座，火线应接在跟中心铜片相连的接线桩上，零线接在与螺口相连的接线桩上。

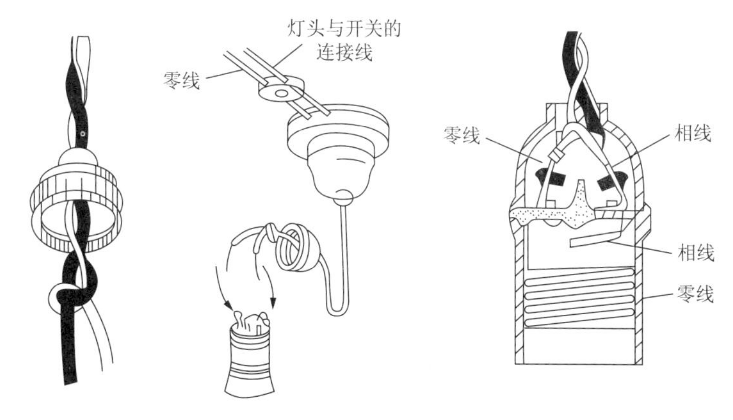

图10.34　吊灯座的安装

2）矮脚式电灯的安装

① 卡口矮脚式灯头的安装。卡口矮脚式灯头的安装方法和步骤如图10.35所示。

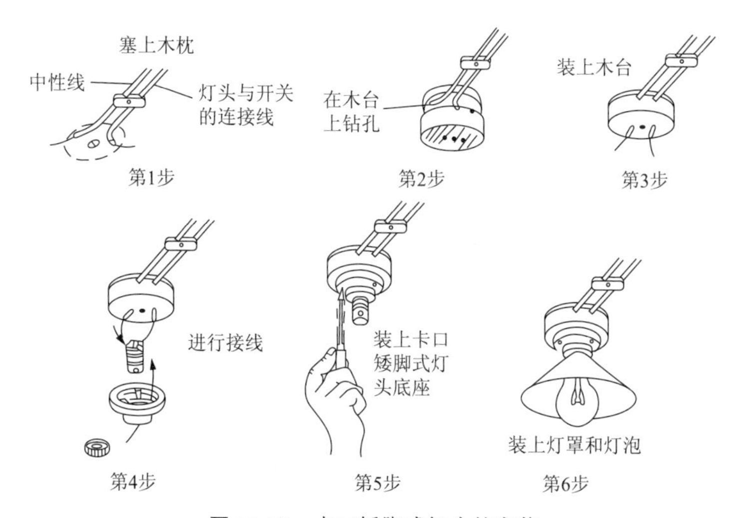

图10.35　卡口矮脚式灯头的安装

第1步，在准备装卡口矮脚式灯头的地方居中塞上木枕。

第2步，对准灯头上的穿线孔的位置，在木台上钻两个穿线孔和一个螺丝孔。

第3步，把中性线线头和灯头与开关连接线的线头对准位置穿入木台的两个孔里，用螺丝把木台连同底板一起钉在木枕上。

第4步，把两个线头分别接到灯头的两个接线桩头上。

第5步，用三枚螺丝把灯头底座装在木台上。

第6步，装上灯罩和灯泡。

② 螺旋口矮脚式电灯的安装。螺旋口矮脚式电灯的安装方法除了接线以外，其余与卡口矮脚式电灯的安装方法几乎完全相同，如图10.36所示。螺旋口式灯头接线时应注意，中性线要接到跟螺旋套相连的接线桩上，灯头与开关的连接线（实际上是通过开关的相线）要接到跟中心铜片相连的接线桩头上，千万不可接反，否则在装卸灯泡时容易发生触电事故。

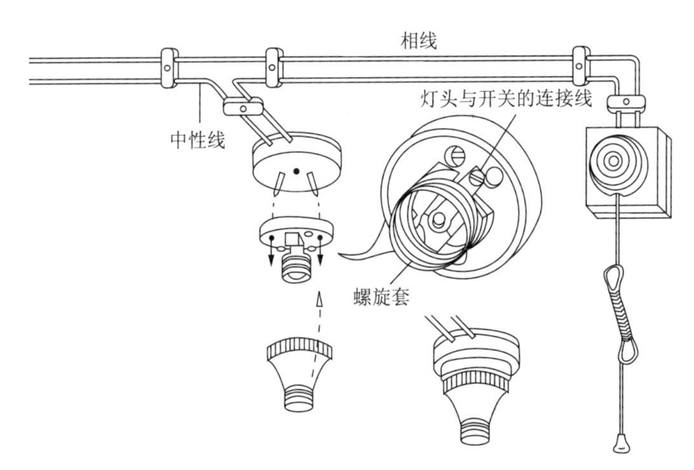

图10.36 螺旋口矮脚式电灯的安装

3）吸顶灯的安装

吸顶灯与屋顶天花板的结合可采用过渡板安装法或直接用底盘安装法。

① 过渡板安装法。首先用膨胀螺栓将过渡板固定在顶棚预定位置。将底盘元件安装完毕后，再将电源线由引线孔穿出，然后托着底盘找过渡板上的安装螺栓，上好螺母。因不便观察而不易对准位置时，可用一根铁丝穿过底盘安装孔，顶在螺栓端部，使底盘慢慢靠近，沿铁丝顺利对准螺栓并安装到位，如图10.37所示。

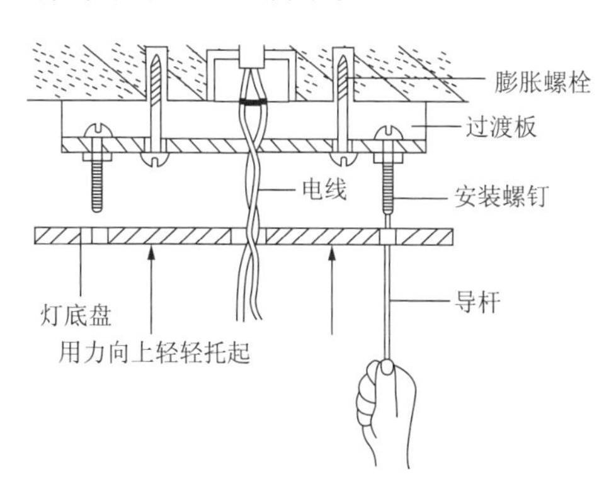

图10.37 吸顶灯经过渡板安装

② 直接用底盘安装。安装时用木螺钉直接将吸顶灯的底座固定在预先埋好在天花板内的木砖上，如图10.38所示。当灯座直径大于100mm时，需要用2～3只木螺钉固定灯座。

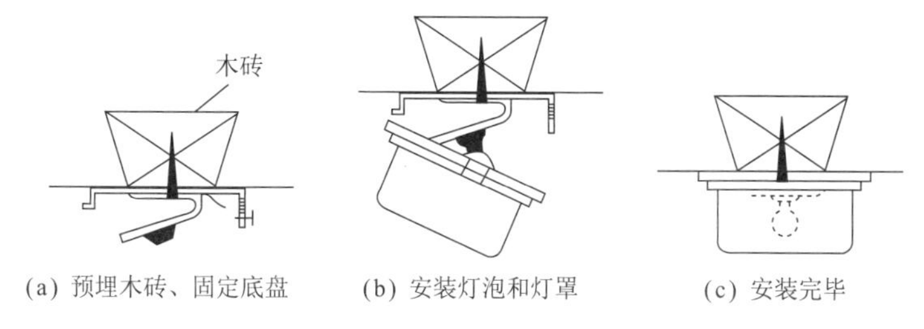

(a) 预埋木砖、固定底盘 (b) 安装灯泡和灯罩 (c) 安装完毕

图10.38 吸顶灯直接用底盘安装

4）壁灯的安装

壁灯安装在砖墙上时，应在砌墙时预埋木砖（禁止用木楔代替木砖）或金属构件。壁灯下沿距地面的高度为1.8～2m，室内四面的壁灯安装高度可以不相同，但同一墙面上的壁灯高度应一致。壁灯为明线敷设时，

可将塑料圆台或木台固定在木砖或金属构件上，然后再将灯具基座固定在木台上，如图10.39（a）所示。壁灯为暗线敷设时，可用膨胀螺栓直接将灯具基座固定在墙内的塑料胀管中，如图10.39（b）所示。壁灯装在柱子上时，可直接将灯具基座安装在柱子上预埋的金属构件上或用抱箍固定的金属构件上，如图10.39（c）所示。

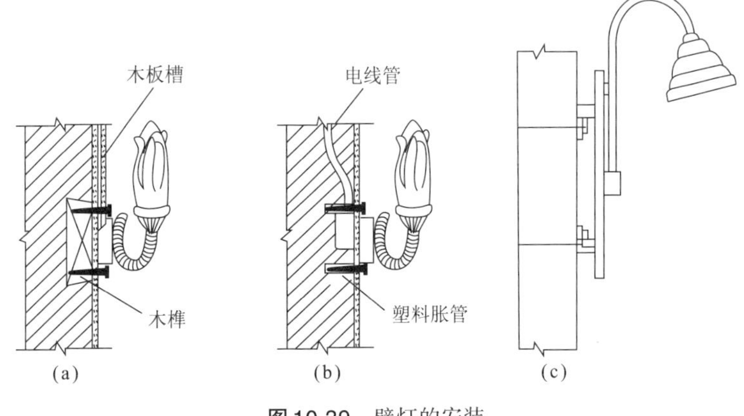

图10.39 壁灯的安装

155 白炽灯的常见故障及检修方法

白炽灯的常见故障及检修方法见表10.1。

表10.1 白炽灯的常见故障及检修方法

故障现象	产生原因	检修方法
灯泡不亮	·灯丝烧断 ·电源熔丝烧断 ·开关接线松动或接触不良 ·线路中有断路故障 ·灯座内接触点与灯泡接触不良	·更换新灯泡 ·检查熔丝烧断的原因并更换熔丝 ·检查开关的接线处并修复 ·检查电路的断路处并修复 ·去掉灯泡，修理弹簧触点，使其有弹性
开关合上后熔丝立即熔断	·灯座内两线头短路 ·螺口灯座内中心铜片与螺旋铜圈相碰短路 ·线路或其他电器短路 ·用电量超过熔丝容量	·检查灯座内两接线头并修复 ·检查灯座并扳准中心铜片 ·检查导线绝缘是否老化或损坏，检查同一电路中其他电器是否短路，并修复 ·减小负载或更换大一级的熔丝

续表 10.1

故障现象	产生原因	检修方法
灯泡发强烈白光，瞬时烧坏	· 灯泡灯丝搭丝造成电流过大 · 灯泡的额定电压低于电源电压 · 电源电压过高	· 更换新灯泡 · 更换与线路电压一致的灯泡 · 查找电压过高的原因并修复
灯光暗淡	· 灯泡内钨丝蒸发后积聚在玻壳内表面使玻壳发乌，透光度减低；同时灯丝蒸发后变细，电阻增大，电流减小，光通量减小 · 电源电压过低 · 线路绝缘不良有漏电现象，致使灯泡所得电压过低 · 灯泡外部积垢或积灰	· 正常现象，不必修理，必要时可更换新灯泡 · 调整电源电压 · 检修线路，更换导线 · 擦去灰垢
灯泡忽明忽暗或忽亮忽灭	· 电源电压忽高忽低 · 附近有大电动机启动 · 灯泡灯丝已断，断口处相距很近，灯丝晃动后忽接忽离 · 灯座、开关接线松动 · 保险丝接头处接触不良	· 检查电源电压 · 待电动机启动过后会好转 · 及时更换新灯泡 · 检查灯座和开关并修复 · 紧固保险丝

156 荧光灯的安装方法

荧光灯的安装方法如下：

① 准备灯架。根据荧光灯管的长度，购置或制作与之配套的灯架。

② 组装灯具。荧光灯灯具的组装，就是将镇流器、启辉器、灯座和灯管安装在铁制或木制灯架上。组装时必须注意，镇流器应与电源电压、灯管功率相配套，不可随意选用。由于镇流器比较重，又是发热体，应将其扣装在灯架中间或在镇流器上安装隔热装置。启辉器规格应根据灯管功率来确定。启辉器宜装在灯架上便于维修和更换的地点。两灯座之间的距离应准确，防止因灯脚松动而造成灯管掉落。灯具的组装如图10.40所示。

③ 固定灯架。固定灯架的方式有吸顶式和悬吊式两种。悬吊式又分金属链条悬吊和钢管悬吊两种。安装前先在设计的固定点打孔预埋合适的固定件，然后将灯架固定在固定件上。

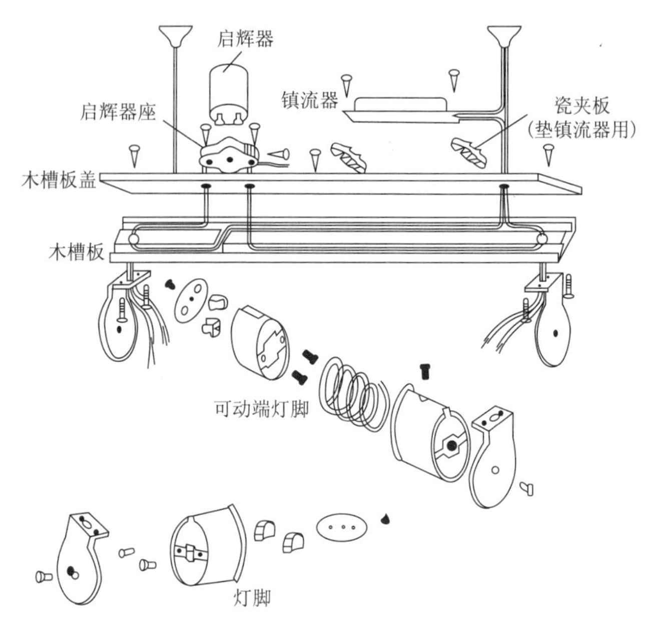

图10.40 组装灯具

④ 组装接线。启辉器座上的两个接线端分别与两个灯座中的一个接线端连接，余下的接线端，其中一个与电源的中性线相连，另一个与镇流器的一个出线头连接。镇流器的另一个出线头与开关的一个接线端连接，而开关的另一个接线端则与电源中的一根相线相连。与镇流器连接的导线既可通过瓷接线柱连接，也可直接连接，但要恢复绝缘层。接线完毕，要对照电路图仔细检查，以免错接或漏接，如图10.41所示。

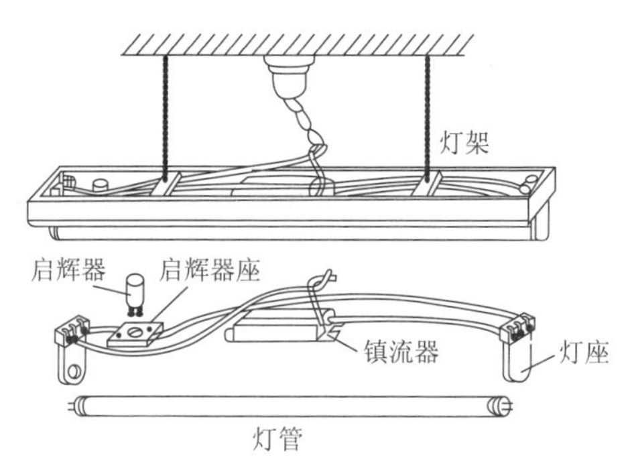

图10.41 日光灯的组装接线

⑤ 安装灯管。安装灯管时，对插入式灯座，先将灯管一端灯脚插入带弹簧的一个灯座，稍用力使弹簧灯座活动部分向外退出一小段距离，另一端趁势插入不带弹簧的灯座。对开启式灯座，先将灯管两端灯脚同时卡入灯座的开缝中，再用手握住灯管两端头旋转约1/4圈，灯管的两个引出脚即被弹簧片卡紧，使电路接通，如图10.42所示。

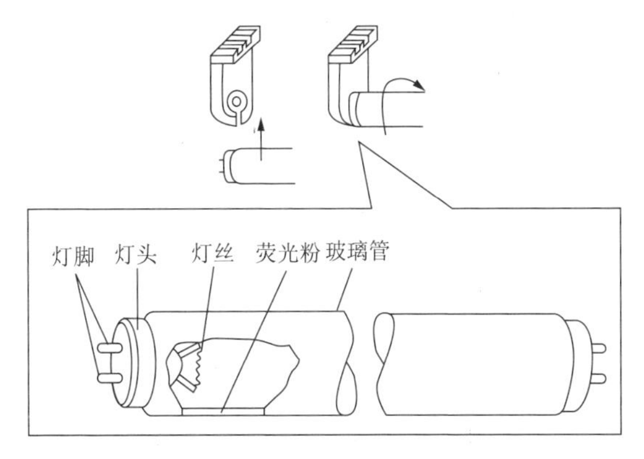

图10.42　安装灯管

⑥ 安装启辉器。最后把启辉器安放在启辉器底座上，如图10.43所示。开关、熔断器等按白炽灯安装方法进行接线。检查无误后，即可通电试用。

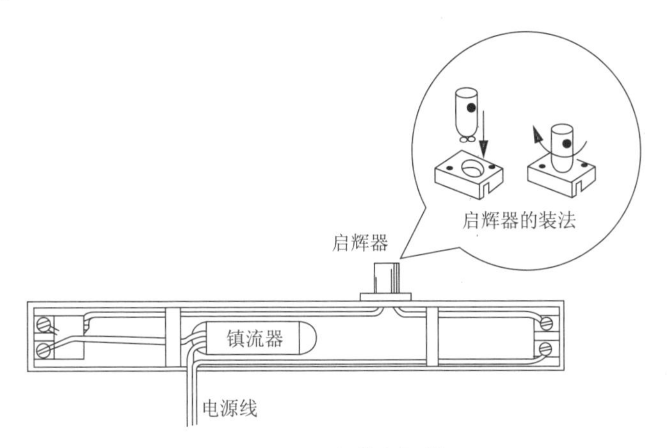

图10.43　安装启辉器

 荧光灯的常见故障及检修方法

荧光灯的常见故障及检修方法见表10.2。

表10.2 荧光灯的常见故障及检修方法

故障现象	产生原因	检修方法
荧光灯管不能发光或发光困难	·电源电压过低或电源线路较长造成电压降过大 ·镇流器与灯管规格不配套或镇流器内部断路 ·灯管灯丝断丝或灯管漏气 ·启辉器陈旧损坏或内部电容器短路 ·新装荧光灯接线错误 灯管与灯脚或启辉器与启辉器座接触不良 ·气温太低难以启辉	·有条件时调整电源电压，线路较长应加粗导线 ·更换与灯管配套的镇流器 ·更换新荧光灯管 ·用万用表检查启辉器里的电容器是否短路，如有应更换新启辉器 ·断开电源及时更正错误线路 ·一般荧光灯灯脚与灯管接触处最容易接触不良，应检查修复。另外，用手重新装调启辉器与启辉器座，使之良好配接 ·进行灯管加热、加罩或换用低温灯管
荧光灯灯光抖动及灯管两头发光	·荧光灯接线有误或灯脚与灯管接触不良 ·电源电压太低或线路太长，导线太细，导致电压降太大 ·启辉器本身短路或启辉器座两接触点短路 ·镇流器与灯管不配套或内部接触不良 ·灯丝上电子发射物质耗尽，放电作用降低 ·气温较低，难以启辉	·更正错误线路或修理加固灯脚接触点 ·检查线路及电源电压，有条件时调整电压或加粗导线截面积 ·更换启辉器，修复启辉器座的触片位置或更换启辉器座 ·配换适当的镇流器，加固接线 ·换新荧光灯灯管 ·进行灯管加热或加罩处理
灯光闪烁或光有滚动	·更换新灯管后出现的暂时现象 ·单根灯管常见现象 ·荧光灯启辉器质量不佳或损坏 ·镇流器与荧光灯不配套或有接触不良处	·一般使用一段时间后即可好转，有时将灯管两端对调一下即可正常 ·有条件可改用双灯管解决 ·换新启辉器 ·调换与荧光灯管配套的镇流器或检查接线有无松动，进行加固处理
荧光灯在关闭开关后，夜晚有时会有微弱亮光	·线路潮湿，开关有漏电现象 ·开关不是接在火线上而错接在零线上	·进行烘干或绝缘处理，开关漏电严重时应更换新开关 ·把开关接在火线上

续表 10.2

故障现象	产生原因	检修方法
荧光灯管两头发黑或产生黑斑	· 电源电压过高 · 启辉器质量不好，接线不牢，引起长时间的闪烁 · 镇流器与荧光灯管不配套 · 灯管内水银凝结（是细灯管常见的现象） · 启辉器短路，使新灯管阴极发射物质加速蒸发而老化，更换新启辉器后，亦有此现象 · 灯管使用时间过长，老化陈旧	· 处理电压升高的故障 · 换新启辉器 · 更换与荧光灯管配套的镇流器 · 启动后即能蒸发，也可将灯管旋转 180° 后再使用 · 更换新的启辉器和新的灯管 · 更换新灯管
荧光灯亮度降低	· 温度太低或冷风直吹灯管 · 灯管老化陈旧 · 线路电压太低或压降太大 · 灯管上积垢太多	· 加防护罩并回避冷风直吹 · 严重时更换新灯管 · 检查线路电压太低的原因，有条件时调整线路或加粗导线截面使电压升高 · 断电后清除灯管并做烘干处理
噪声太大或对无线电干扰	· 镇流器质量较差或铁心硅钢片未夹紧 · 电路上的电压过高，引起镇流器发出声音 · 启辉器质量较差引起启辉时出现杂声 · 镇流器过载或内部有短路处 · 启辉器电容器失效开路，或电路中某处接触不良 · 电视机或收音机与日光灯距离太近引起干扰	· 更换新的配套镇流器或紧固硅钢片铁心 · 如电压过高，要找出原因，设法降低线路电压 · 更换新启辉器 · 检查镇流器过载原因（如是否与灯管配套，电压是否过高，气温是否过高，有无短路现象等），并处理；镇流器短路时应换新镇流器 · 更换启辉器或在电路上加装电容器或在进线上加滤波器来解决 · 电视机、收音机与日光灯的距离要尽可能离远些
荧光灯管寿命太短或瞬间烧坏	· 镇流器与荧光灯管不配套 · 镇流器质量差或镇流器自身有短路致使加到灯管上的电压过高 · 电源电压太高 · 开关次数太多或启辉器质量差引起长时间灯管闪烁 · 荧光灯管受到震动致使灯丝震断或漏气 · 新装荧光灯接线有误	· 换接与荧光灯管配套的新镇流器 · 镇流器质量差或有短路处时，要及时更换新镇流器 · 电压过高时找出原因，加以处理 · 尽可能减少开关荧光灯的次数，或更换新的启辉器 · 改善安装位置，避免强烈震动，然后再换新灯管 · 更正线路接错之处

续表 10.2

故障现象	产生原因	检修方法
荧光灯的镇流器过热	·气温太高，灯架内温度过高 ·电源电压过高 ·镇流器质量差，线圈内部匝间短路或接线不牢 ·灯管闪烁时间过长 ·新装荧光灯接线有误 ·镇流器与荧光灯管不配套	·保持通风，改善日光灯环境温度 ·检查电源 ·旋紧接线端子，必要时更换新镇流器 ·检查闪烁原因，灯管与灯脚接触不良时要加固处理，启辉器质量差要更换，日光灯管质量差引起闪烁，严重时也需更换 ·对照荧光灯线路图，进行更改 ·更换与荧光灯管配套的镇流器

158 开关、插座的安装使用

1）接线盒、插座和灯座

电力出线盒要安装在电缆和导管之间，位于开关、瓷灯座、插座或线结安装的地方，它有以下四个用途。

① 减少火灾。

② 包含所有的电力连接。

③ 支持接线装置。

④ 提供接地连续性。

针对不同的应用应该使用不同形状和规格的出线盒，如图 10.44 所示。NEC 要求在接地时要使用钢盒。UL 要求钢盒中有一个带螺纹的接地螺孔。普通类型包括：

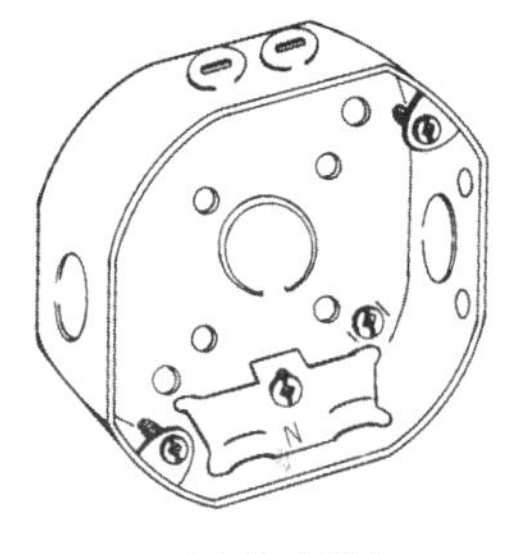

(a) 八角形盒

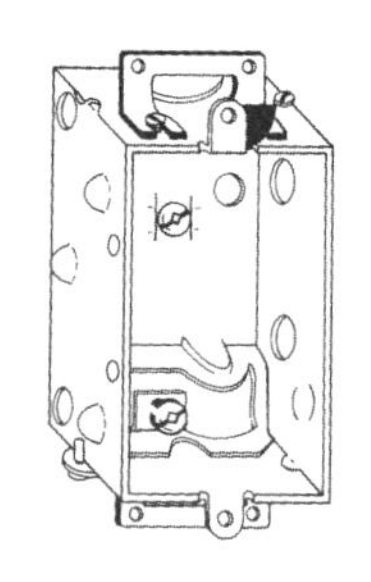

(b) 设备或开关盒

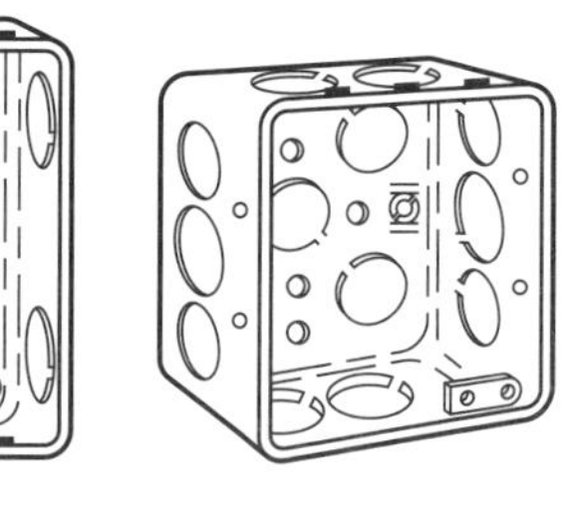

(c) 方　盒

图 10.44　出线盒

● 八角形盒。用于支持电灯夹紧装置，或者作为连接不同电缆的分解导线的接入点。

● 设备盒，也叫开关盒。用于家庭开关或插座。

● 方盒。用于家用电炉、烘干机插座，还可以作为表面的和隐藏的线路系统的接线盒。

敲落孔提供了一种进入接线盒的方法，从而可以连接电缆或导管接头。敲落孔是一个部分穿洞的孔，使劲一推就可以推开。在一些盒子中常使用撬开式敲落孔。这种类型的敲落孔上有一个小槽，用螺丝起子可以把小槽撬开。如果敲落孔被撬开了，电缆或连接导管就可以占据这个空间。如果敲落孔被无意撬开后，必须用密封垫圈封住缺口。金属面的开关盒面很容易拆除从而将一系列盒子组合起来，如图10.45所示。这种特性使我们能够很快地组装一个盒子从而能支持任何数量的开关或插座。

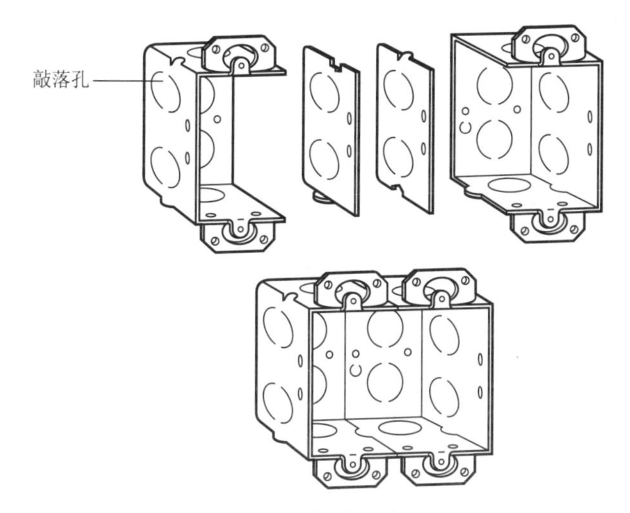

图10.45 组合出线盒

在电气规程中对于安装的盒子有下面一些要求：

● 盒子安装必须安全，而且要固定在某一处。

● 所有的电力出线盒都要有外壳以起到保护作用。

● 盒子必须足够大以确保可以装下全部内装导体和线路装置。

• 安装的盒子要与墙面齐平。

• 安装好盒子后，在不拆除任何建筑物的前提下能够对盒子内的导线进行操作。

• 电缆或导管在盒子的入口处必须将电缆或者导管加以固定。

插座是给一些便携的插入式电力负载设备提供电源。图10.46所示为一些不同类型的插座。每种插槽排放都很独特，它们应用于不同的设备。

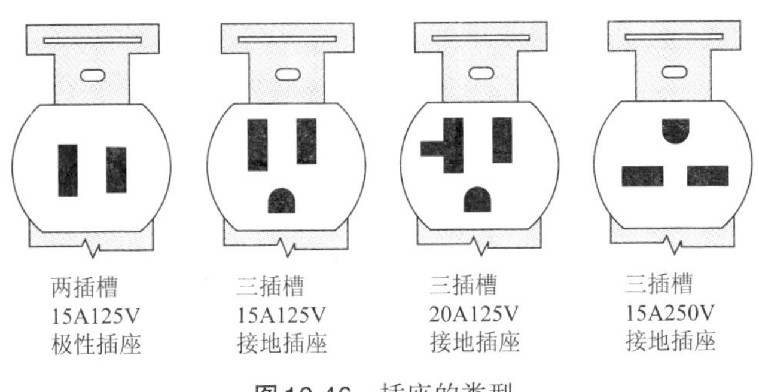

图10.46 插座的类型

• 极性双槽插座。有不同规格的插槽用于连接极性插头。

• 极性三插槽接地插座有两个不同大小的插槽和一个U形孔用来接地。在很多新型线路设备中都使用这种插座。

• 20A三插槽接地插座的特征是有一个特殊的T形插槽。插座通常安装在额定电流为20A的导体电路中，一般用于大型设备或便携式工具。

• 250V三插槽插座用于250V的负载电路中，类似大负荷的空调等设备。可以把它看作一个单独的元件，或者认为是一个双工插座的一半，另一半用于125V的线路。

三线接地双工插座是最常用的插座，它可以给便携插入式设备提供电流（图10.47）。它可以连接两个电力插头并在两个平行的插槽间提供大约120V的电压。接地连接可以给需要接地的电力设备提供较为安全的连接。双工插座的终端螺钉标有色码，以确保能正确地与设备连接。在电路中连接双工插座时，要遵守以下规则。

• 白色的中性线与银色端连接。

- 黑色的通电电线与黄铜端连接。
- 裸露的接地铜导线与绿色端连接。

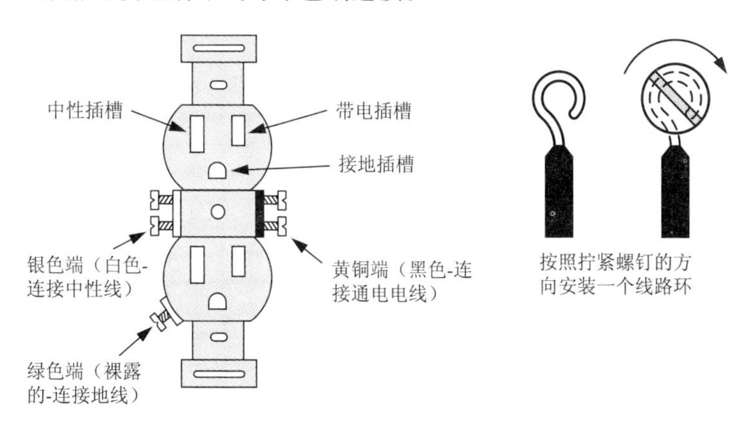

图10.47　双工插座的连接

要判断一个插座是否被正确极化，可以用交流电压表按下面的步骤测量（图10.48）。

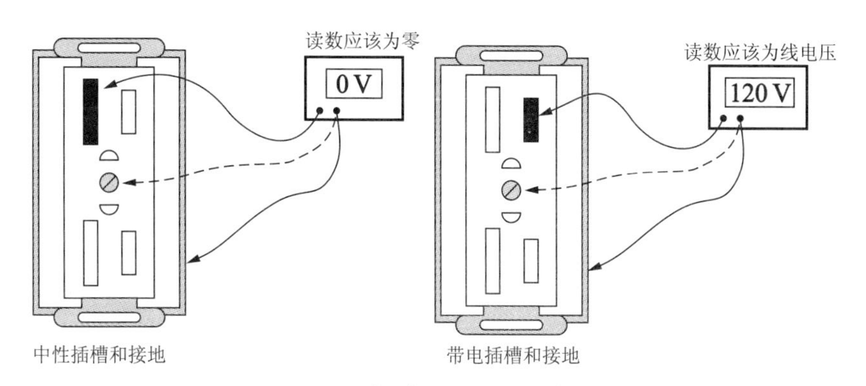

图10.48　检查插座是否被正确极化

① 检查插座上并列的两个插槽间的电压，读数应该为线电压。

② 检查较宽的中性插槽和金属出线盒或固定外壳的机械螺钉之间的电压，电压应该为零。

③ 检查较窄的带电插槽和电力出线盒或固定外壳的机械螺钉之间的电压，读数应该为线电压。

白炽灯都安装在瓷灯座中，或者人们常说的灯座。灯座也有各种类型。最简单的类型就是无电键灯座（图10.49）。灯座的主体是瓷制的或胶木制的，而且两个连接端有色码标识使得与设备的连接更可靠。电气规程中要求带电的黑色导线要与黄铜螺钉端（在里面黄铜端与中心处连接）连接。白色的中性线（接地导线）要与银色的螺钉端（在里面银色端与灯座上的螺纹外壳相连）连接。这种连接可以防止用户在更换灯泡时，灯的螺纹外壳与灯座形成电连接而发生触电事故。

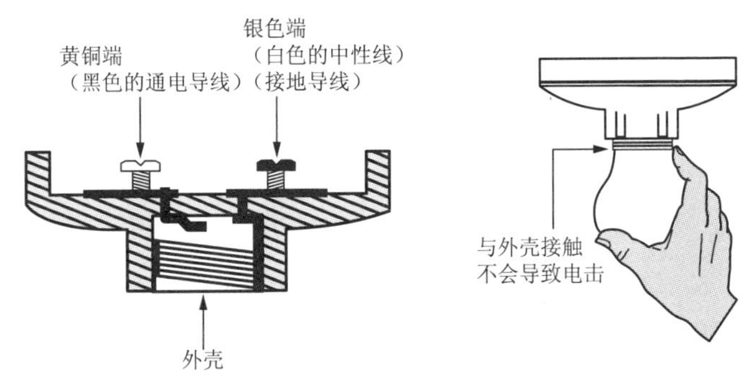

图10.49 灯座连接

有内置开关的灯座就是电键型灯座。其中最常用的电键型灯座为拉链式灯座（图10.50）。拉链是绝缘的，可以防止在120V电路中的开关处有连接故障。在内部，开关与黄铜端串联。布线方法与无电键灯座相似，白色的中性线（接地导线）与银色的螺丝壳端连接，而带电的火线与黄铜端相连。

照明器材布线已经完成（图10.51）。免焊接头用来连接输出导线和固定导线。黑线与黑线连接、白线与白线连接。如果不能确定哪根是固定导线，沿着这根导线直到固定端，固定导线就是连接着插座的螺纹外壳的那根导线，且与白色的中性接地导线相连。

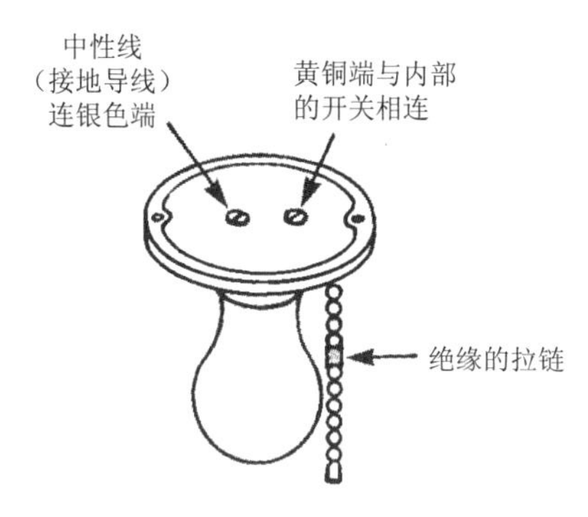

图10.50 拉链电键型灯座

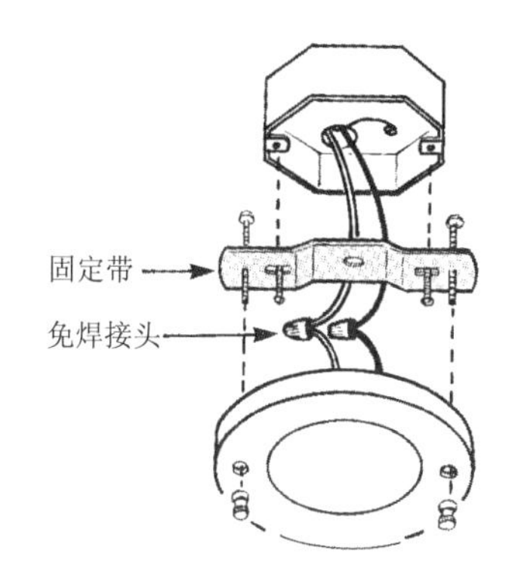

图10.51 照明器材的线路连接

159 开关和控制电路

在照明电路中最常见的开关是扳动开关。UL指出照明用的扳动开关可以作为常用的拨动开关。拨动开关是根据开关的最大电流量而设计的，当电路达到其最大额定电压时就会切断电路。例如，开关上会印有“15A，125V”的字样（图10.52），意思是说当电路中有125V、15A的最大电流通过时，开关会切断电路。而开关上的“AC”字样表示它只能用在交流电路中。而“T”（钨）表明最开始给白炽灯的电路中施加电压时，这种开关可以处理电流浪涌。

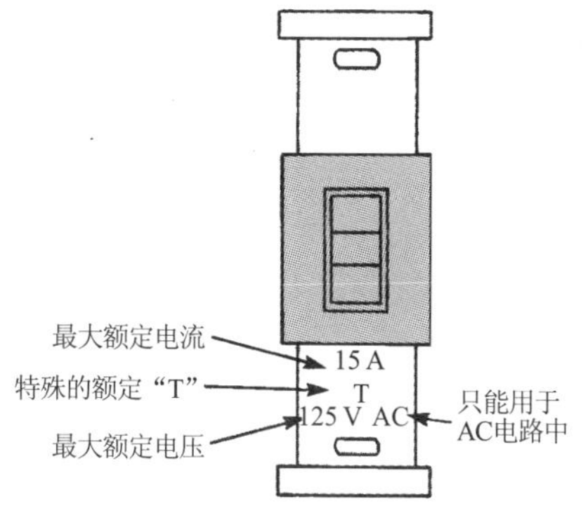

图10.52 拨动开关的额定值

开关必须接地，除非这个开关是为了代替一个旧的、已有的不需要接地的设备。开关上设有接地端，通常是一个绿色六角形螺钉，通过它与接地装置相连（图10.53）。当开关上装有金属面板时，就要用固定金属板的两个螺钉接地以确保其安全。如果开关是与固定这些螺钉的小的纸板垫圈一起售出的，那么在安装金属板前一定要移开这些垫圈，以确

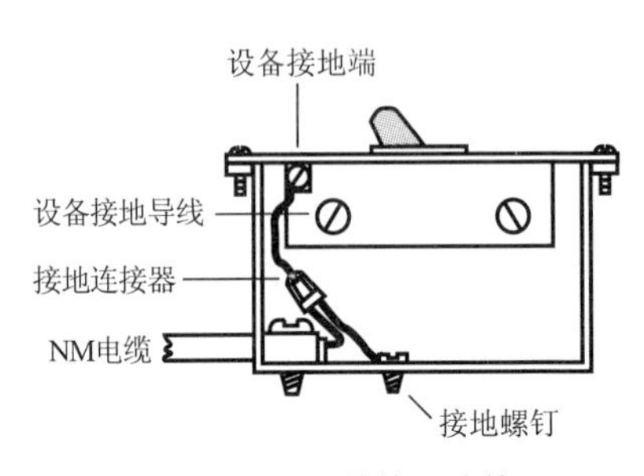

图10.53 开关接地连接

保达到规程中所要求的接地状况。

单刀单掷（SPST）开关可以从一个点控制电灯。当这种开关拨到开的位置时，两端点之间电路通畅，电流可以流过开关（图10.54）。当拨到关的位置时，两端点之间的连接断开，使开关内部电路呈开路状态。这类开关固定在出线盒上，所以向上拉开关把手使开关打开，向下按使其关闭。

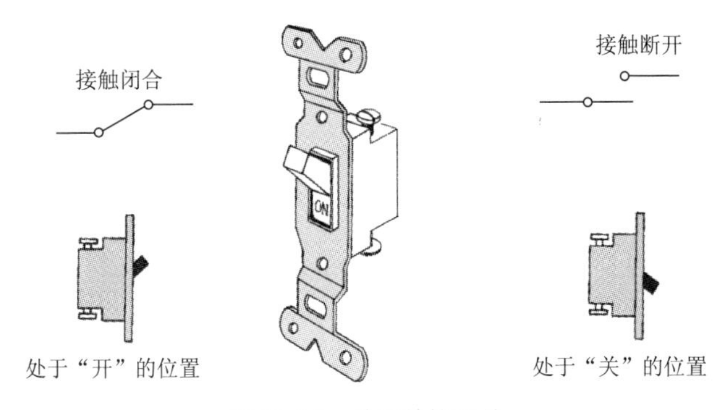

图10.54 单刀单掷开关

在图10.55所示的原理图和布线图中，两个灯泡由一个单独的开关控制。在NEC的若干条款中要求所有的开关电路遵守火线（未接地的）必须接开关，而接地导线（中性线）不能接开关。鉴于这个要求，开关必须和带电导线或火线串联在电路中，而中性接地导线直接与灯座相连。如果灯泡是并联的，那么当开关闭合时每个灯泡两端都是完全的120V电压。如果两个相同的灯泡串联，则通过每个灯泡的电压会少于正常的120V电压。灯泡并联的另一个好处是这两个灯泡是相互独立地工作，如果其中一个烧坏了，另一个不会受到影响。

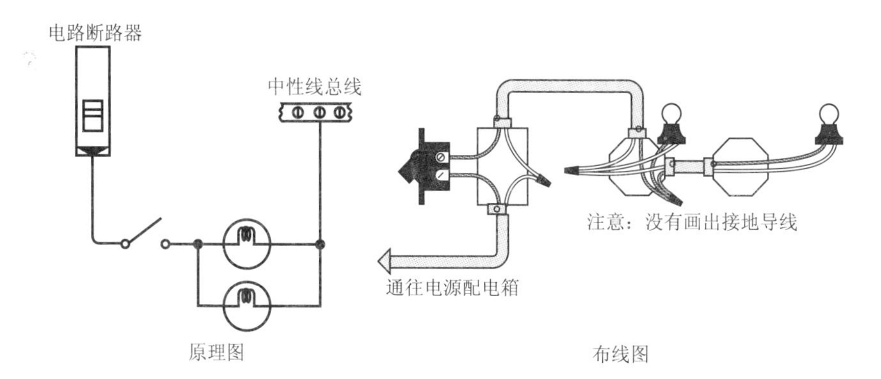

图10.55 由一个单独开关控制两个灯泡的原理图和布线图

双刀单掷（DPST）开关一般用在240V电路中。这种电压要求有两个带电导线和一个开关，这种开关可以同时接通两根线路。双刀开关的构造与一对单刀开关相似。开关上的两个螺钉端标有Line（线路）和Load（负载），而且开关把手上标识了ON（开）和OFF（关）。图10.56所示为用一个DPST开关控制一个240V的电加热器的开关电源。

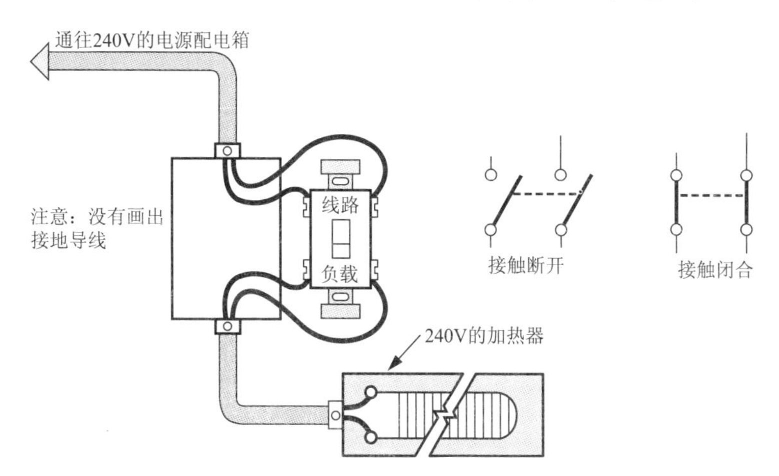

图10.56 用DPST开关控制一个240V电加热器的电源

一对单刀双掷（SPDT）开关就是指常见的三路开关，它可以从两个位置控制电灯。这种类型的电灯控制实例有走廊或楼梯的电灯控制，具有两个入口房间的电灯控制。为这种开关设计的内部电路允许电流通过

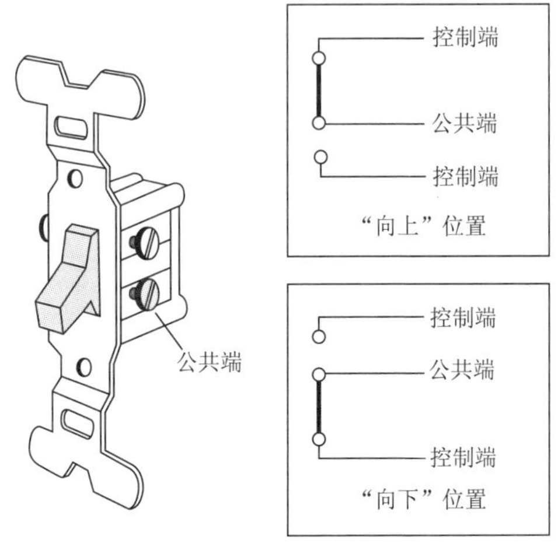

图10.57 三路开关

开关在两个位置上的任何一个（图10.57）。由于这个原因，开关把手上没有开/关标识。三路开关有三个连接端，一个是公共端，它的颜色比其他两个端更暗。另外两个端称之为"控制端"。

图10.58中所示的原理图和布线图是利用三路开关在两个位置上控制一个灯泡。两个开关盒中的白色导线直接经过灯泡后连接。两个开关盒之间的两根红色导线是巡回的。由电源接出的黑色导线与第一个开关的公共端相连后，再通过灯泡与第二个开关的公共端相连。这样无论操作三路开关中的哪一个，电灯都会改变状态，如果它是亮的，则会熄灭；如果

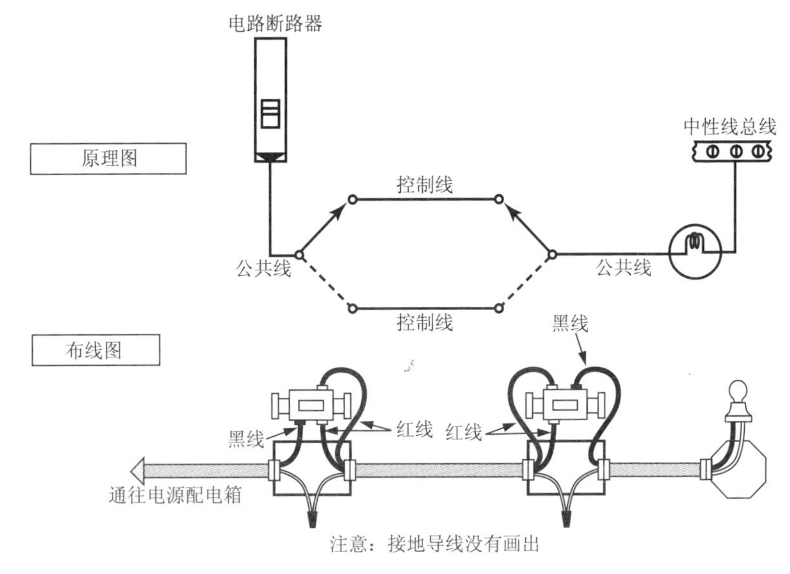

图10.58 在两个位置上用三路开关控制一个灯泡的原理图和布线图

它是灭的，则会点亮。

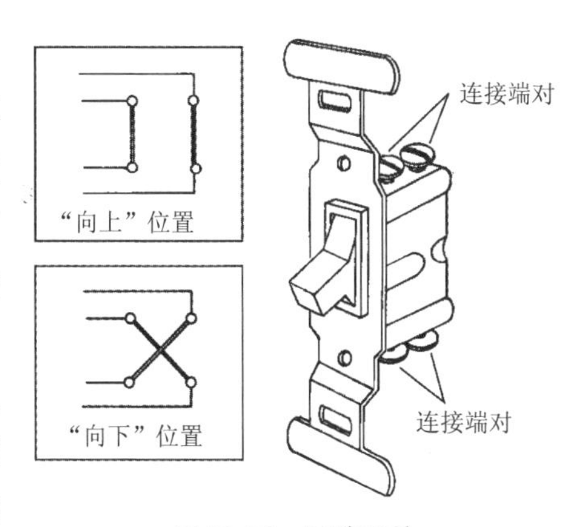

图 10.59 四路开关

可以使用两个三路开关，再与任意多个四路开关配合一起使用就可以在多个不同的地方控制一个电灯。四路开关有四个连接端。四路开关与三路开关类似，允许电流通过开关的两个位置上的任何一个。鉴于这个原因，四路开关的把手上也没有开/关标识。图 10.59 所示为一个四路开关的内部转换情况。

图 10.60 所示为一个四路开关连接两个三路开关从三个转换端控制一个灯泡的原理图和布线图。四路开关与两个三路开关间的可移动导线相连。如果连接正确，就可以激活任何一个开关从而改变电灯的状态（使灯泡点亮或熄灭）。必须把可移动导线与四路开关的连接端对正确相连，

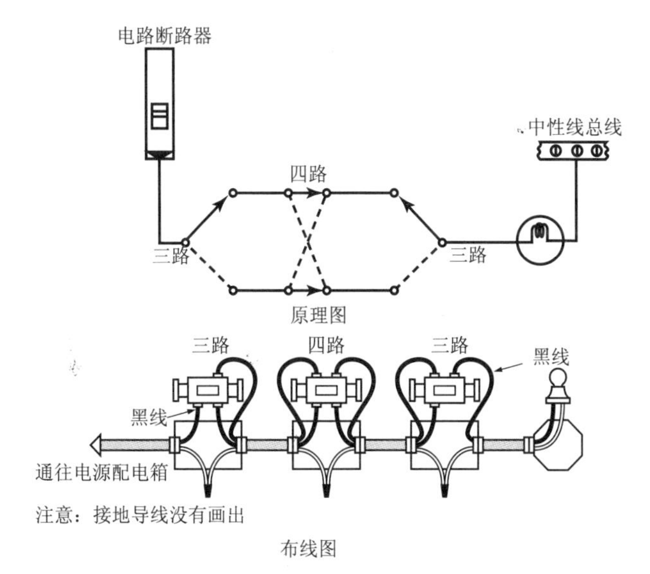

图 10.60 从三个转换控制地点控制一个灯泡的原理图和布线图

否则转换顺序就会出错。对于多于三个控制地点的情况来说，三路开关会安装在前两个地方，而四路开关则安装在其他另外的一些控制点。

电气规程中并没有特别规定给开关供给的电源一定要连入开关盒或控制设备中。图10.61所示为一个电灯电路，供电导线与电灯的引出线相连，而且利用一根双线电缆形成开关环路。在这种情况下，白导线就可以作为开关的供电线，但不能作为开关到电灯引出线的回线。白线需要永久性地重新标识，一般是利用黑色的电工胶带来完成。灯泡上可转换的火线（未接地）要有绝缘性且其颜色不同于其他的白线或灰线，以确保其连接安全。

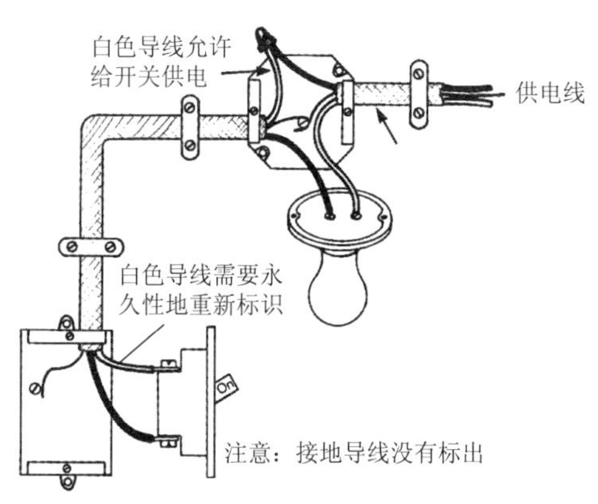

图10.61 供电线进入电灯出线盒的电路布线

有时候需要用一个开关来控制双工插座的一半。可以通过移出插座的两个带电的（未接地的）黄铜螺钉端之间的联结来完成这一操作（图10.62）。不能移出接到中线一侧的白色/银色螺钉连接处的联结！这些插座常被称为分线式插座。

图10.62 分线式双工插座

图10.63所示为开关控制式插座的原理图和布线图。开关控制着插座的上半部分，而下半部分则一直带电。这方面一个典型的应用是，便携灯插入插座的上半部分并且由开关控制，而同时插座的另外一半一直带电，这半部分可用于其他电器，如真空吸尘器、无线电收音机或电视。

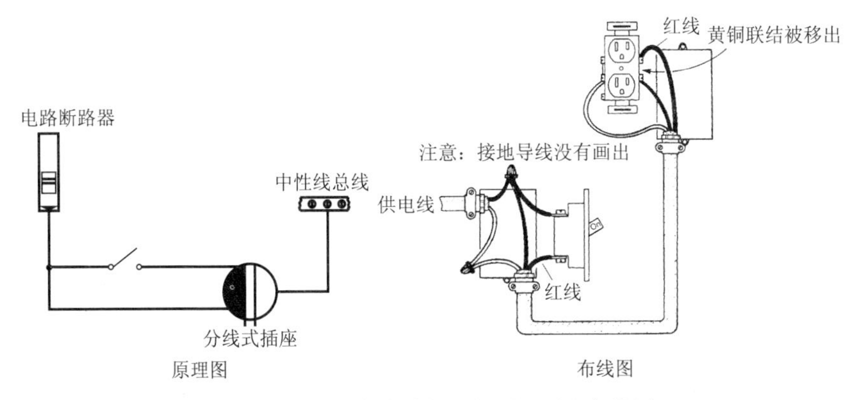

图10.63　开关控制式插座的原理图和布线图

160 接地系统

接地是一个重要的安全要素。正确接地能够防止触电并确保过载电流保护装置的正常运转。一些重要的接地术语如下。

- 接地。与地面和一些地面上的导体连接。
- 有效接地。专门通过接地连接或者具有足够低阻抗的连接与地面相连，且有足够的载流能力来防止大量电压对所接入设备或人体造成伤害。
- 接地导体。接地导体是专门与地面连接的系统或电路导体。在三线配电系统中，中性线就是接地导体。
- 不接地导体。不接地导体是指不是专门用来与地面连接的系统或电路导体。在三线配电系统中，火线或带电电线就是不接地导体。

在正常工作的电路中，电流通过不接地的火线流入负载然后再通过接地的中性线流回。火线带有电压，而中性线中的电压为零，这是地面的电压——实际上中性线与地面连接。与正常路径有任何背离都会很危险，为了防止危及人体和设备，电气规程要求安全系统要有接地，这样就可以保证每个出线盒和外壳板的电压都为零。

接地是指把房间线路设备的一些部分与公共地面连接。为了使这种保护系统起到作用，电力载流导体系统和一些电路中的硬件（或接线盒）都要接地。在一个良好的接地系统中，直接接地故障会产生一个较高的短路电流。该电流会使保险丝熔断或使电路断路器立刻开启从而断开电路。不正确接地会导致严重的触电情况发生，如图10.64所示。

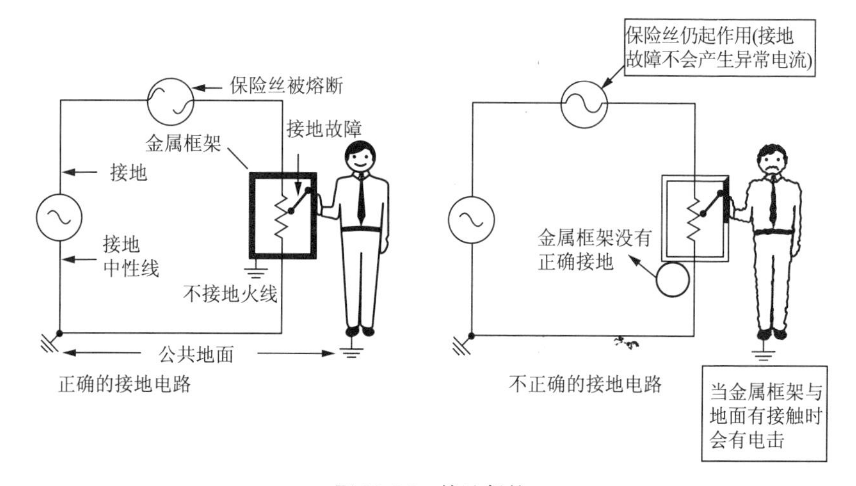

图10.64 接地保护

非金属电缆中裸露的接地导线可以使系统中普通的非载流电气硬件接地（图10.65）。这些硬件包括所有的金属接线盒和插座。接地导线与所有出线盒的连接必须通畅，而且要安全地与接线盒的接地螺钉端连接。许多设备的接地导线有绝缘层，而且按照电气规程的要求大部分为绿色。另外，电气规程允许设备在接地时使用有金属槽或金属外壳的电缆。

NEC中把接合定义为“金属部件的永久性连接以形成一个导电路径，从而确保电的连续性和安全传导任何被强加电流的能力”。这一过程是通过安装接合跳线来完成的。接合可以使设备紧紧连接在一起从而保证设备上集结的电压相同，不同种类的设备之间在电位上没有差别。将设备接合在一起并不需要设备完全接地。接地导线作为电路的一部分是必须

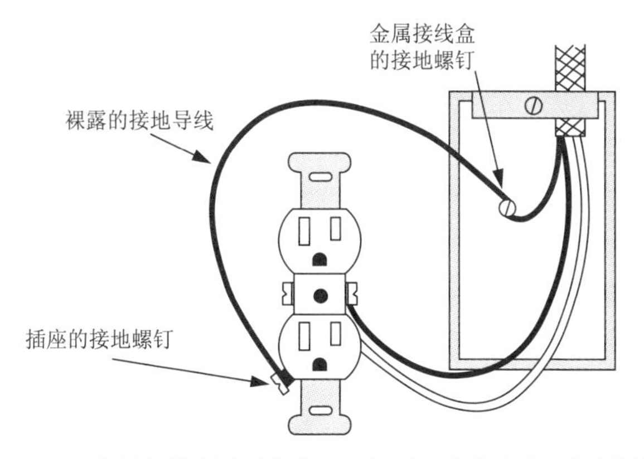

图10.65 非金属电缆中裸露的接地导线用于非载流的电气硬件接地

的，它可以将设备与接地电极连接起来。

两个金属部件的接合可以是金属与金属直接连接或者是一个导体提供两个金属部件永久性的连接。接合是用来提供传导路径的，它具有安全传导可能出现的故障电流的能力。电力系统中可以安装不同类型的接合跳线，但这其中只有一种最主要的接合跳线而且它安装在电力供电设施中。在规程中它被定义为接地电路导体与供电设施的接地导体之间的连接。图10.66为供电设施典型的接合应用。

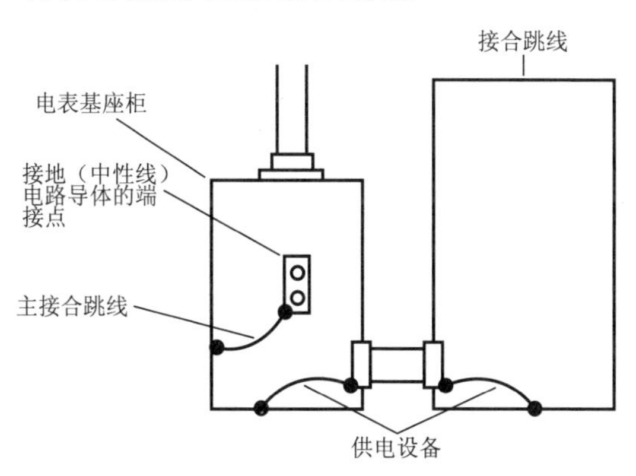

图10.66 典型的用于供电设备的接合

电气规程中不允许在接合或接地连接中使用焊接物。这样做的原因是一旦电路需要传导很高等级的故障电流时，焊接物就会熔化，导致接地途径断开。

电力设备在接地或没接地情况下其运行状态是一样的。由于这个原因，有时候就会导致对完全或充分接地这一重要事件的不小心忘记或疏忽。切记，接地的目的是保证安全。

161 其他灯具的安装使用

1）霓虹灯

霓虹灯内部充有氖气，当电压加在两电极上时，形成氖气发光回路。当电子从一个电极流向另一电极时，氖气分子被激发并发出可见光。我们很多人都曾经见过在广告牌上用的霓虹灯。黑暗公路的尽头闪烁灯光可以看作城市的标志了。

图 10.67 所示为最常见的霓虹灯。这种灯常被用作夜间照明灯和指示灯。这种霓虹灯的组成结构包括一个内部充有氖气的小玻璃管和管内的两个电极。当电源施加在电极上时，霓虹灯会发出柔和的橙色光。

图 10.68 所示是一个带螺纹灯头的霓虹灯，内部有成形电极。电极可以做成适合灯泡的各种形状。当电灯开启时，灯泡内看起来就像有一团火焰一样。

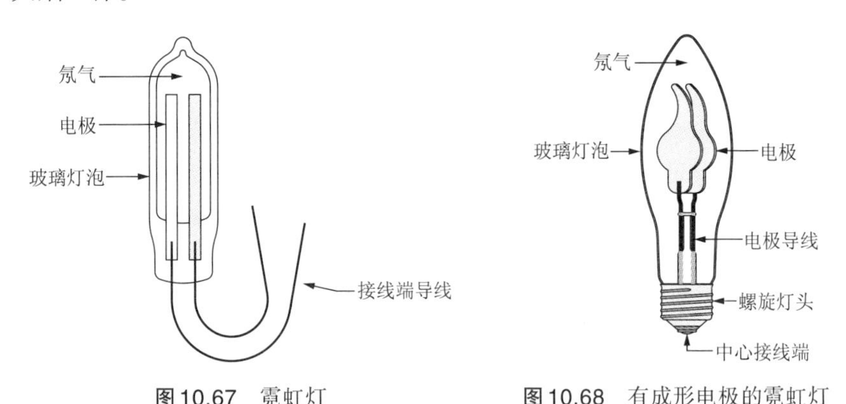

图 10.67 霓虹灯

图 10.68 有成形电极的霓虹灯

适当结构的霓虹灯发出的电弧或等离子体能够击穿很远的距离。

图 10.69 所示为一个直线状的霓虹灯，电弧可以穿过两个电极之间整

个灯管的长度。

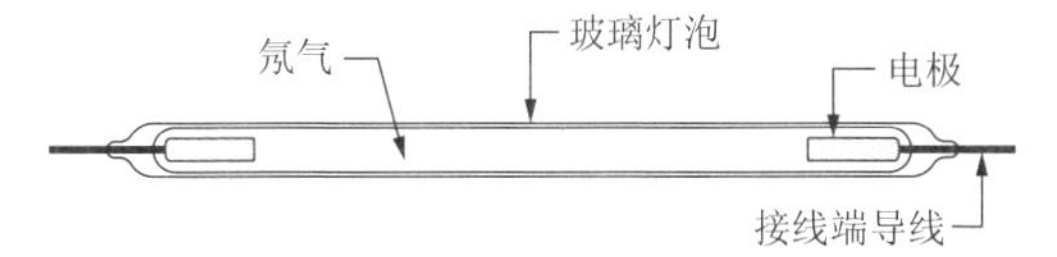

图10.69 直线状的霓虹灯

等离子体的另一个特性是它可以穿过弧形和弯曲的灯管。图10.70所示的“OPEN”标志，实际上是用一个霓虹灯管弯曲成的单词形状。字母之间的连接部分涂黑，当灯管接通电源时，字母部分就会发出明亮的光。

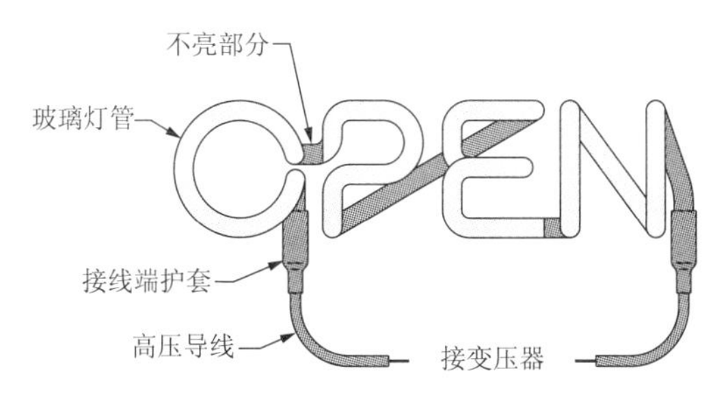

图10.70 商用霓虹灯

由于霓虹灯中电极的间距较远，所以在启动时需要高电压。图10.71中是一个有限流功能的变压器，这种变压器通常用于霓虹灯的启动。它的输出电压通常为20～45kV。当高压加在灯管两端的电极上时，电弧会从一个电极流到另外一个电极上，这样灯管中的气体就会被电离并开始发光。当气体处于电离状态时其电阻变得很小，变压器的输出电压会降低到正常工作电压，一般为400V左右。

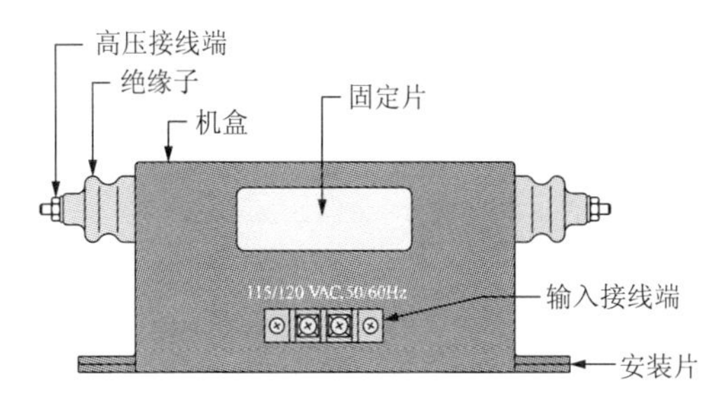

图10.71 有限流功能的变压器

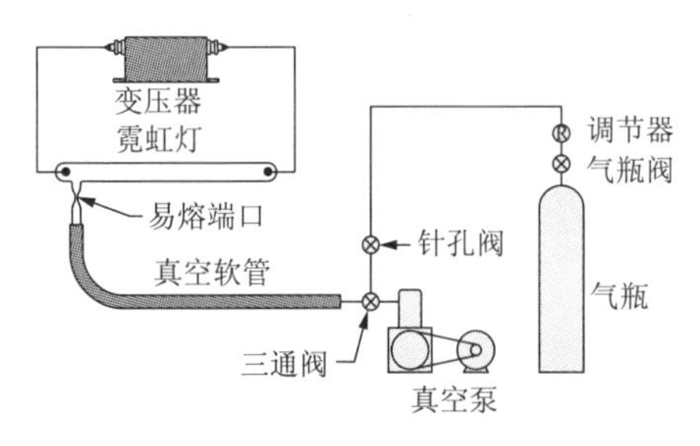

图10.72 霓虹灯管制造系统

图10.72所示为霓虹灯管制造系统。广告中使用的霓虹灯要制成特定的字母、单词或图案，并在两端装入电极，其中一个电极有一个易熔的端口。在制作时，将易熔端连接到真空泵上，将气体抽出灯管，并接通施加在两极上的电压。灯管内的真空度由一个阀门控制，然后将氖气慢慢注入灯管。当氖气足够多时，灯管就会发光。继续注入氖气就可以调节灯的亮度。当气体量调节好后，易熔端口便被熔化密封住，一个霓虹灯管就做好了。

2）卤素灯

卤素灯如图10.73所示，是一种改进的白炽灯泡。卤元素在工作过程中连续不断地从灯丝上蒸发，再沉积，在灯丝的设计寿命里可以产生明亮的灯光。灯丝最高的工作温度大约为3400℃。这时，灯丝慢慢蒸发并释放钨原子。钨原子向温度稍低的灯泡壁转移，灯泡壁此时温度约为730℃，钨原子与氧元素和卤素结合，形成卤氧化钨化合物。灯泡中的对流电流再将卤氧化钨带回灯丝。灯丝处的高温使卤氧化钨分解，氧和卤素原子重新回到灯泡壁上。钨原子重新在灯丝上凝结，循环过程再次开始，如此灯丝可以得到持续的补充。

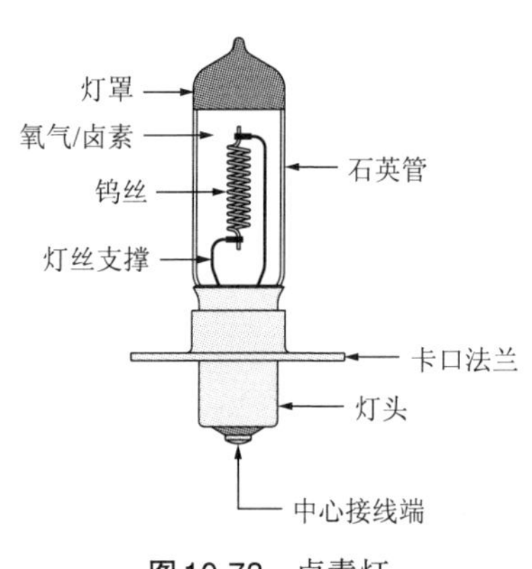

图10.73 卤素灯

3）水银灯

第一盏水银灯由Peter Hewitt在1901年申请专利，并在次年开始投入生产。早期的水银灯如图10.74所示，是一种相当简单的设备。其组成结构包括一个盛有一段水银的容器，水银中有一个低端电极，灯泡的另一端装有高端电极。当电源连接在电极上时，开始产生汞蒸汽，灯泡的温度也随之升高，并产生明亮的蓝绿色光。要开启水银灯，只要将水银灯旋转使水银流动接通灯泡的两极，形成电流回路，然后再把灯泡摆放至工作位置即可。

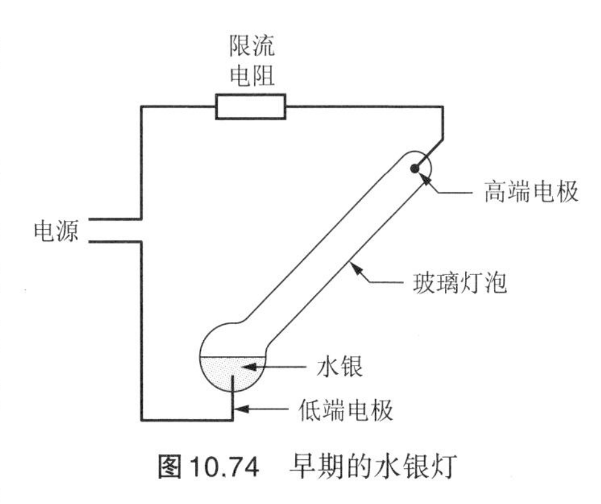

图 10.74 早期的水银灯

水银灯为户外照明和工业照明提供了理想的照明设备，而且很快成为工厂、路面、露天体育场、停车场等的标准照明设施。在今天水银灯依然被广泛使用，住所周围的路灯就是其典型实例。商用的水银灯如图 10.75 所示。

许多现代的水银灯都需要利用一个限流升压变压器来工作，如图 10.76 所示。在开启过程中变压器为灯管提供产生等离子体所需的高电压。在等离子体产生后，灯管内的低电阻使得变压器的电压被拉低到工作电压。

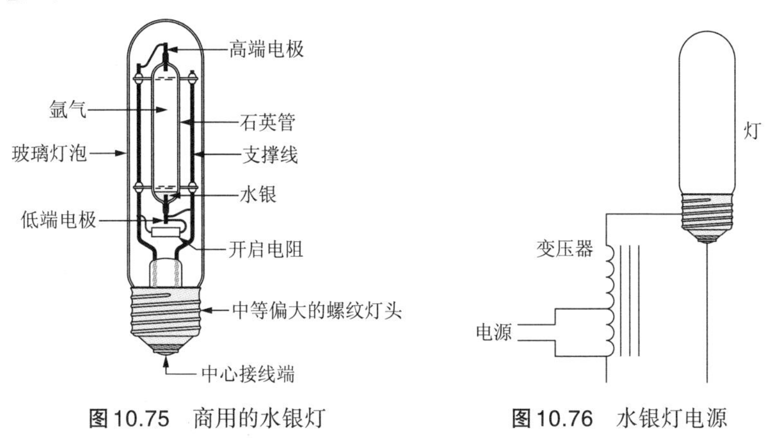

图 10.75 商用的水银灯　　**图 10.76** 水银灯电源

4）高压钠蒸汽灯

钠蒸汽灯已成为高速公路照明设施的一种最佳选择。在高速公路上，我们看见的那些发出金黄色灯光的就是钠蒸汽灯。这种灯的光谱更加适合人的眼睛，光线柔和而且不那么刺眼。

图10.77所示是一种典型的高压钠蒸汽灯。灯泡真空外罩的中间固定着一个石英管，真空灯罩是为了隔离灯管工作时产生的高温。石英管包含着少量的钠和氖气。石英管内有两根灯丝连接在灯管两端，其开启方式则与荧光灯相似。加热两根灯丝，产生电弧和高温。高温使得钠变成蒸汽，在一个预定的启动周期后，灯丝中的电流断开，并在两个灯丝上加载高压，这样等离子体产生。钼金属片衬在灯丝后，带走灯丝在工作时产生的大量热量，以起到保护灯丝的作用。钠蒸汽灯从启动到达到额定工作温度需要大约30min，所以使用钠蒸汽灯的场所必须能够提供这样一段预热时间。另外一个需要注意的问题是，钠蒸汽灯的内部压力非常高，石英管内的气压可以达到大气压的许多倍。

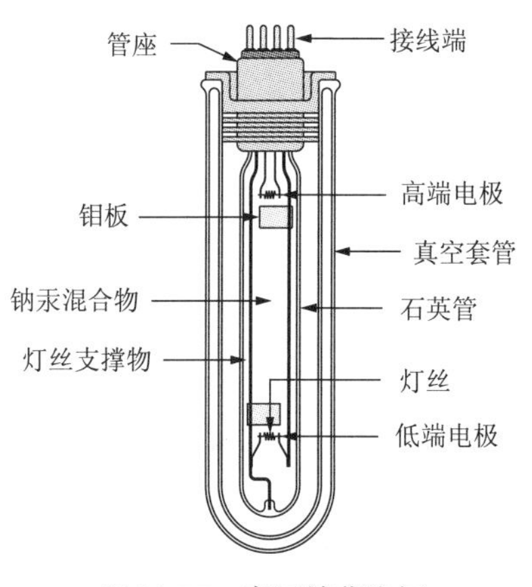

图10.77 高压钠蒸汽灯

5）氙 灯

大多数人都知道照相机中使用的是氙气闪光灯。如今氙气闪光灯作为一个完整的部件出现在几乎所有的照相机生产过程中。

图10.78示出了一个氙气闪光灯。玻璃灯泡中充满氙气，灯泡一端固定一个电极，灯泡外固定一个触发板。当接线端施加高电压时，由于内部电阻非常高，不足以产生电弧。此时触发板采用短暂的连续脉冲信号激发灯泡，使得管内的氙气电离从而降低电阻。一旦电阻降低，施加在

两端接线上的高压就可以接通，并形成持续的耀眼的等离子体。

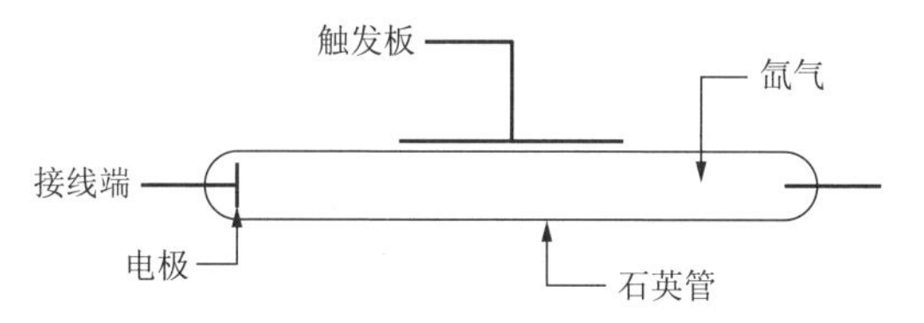

图 10.78 氙气闪光灯

氙气闪光灯最常见的两种形式为直线型和U型灯管，如图10.79所示。可以看到这两种灯管外部都有触发板。

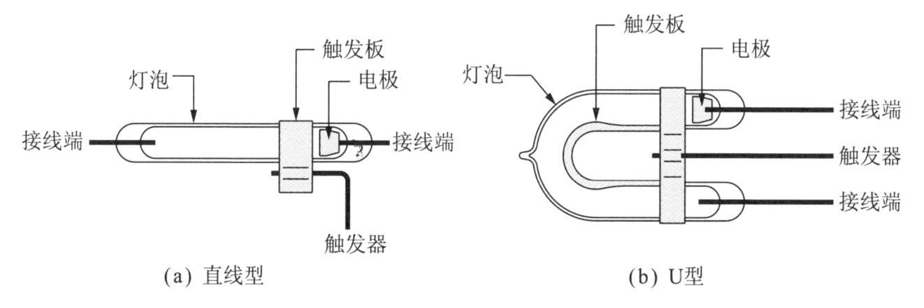

图 10.79 商用的氙气闪光灯

图10.80所示为一个氙气闪光灯的基本图例。当电压施加在电路中时，C_1和C_2充满电荷。当触发板闭合时，C_2放电，在T_1初级产生一个脉冲，接下来在次级生成一个高压脉冲。氙气被电离，从而使得C_1放电产生耀眼闪光。R_1是用来防止触发板闭合时C_1放电电流经过C_2。

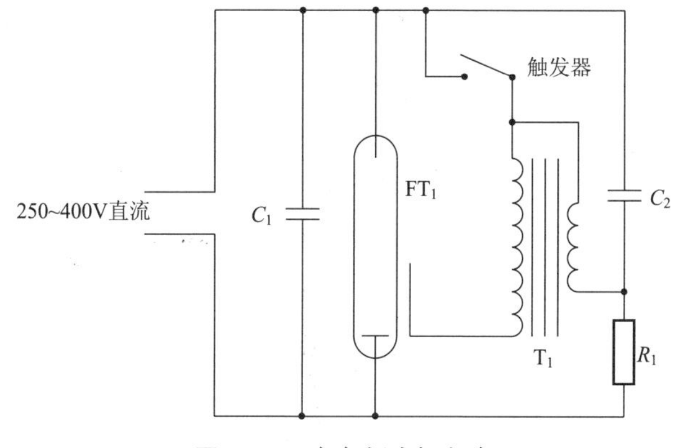

图 10.80 氙气闪光灯电路

短弧氙灯是为了在稳定状态下工作而设计的，主要配置在需要极高强度的日光且光色平和的应用设备中。短弧氙灯最显著的应用就是电影放映机，如今这种灯泡广泛应用于电影院。

图10.81所示为一个典型的短弧氙灯。通过施加高压启动灯泡，在灯泡正常工作时灯泡两端维持在一个稍低的电压下。由于这种灯泡工作时会产生极高的温度，所以这种设备绝大多数都采用水冷方式降温。

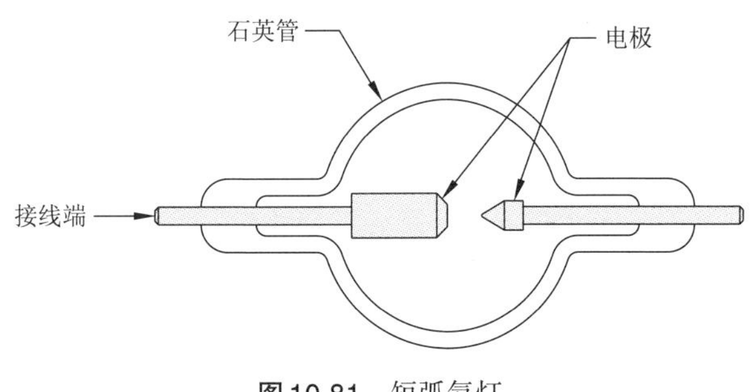

图10.81 短弧氙灯

6）发光二极管

计算机硬盘工作指示灯，电视遥控器的红外光源以及立体声系统的红色电源指示灯都是发光二极管（LED）。

发光二极管是一种接通电源后能发光的二极管。通常发光二极管有两种基本型号，ϕ5mm和ϕ3mm，如图10.82所示。发光二极管可供选择的颜色有红色、黄色、绿色和白色。还有超亮型的LED适合低端的照明设备使用。这类超亮度的LED阵列多用于交通灯和汽车尾灯。这种LED也用于井下检查灯中，灯的体积不会超过一支钢笔的大小，可以挂在钥匙扣上。

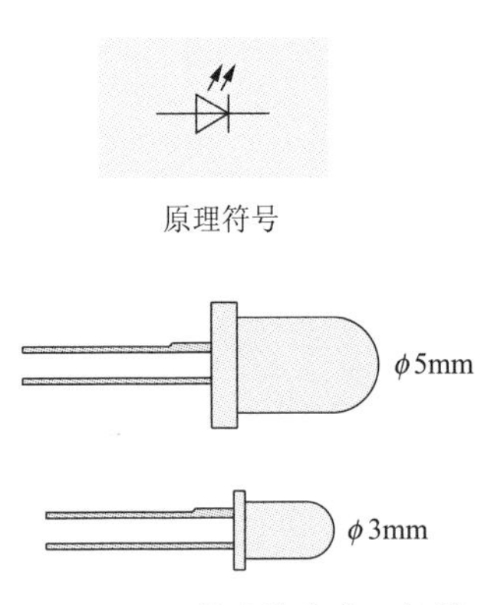

图10.82 单独的发光二极管

图10.83所示为安装在一个标准卡口灯头上的超亮LED阵列。这种设备是标准白炽灯的新型替代品。相比于白炽灯，这种灯泡的使用寿命更长，功效更高。

LED另一个普通的应用是七段数码显示，如图10.84所示。这种设备最典型的应用是在普通的数字闹钟里。无论是白天还是晚上，明亮的红色数字都很容易看清楚。

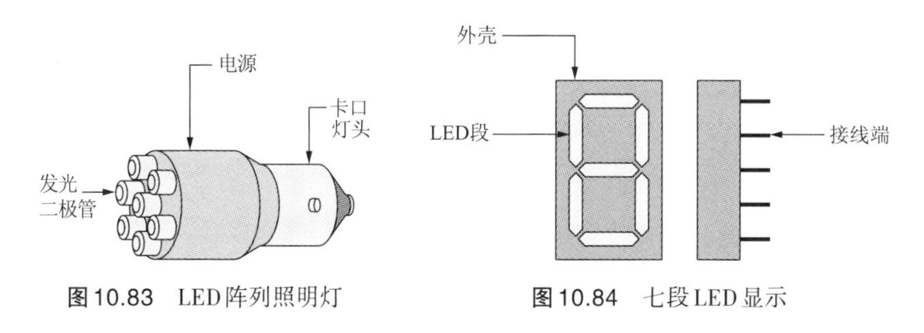

图10.83 LED阵列照明灯

图10.84 七段LED显示

162 门铃电路

在现代家庭中，门铃是一种普遍使用的信号装置。典型的双音频门铃（图10.85）可以区分来自两个方位的信号。它由两个16V的电子螺线管和两个音频杆组成。螺线管是一个具有活动磁心或活塞的电磁铁。当有短暂的电压提供给前面的螺线管时，它的活塞就会撞击那两个音频杆。当有短暂的电压提供给后面的螺线管时，活塞就只会撞击一个音频杆。因此来自前螺线管的信号就产生了双音频，而来自后螺线管的信号只产生了单音频。

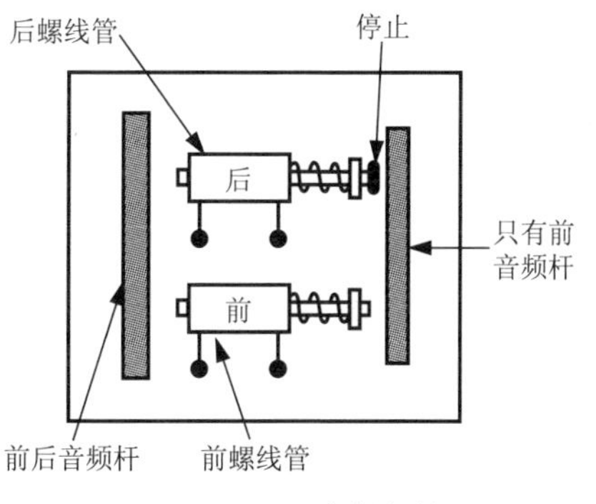

图10.85 双音频门铃

门铃的接线端子板元件通常有三个螺钉端子（图10.86）。其中一个标有F（前）的端子与前门的螺线管的一侧相连。标有B（后）的端子与后门的螺线管的一侧相连。而标有T（变压器）的端子与两个螺线管剩余的导线连接。这样就使T端同时连在了两个螺线管上。

图10.87为一个门铃电路的完全原理图和示范线路的数字序列表。

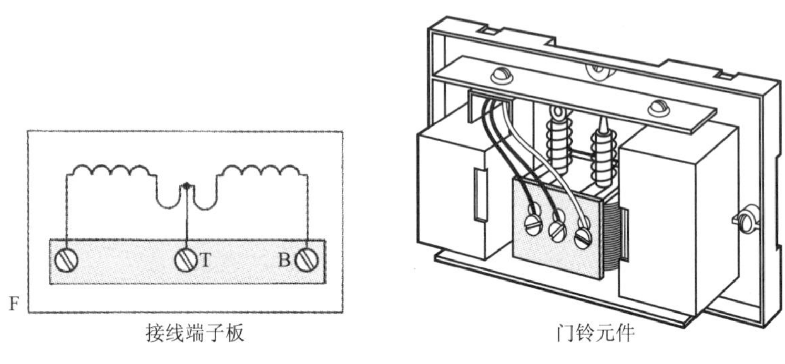

图10.86 门铃接线端子板

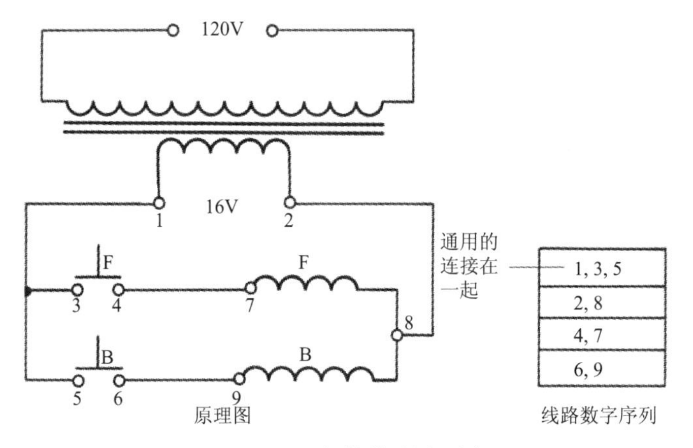

图10.87 门铃线路原理图

图中用一个120V/16V的电铃式变压器作为供电元件。从原理电路图中可以清楚地了解电路是如何工作的。按下合适的按钮就会形成前螺线管回路或后螺线管回路。用按钮代替开关，这样只要按下按钮电路就一直处于工作状态。双音频电铃表明信号来自前门位置，而单音频电铃表明信号来自后门位置。

当家庭中对这种电路布线时，各种不同类型的线路配置图和电缆都可能出现在相同的原理图中。图10.88就是模拟一种典型的家用线路配置图。变压器通常会装在房间的地下室，变压器120V的初级端接入家用电路系统。一般会使用三个电缆。一根双导线的电缆从变压器连接到房间

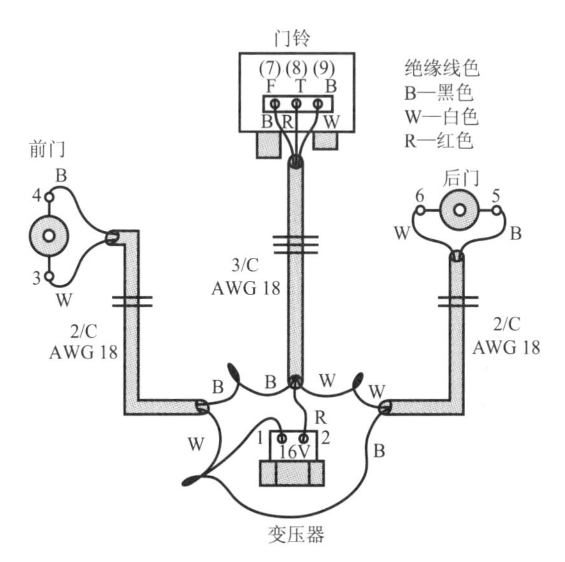

图 10.88 典型的门铃布线图

的每个门处，而三导线的电缆会从变压器接到门铃处。门铃位于第一层的中央。注意各部分元件都要根据原理图中的数字序列编好号。按钮和变压器如图所示。布线图可以依据线路数字序列表连接好各个端点而最终完成。用导线绝缘的彩色编码来正确地区分电缆导线端。一般情况下，双导线的电缆包括白线和黑线。三导线的电缆通常颜色编码为白色、黑色和红色。这种类型的信号线路不需要使用出线盒。

163 门开启电路

在一些公寓式大楼里常常使用电子开门电路，应用这种电路可以使用户在各个房间通过远程控制打开每个主要入口。典型的电子门锁（图 10.89）包含一个具有衔铁的电磁铁，衔铁就相当于一个门闩开启板。每当有电流流过电磁铁时，它会吸引门闩，使其松开从而把门打开。

图 10.90 所示为一个简单的双公寓电子开门电路的原理图及线路数字序列表。流过开门装置电磁铁的电流通过并联的两个按钮控制。这两个按钮（A_1 和 B_1）位于它们各自的公寓（Jones 和 Smith）。按下公寓任何

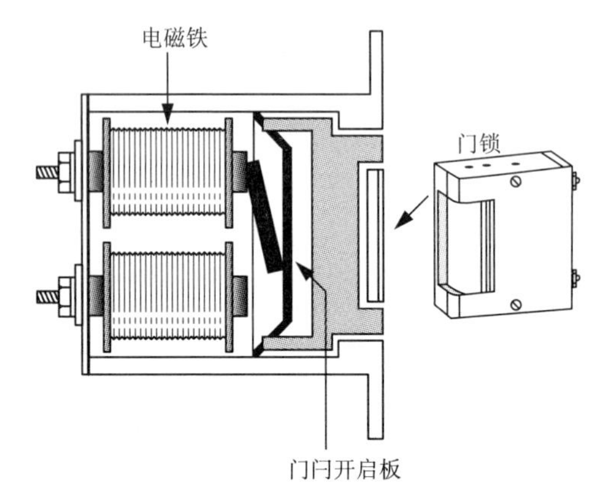

图10.89 电子门锁

一个按钮都可以连通开门装置电磁铁电路。流过位于公寓A（Jones）的蜂鸣器的电流由按钮A_2控制，A_2位于门厅处。类似地，流过位于公寓B（Smith）的蜂鸣器的电流由按钮B_2控制，B_2也位于门厅处。

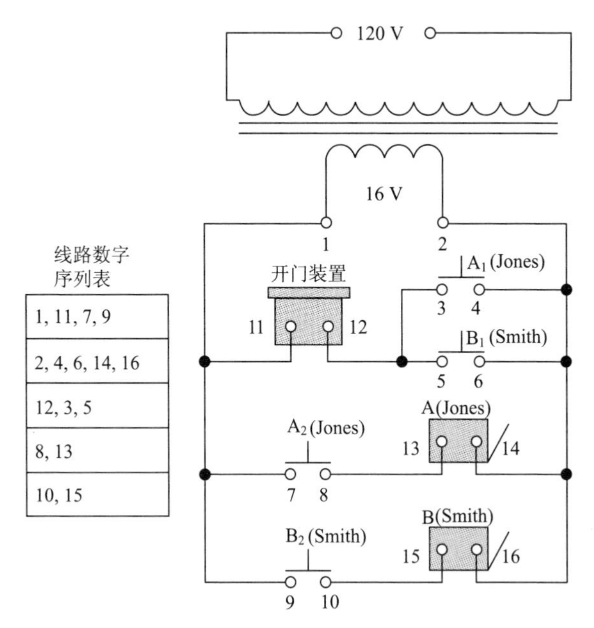

图10.90 双公寓的门开启电路示意图

如果与内部通信系统联合使用，访客就可以在门厅处确认，在公寓铃声响起的同时主人就可以把门打开。图10.91为一种典型的布线电路图。

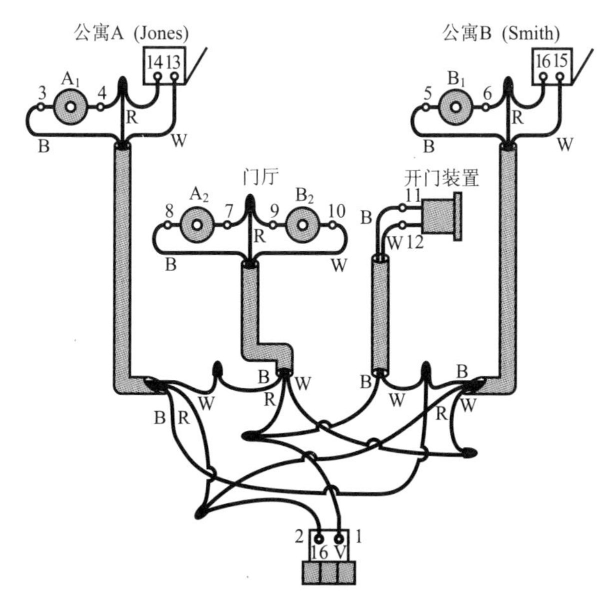

图10.91 双公寓开门装置布线图

电子开门装置常常作为电子通行卡系统的一部分（图10.92）。通行控制卡和机械锁使用的钥匙不同。每个塑料的通行卡都包含有编码信息。当把一张卡放在读卡器上时，控制器的微处理器就会查找一个表格以确认这张卡是否授权。如果卡已经被授权，微处理器会输出一个信号把门打开。如果卡被替换、丢失或被偷，卡的编码就会从查找表中删除。这样安全性不会受到危害，损失仅仅是再换一张卡。很多电子开门装置与生物统计信息（手、指纹、眼睛）和辅助键盘以及通行卡控制系统兼容。

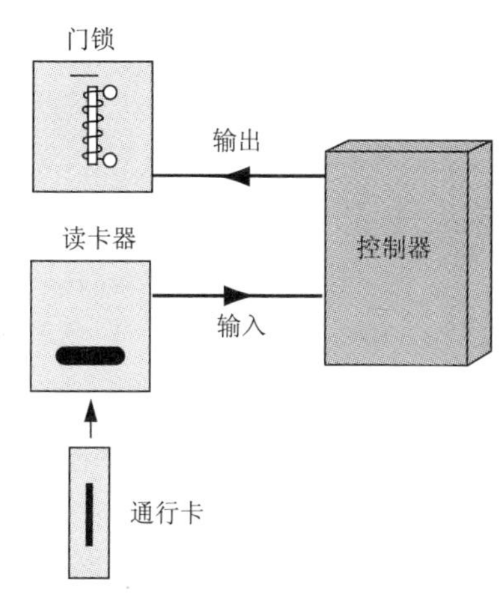

图10.92 电子通行卡系统

164 电话线路

电话服务入户的方法有两种。一种是通过附近的电话线杆高空接入装置，另一种是连接在地下的电缆终端盒的接入装置（图10.93）。在新的住房结构中，网络接口装置（NID）是由电话公司安装的设备，用来把房间内的电话线接入到电话网络中。它是装在房间外的一个灰盒子，里面包括一个模块式插头，通过这个插头可以断开所有房间内的电话线，并连接一个工作电话来测试当地的交换网络是否处在正常的工作状态。NID有两个间隔区，一个是电话公司端，另一个是用户端。所有电力公司需要完成的布线都是在NID的用户端。接入的电话线也需要一个标识的主要保护装置，用于防止闪电引起的高压冲击。大多数情况下保护装置会安装在NID内部，并与住房的接地电极系统连接。

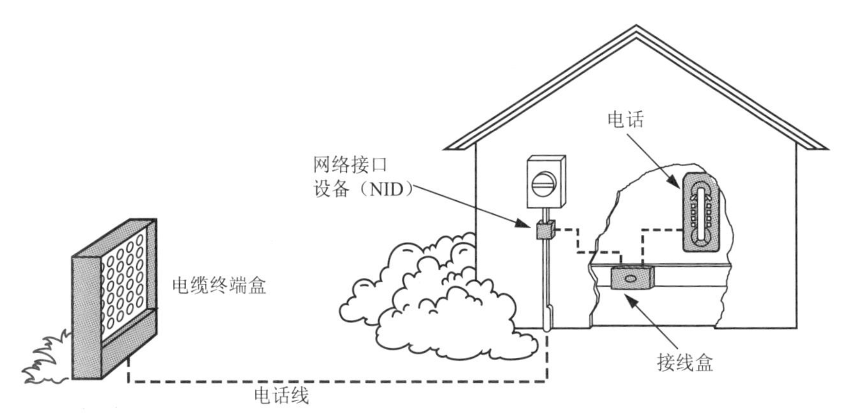

图10.93 地下电话设施连接

如今住宅电话线最小的电缆标准为两对3类电缆。3类电缆有两对双绞线，其色码为蓝/蓝-白色和橙/橙-白色。一根电话线只需要两根导线。所以4股线可负载两个独立的电话线。两种最普遍的电缆路由拓扑为菊花链/分枝形和星形配置（图10.94）。传统的住宅电话布线是以菊花链的方式安装，它是由一根单导线连接一个又一个插口，最终形成一个连续的回路。在当今的住宅网络标准下，所有新的电话装置都必须使用星形连接方法，每个电话插口都是由家用电缆连接起来，然后再连接到网络接口装置处。星形布局需要更多的导线，但是排除障碍却很容易，因为插口之间都相互独立。一般来说需要标出电话输出端，但不需要安装在出线盒里。电话电缆不用像功率电线一样安装在电槽板或墙里。

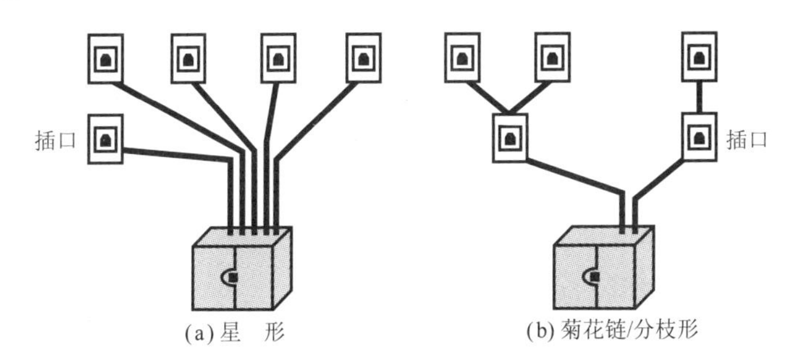

图10.94　电缆路由拓扑

电话系统一般包括一个送话器、一个电池和一个接收器（图10.95）。送话器可以将声能转化为电能。该电能经过导线输送到接收器，接收器又把这些电能转化为声能。送话器和接收器都安装在一个称为电话听筒的元件中。当电话连接起来后，DC电池电源会使电流形成回路，它通过来自麦克风的声音信号或者听筒里送话器的声音信号调制，电池还可以激活另一端电话听筒的耳机或接收器。在电流回路中，中央电源会给电话提供能量，电话还可以通过增加更多的导线和并联的电话机进行扩展。现在，大多数电话都电子化了（也就是说它们使用的是半导体而不是电动机械器件），它们很频繁地使用一种相同的线路，称为电流环路配线。

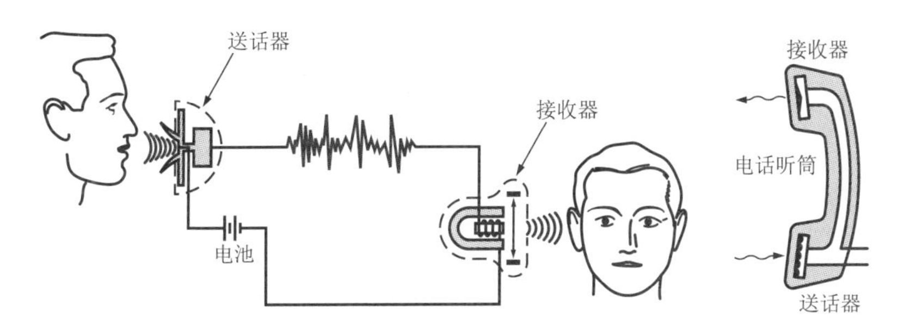

图10.95　简单的电话系统

电话线路在工作时只需要两根导线即可。一根为端线，另一根为环线。端线是正极线且标有字母T；环线为负极线，标有字母R。每根电话线都连到中央处理站，中央处理站包括开关设备、信号设备和给系统提供能量的直流电电池组。中央处理站的开关设备可以对来自连接呼叫电话或被叫电话的电路中的拨号脉冲或音频做出响应。当电话连接建立时，两部电话机通过中央处理站电池组所提供的直流电（DC）进行通信。这样就确保了无交流干扰的电源和与电力公司的独立性，这就是为什么在断电的时候电话还可以正常工作的原因。

环线和端线之间的直流电压大约为50V，无论电话插口连接（挂机）或不连接时都是如此。在摘机状态（听筒被举起，准备使用）下电话线的电压一般在5～10V之间（图10.96）。线路上的开路或短路都可以导致某个电话插座电压为零。

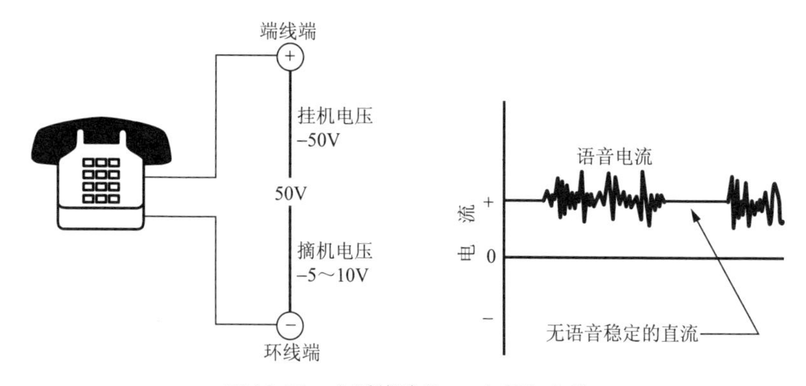

图10.96 电话线路的DC电压和电流

中央处理站通过电话响铃通知用户有电话要接听，它通过将一个约为90V的交流电压和一个20Hz的频率信号传给用户电话的端线和环线来完成。这个电压使电话机的电铃响起。这种AC振铃等级的电压会导致人体轻微电击。

老式的电话机通过拨号脉冲来传递电话号码，而现代的电话机则通过音频声调来传递。拨号脉冲（如众所周知的旋转拨号）是通过变换当地回路中DC电流的开和关给电话系统提供所叫的电话号码（图10.97）。

将一根手指放入有数字的孔中拨号，同时顺时针旋转直到尽头。当拨号盘恢复时，就使得拨号盘上的开关打开又闭合，从而使电路断开又连上。电路断开的连接又会导致回路中的电流停止流动然后又开始流动。结果是，在当地环路到中央处理站的过程中形成了电流的开关脉冲。脉冲的数目与拨号的数字有关。

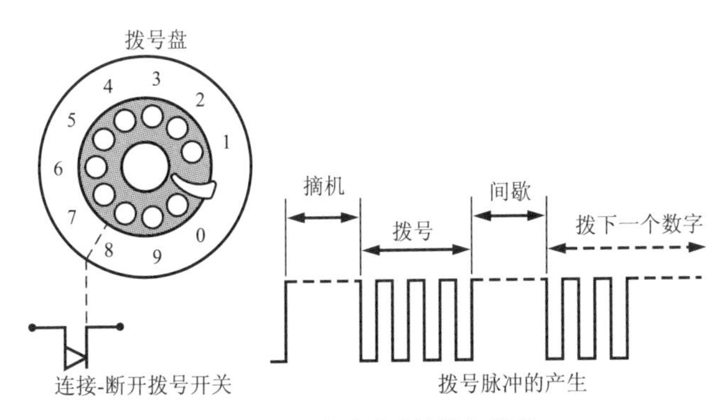

图 10.97　脉冲（或旋转）拨号

音频拨号是通过音频声调传递电话号码。音频拨号比脉冲拨号速度更快，而且只需按一个键盘按钮（图 10.98），因此不需要旋转拨号盘。按下一个键就会在键盘中的电子电路中产生音频声调组合，音频声调组

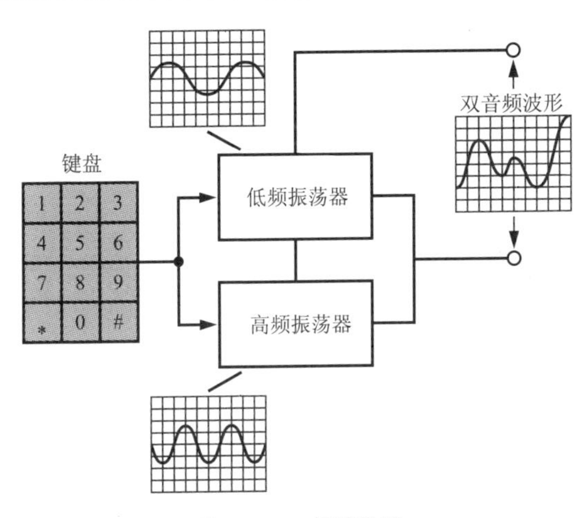

图 10.98　音频拨号

合又被传送到中央处理站以确定电话号码数字。组合音频拨号称为双音多频（DTMF）拨号。双音多频拨号产生的音频对应所按下的数字。

165 报警系统

安全报警系统根据两种基本的防护类型检测入侵者，周界保护和区域保护。周界保护系统可以在大楼周围确保安全，它可以保护任何一个入侵者可能进入的点。为了使周界保护系统更有效，每个可能进入的点都要使用传感器或开关来进行保护。这些进入点包括所有的门和窗口（图10.99）。

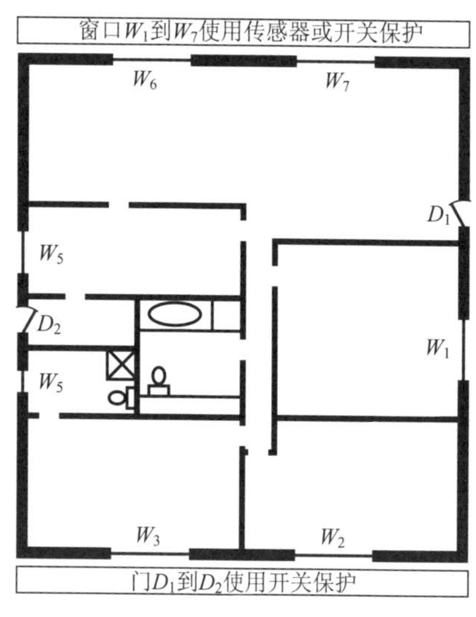

图10.99 周界保护

区域保护是防止入侵者的第二道防线。区域保护系统不检测门和窗户是否打开，而是当入侵者进入大楼后，检测入侵者是否存在。区域保护传感器和探测器比周界保护系统所用器件更高级也更昂贵。这些检测设备通常置于入侵者进入大楼后最有可能通过的地方（图10.100）。最好的安全系统常把周界保护和区域保护联合起来使用。这样做的目的是，当其中一个系统不能正常工作或者当入侵者部分破坏了一个报警系统时，两种保护系统相互补充工作。

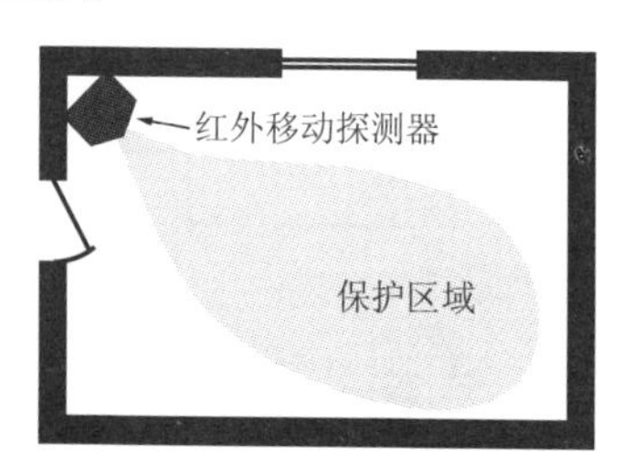

图10.100 区域保护

通常有两种安全报警方式，无线和硬布线系统。对于无线报警系统而言不需要用导线把探测设备连接到控制面板。在无线系统中，控制面板基本上就是一个接收器，而探测设备则是发送器。无线系统很容易安装，但是相对来说也更昂贵而且容易受到无线电频率的干扰。硬布线报警系统安装起来比较困难，但它们的价格相对便宜而且比无线电系统更可靠（图10.101）。

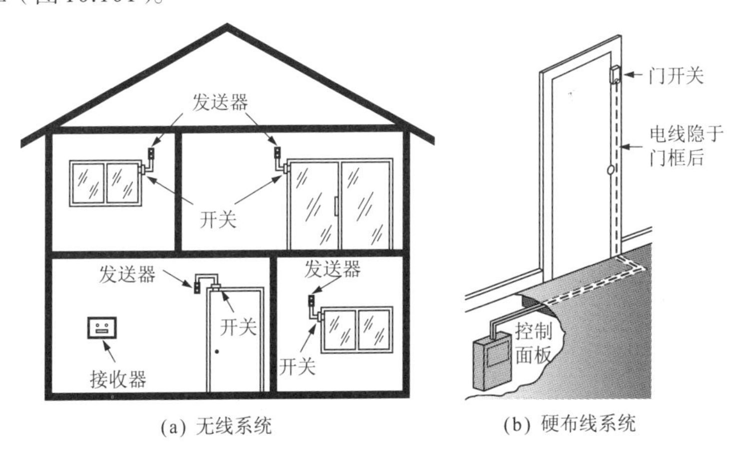

(a) 无线系统　　(b) 硬布线系统

图10.101　报警系统的类型

探测装置相当于报警系统的眼睛和耳朵。磁力开关（图10.102）广泛地应用在门和窗户的周界保护中，它由一个开关和磁铁组成。典型的安装方法是把磁铁安装在门或窗户的活动框上，把开关校准定位地安装在门或窗的固定框架上。移动与开关校准定位的磁铁即打开门或窗户时，就打开或闭合开关触点并激活报警器。

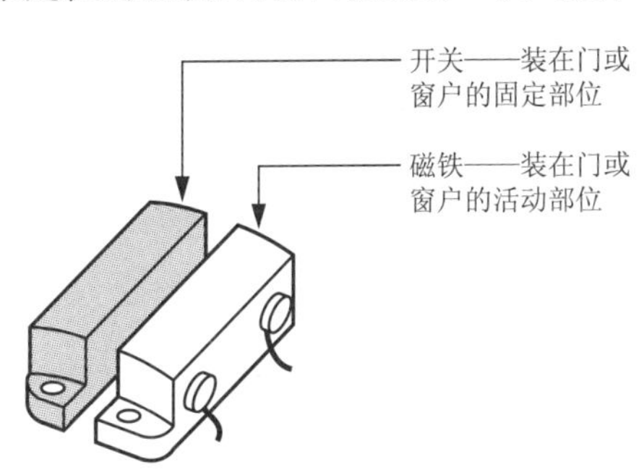

图10.102　磁力开关

对于区域保护来说有三种类型的移动探测器，超声波、红外和微波探测器。微波和超声波报警元件的工作原理与雷达类似。它们发射能量波，当有移动物体干扰这种波时就会激活报警器。被动式红外移动探测器（图10.103）的工作原理与温度计类似，它能检测到红外（或热）能的变化情况。在一般的居住环境中，红外移动探测器是最好的移动探测设备。这种类型的移动传感器比其他设备耗能少而且很少有误报警的情况。

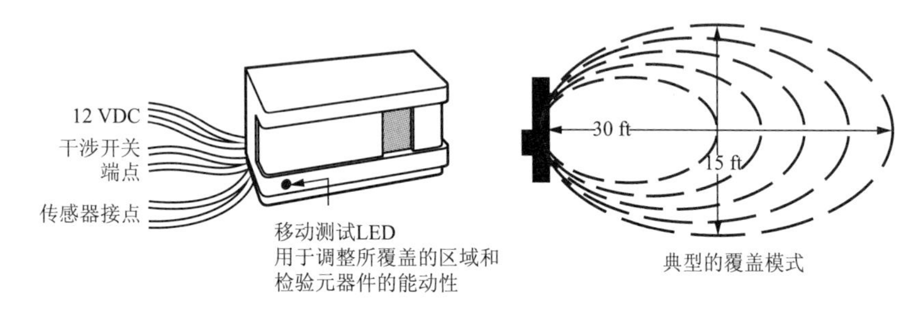

图10.103 被动式红外移动探测器

所有的报警系统都由控制面板、键盘或键开关、发声设备例如电铃或报警器以及探测装置组成（图10.104）。基于微处理器的控制面板是系

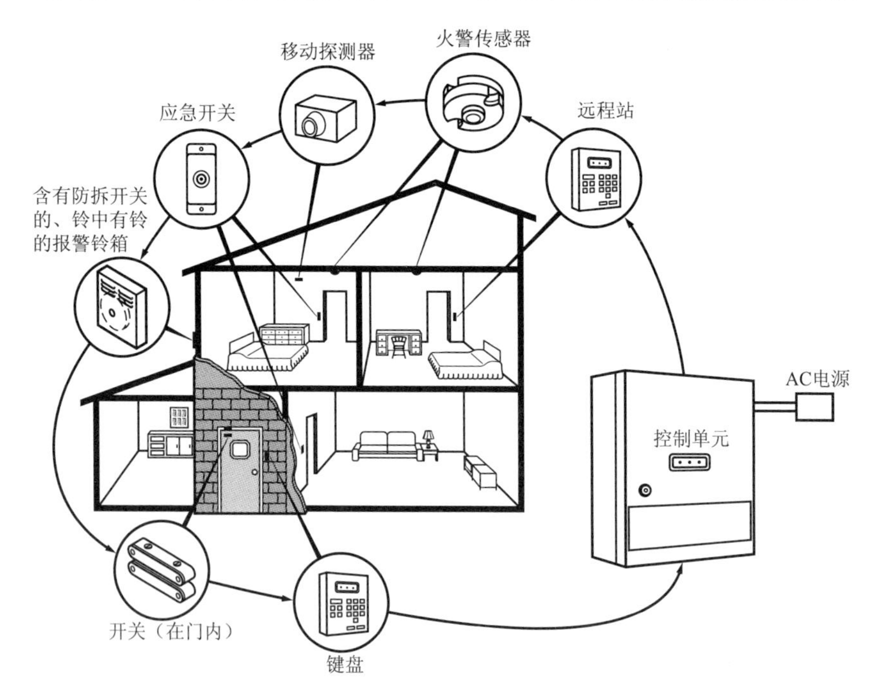

图10.104 一个安全报警系统的基本部件

统的大脑，它可以保存程序信息来控制安全系统的运行。探测装置常位于整个大楼的战略性位置以检测侵扰，然后将信息传给控制面板。键盘或者键开关可以用来设定系统或解除系统。在一些小型的报警系统中，键盘和控制面板合并在一起。

在控制面板中常使用不同类型的环路或电路来开启报警状态。一个常闭（N.C.）回路表示当电路形成或有电流流过时系统处于无误或正常工作状态（图10.105），它由传感器或开关串联而形成。回路一旦有中断就会进入报警状态。常闭环路的应用很广泛，因为它们一直在监视着系统。也就是说如果电路被中断或切断，报警系统就报警。

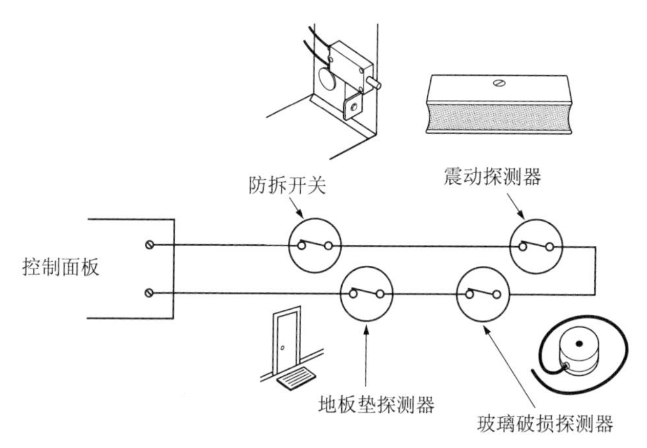

图10.105　典型的常闭（N.C.）电路回路

常开（N.O.）回路表示当电路开路和没有电流流过时，系统处于无误或正常工作状态（图10.106），它由传感器和开关并联而成。闭合电路使电流流过就会进入报警状态。线末端的防护电阻器可以使常开回路自我监督。当导线被切断或中断和接触不良时，系统会发出信号以警告系统存在问题。在系统正常状态时，会有小的预定电流不断地流过线路。如果电流值下降到某一级别时，就会引发问题信号。然而，如果由于传感器闭合了接触端而引起电流大量增加的话，警报也会响起。监视系统的电流取决于线末端防护电阻器的电阻。

当有侵害状况发生时，瞬时回路将引发瞬时警报，而延时回路会延

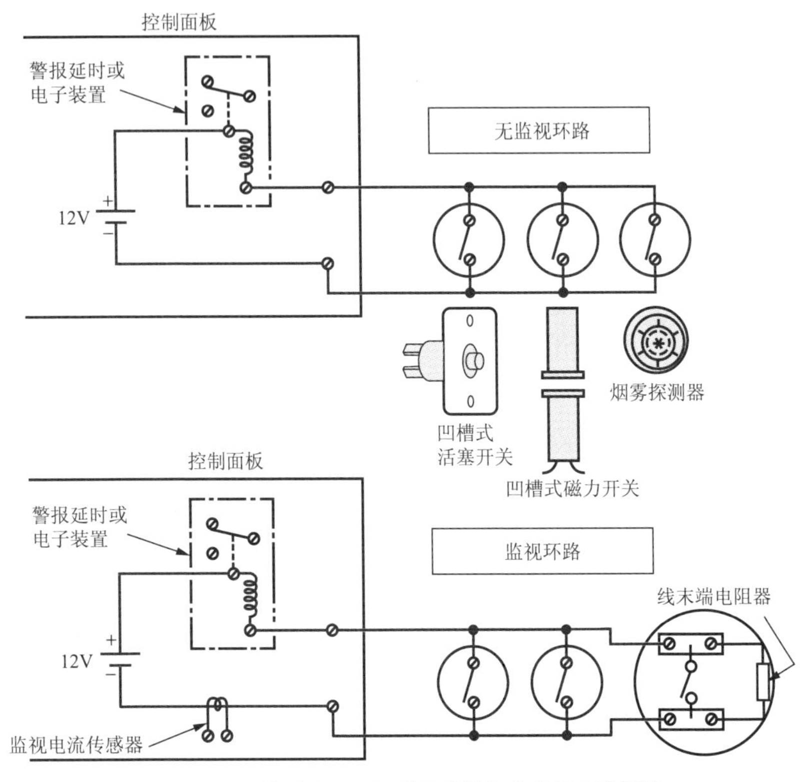

图10.106 常开（N.O.）型无监视和有监视电路回路

时设定的一段时间后报警。出口延时可以使人在警报关闭之前走出门外并使环路恢复到正常状态。而进入延时则可以使人在警报关闭之前进入门内并解除控制面板的控制。报警延时控制调整就是用来设置延迟时间。

不管系统是否设定，24小时保护环路都可以随时激活警报系统。这种保护环路可以应用于火警探测器的监测、应急按钮和防拆开关等方面。

检测电路是一个区域，一般来说，控制面板拥有的区域越大越好（图10.107）。分区电路可以让我们关闭所有想要自由走动区域的报警系统，而确保其他区域仍处于警戒状态。一个环路可代表一个区，或者一个区可以是所有的窗户或者所有的门。在一个家庭中，一个区域可能是所有楼上的区域而不包括楼下区域，每个区域都有其独立的报警环路。

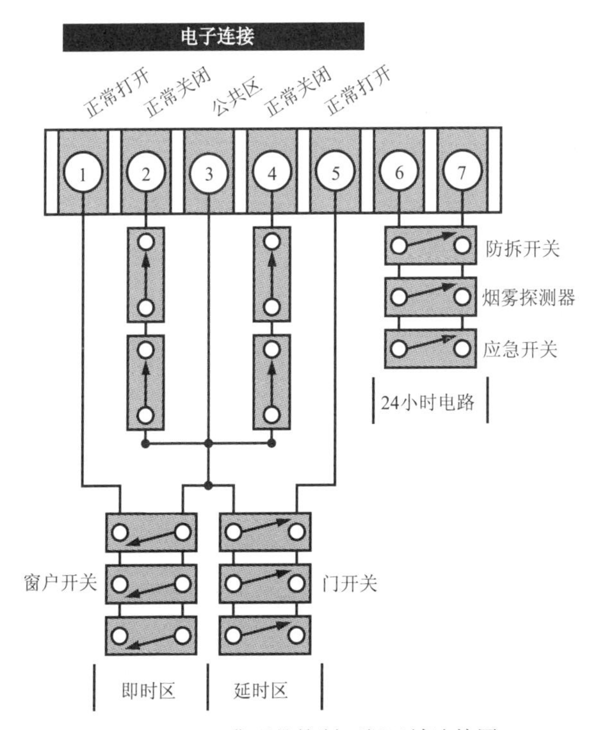

图10.107 典型的控制面板区域连接图

设定报警系统是指让报警系统处于警戒状态的方法。图10.108所示为典型的报警设定装置和指示灯面板。而解除报警系统是指让报警系统处于解除警戒状态的方法。在大多数情况下，设定报警系统和解除报警系统的装置是相同的。常常用LED阵列（发光二极管）的不同颜色来指示系统的状态，它们通过点亮灯光或闪烁的方式告诉人们系统是在什么运行状态，从而使报警系统的操作和应用更为简单。

报警输出装置包括电铃、警报器和闪光灯。在一些社区中有规则限制警报声响的时间长度。超过限制，警报就应该自动停止。报警系统也可以用一个自动电话拨号装置或中心服务站来进行监视。大多情况下如果报警器关闭，中心服务站会要求输入代码。如果代码输入错误，中心服务站就会立刻叫来警察。当交流电断电时，后备电池可以使报警系统继续运行。一般的后备电池包括充电电池和充电电路。

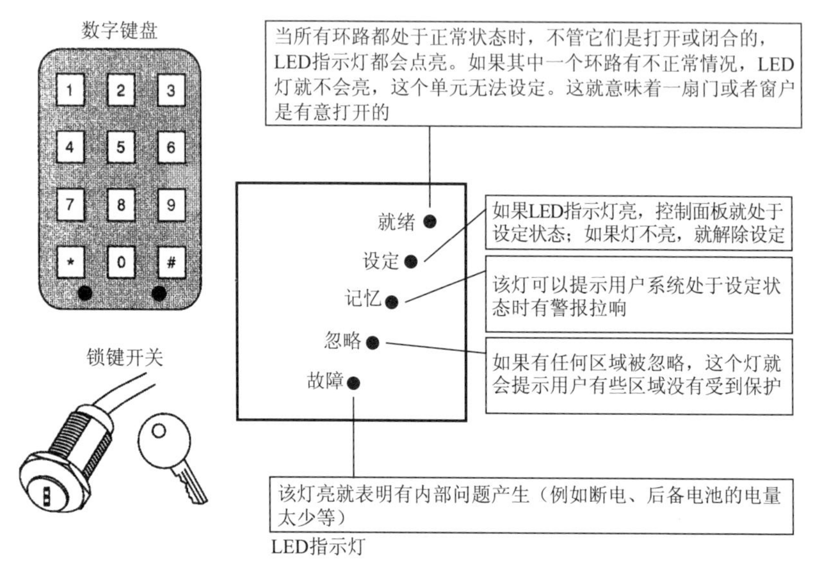

图10.108 典型的报警设定装置和指示灯面板

火灾报警系统可以从探测装置（烟雾探测器、热探测器等）输入端接收信息，然后火灾报警控制面板处理这些信息，并且激活输出装置端（音响或视觉警报、洒水控制器等）。使火灾报警控制面板进入报警状态的设备是启动装置。产生可听见的或可看见的报警信号的设备是指示装置或通知装置。当一栋大楼安装火灾报警系统时，就要按国家消防协会或当地的管辖部门所提出的规程来安装设备。一般情况下，火灾报警系统可分为传统系统和模拟寻址系统。

传统火警系统会使用独立区域布线电路（图10.109），根据启动检测装置的状态而将信息延时传递给控制面板。控制面板会监控整个系统的探测装置的“开/关”状态，利用各自独立的区域有助于精确定位警报的位置。这些系统只需要使用相对来说较便宜的探测装置和火警控制面板即可。传统的火警控制面板常常按控制面板上的区域数或控制面板上的报警点来分类。这些区域是由连接成回路（单线电路）的启动装置组成的。每个区域都会根据这些启动装置的状态而将信息传递给控制面板，这些启动装置包括烟雾、热量或火灾探测器，手动报警按钮或任何电路

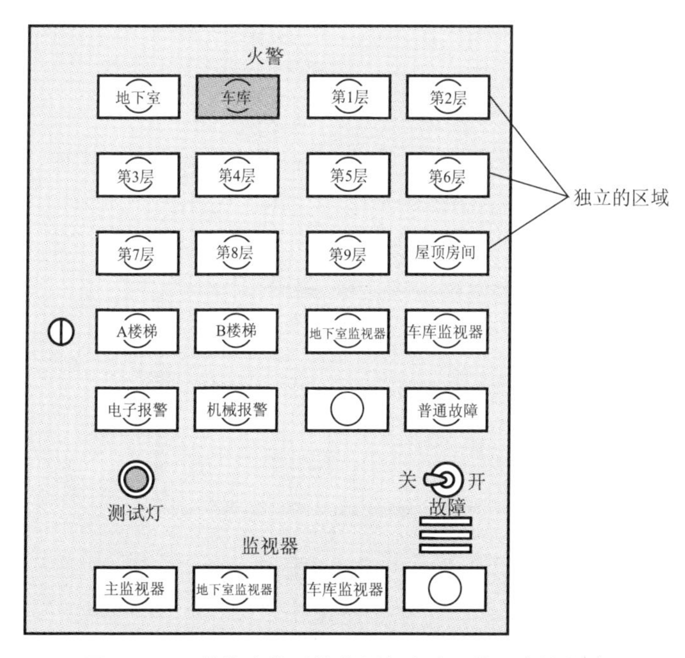

图 10.109 传统火警系统使用各自独立分区布线电路

关闭装置。

模拟寻址火警系统与传统火警系统有一些不同。在模拟寻址火警系统中设备之间像网络那样连接且每个设备都有自己唯一的“地址”（图10.110）。模拟寻址火警系统比传统火警系统对电缆的要求要低，因此可节省大量成本。每个火灾探测单元都有一个唯一的地址，例如烟雾传感器、200房间、第二层，控制面板可以读到并处理这些信息。最终火警控制面板就可以精确地显示出有问题的火灾探测装置的位置，这样就可以加速定位事件发生的位置，而且正是由于这个原因也就不再需要分区域系统，尽管分区域系统有时候很方便。

寻址建筑物火警系统还结合使用了智能装置，这些装置比其他装置更敏锐、更精确。例如智能烟雾探测器，不仅对极少量的烟雾很敏感而且还可以区分烟雾和导致假警报的普通烟，像粉尘或蒸汽之类。使用智能寻址系统可以使假警报的概率降低50%。

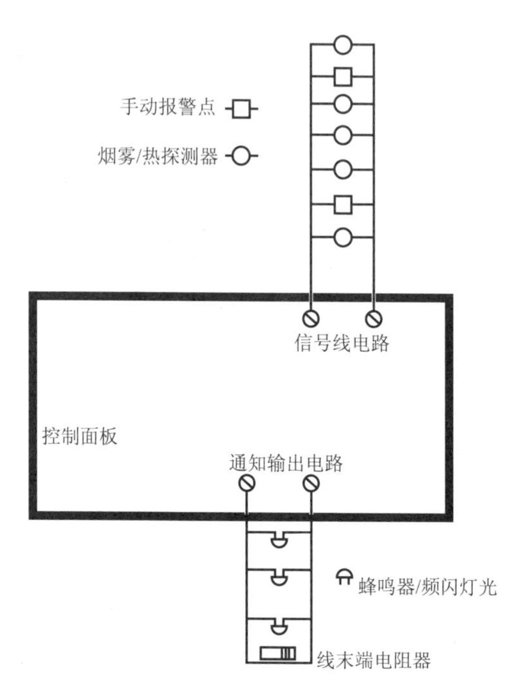

图10.110 在模拟寻址系统中每个设备都有自己唯一的“地址”

模拟寻址火警系统的使用一直很稳定地增长（图10.111）。寻址烟雾探测器一出现，就使得检测系统的布线需求大大减少。网络寻址火灾报

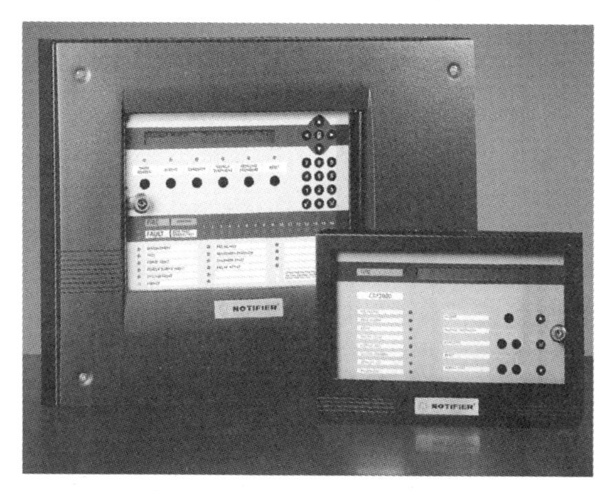

图10.111 典型的模拟寻址火警控制面板

警系统使用一对铜导线来连接多栋建筑物的寻址火灾报警系统，使之形成一个网络。这种安装使用的导线更少而且可以在每个电路中接入更多的设备，这使得安装过程更快、更精确无误。

166 供电和配电盘

建筑物的电力安装包括所有的设备和连接公共电力接入点后的布线。入户供电明确地指从供电配电盘断路装置到公共电力连接接入点的安装部分。配电盘的主电路断路器常常作为供电所要求的断路装置。有时把配电盘置于靠近供电导线的入口端是不可行的。此时就需要提供一种独立的具有过载电流保护装置的供电断路装置，如图10.112所示。

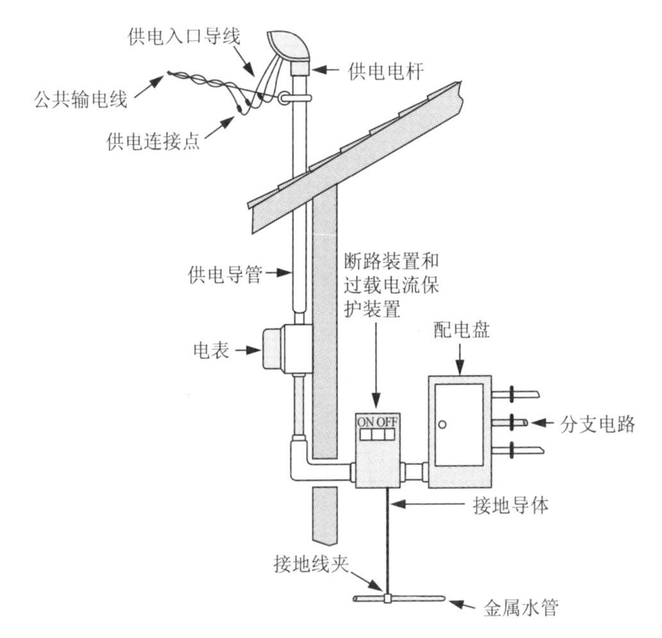

图10.112 入户供电

三线配电系统是指住宅中运行的电力系统布线。这是一种三根导线、单相的60Hz系统，其中包括一个240V的电路和两个120V的电路。所提供的120VAC的电路用于照明和小的便携式设备。另外，240VAC的电路可用于大负荷的设备，例如电炉、烘干机和热水器等。

图10.113所示为三线配电系统的线路图。初级电压在kV范围内，电压会逐步降低为240V，该电压最后出现在变压器次级线圈的两个输出端引线。而变压器中的中心抽头配线将电压分成了两半，将其中120V电压供给在中心抽头配线连接端与输出引线之间。这两根外面的导线称为火线或通电电线，带有黑色或红色的绝缘外套。中心抽头配线在变压器基座上接地（与地面连接），也就是我们常说的中性线。中性线为白色绝缘外套。鉴于安全考虑，通电导线有开关控制且与保险丝或电路断路器串联在电路中。而中性线从住宅主供电电盒中的变压器上接地（与地面连接）。

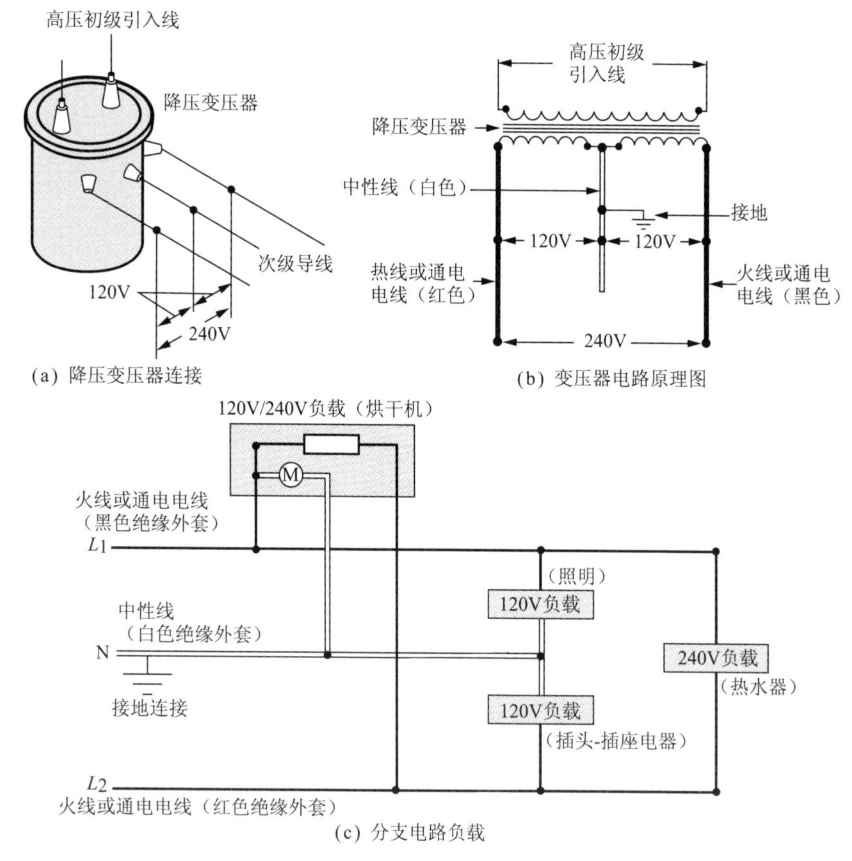

图10.113 住宅用三线配电系统

住宅用供电装置的规格大小是按系统能承受的最大电流来设计的。根据电气规程，一个住户需要有一个最小100A、120/240V的单相三线配电系统。供电装置的额定电流取决于供电装置连接的公共输电线连接点到配电盘之间的导线规格。如果保护恰当，额定电流与主保险丝或断路器的额定电流值应该相同。实际的供电装置所要求的规格大小是基于主要的设备负载和安装在房间里的其他设备以及所需要的分支电路的数量和类型来计算。一些管辖规程要求新房间的最低供电电流大小为150A，而较为常见的是一般住户为200A。

图10.114所示为一个典型的住宅供电装置布线图。根据规定，具有

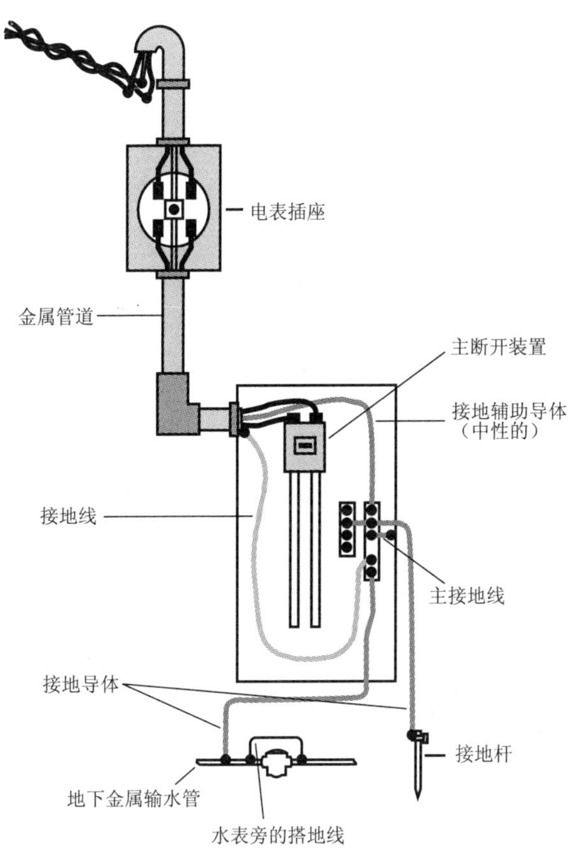

图10.114 典型的住宅供电装置布线图

独立导线的供电装置电缆或导管可作为供电装置的主输电线。一般情况下，AWG2标准的铜导线可用于100A的装置中，而AWG3/0的标准铜导线则可应用于200A的装置中。白色的中性线没有开关也没有接入保险丝，它与中性端子块相连接并且通过一个可靠的接地系统与地面连接。两根火线与主电路断路器和许多次级电路断路器串联，从而保护住宅中的分支电路。

图10.115所示为典型的支路断路器配电盘连接方式。为了连接一个120V的电路，火线从任何一个单刀断路器接出，而中性线从中性端块处接出。电气规程要求在240V电路中使用双刀断路器，这样两根火线都可以受到保护，而且可以一起被打开或关闭。

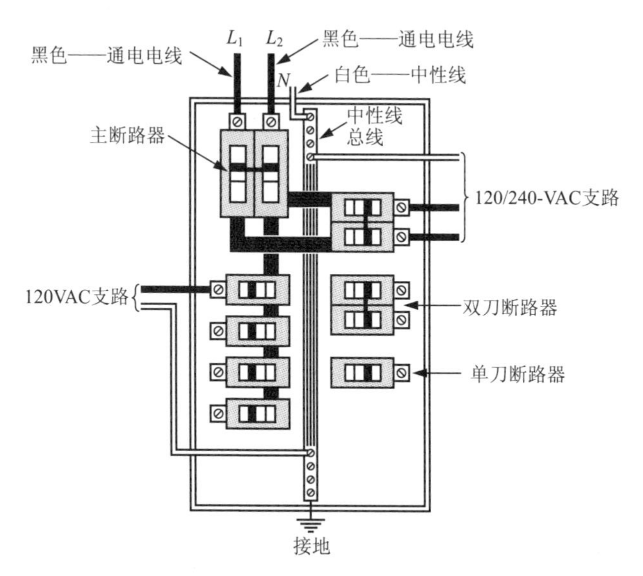

图10.115 典型的支路断路器配电盘连接方式

大多数电路断路器都会插入它们的终端设备（图10.116）。常常把断路器的一端插入一个剪切凹槽中，然后将接口夹入另一端的空穴中。配电盘外壳有脱模空位以配合每个断路器。需要安装多少断路器就移开多少空位。如果仍有空位，只有需要安装其他电路时才会移开空位。

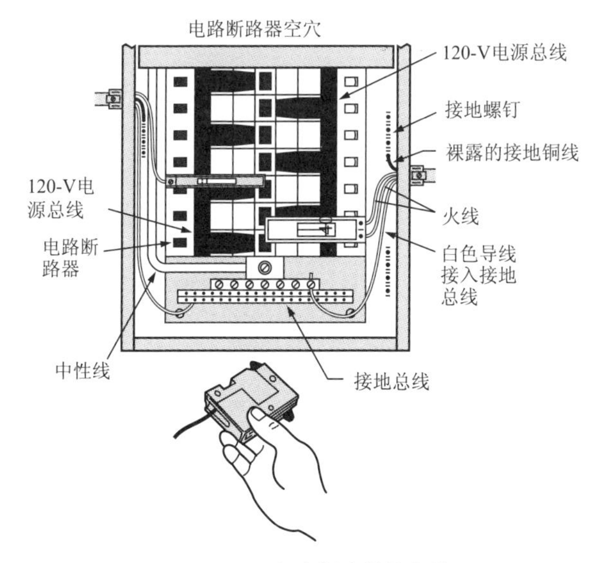

图10.116　电路断路器的安装

零基础轻松学电工技术

畅销书作者最新力作

全方位解读电工技术

科学出版社

科龙图书读者意见反馈表

书　　名 ________________________

个人资料

姓　　名：__________ 年　　龄：__________ 联系电话：__________

专　　业：__________ 学　　历：__________ 所从事行业：__________

通信地址：________________________ 邮　　编：__________

E-mail：________________________

宝贵意见

◆ 您能接受的此类图书的定价

20 元以内□　30 元以内□　50 元以内□　100 元以内□　均可接受□

◆ 您购本书的主要原因有(可多选)

学习参考□　教材□　业务需要□　其他 __________

◆ 您认为本书需要改进的地方(或者您未来的需要)

____

____

◆ 您读过的好书(或者对您有帮助的图书)

____

____

◆ 您希望看到哪些方面的新图书

____

____

◆ 您对我社的其他建议

____

____

谢谢您关注本书！您的建议和意见将成为我们进一步提高工作的重要参考。我社承诺对读者信息予以保密，仅用于图书质量改进和向读者快递新书信息工作。对于已经购买我社图书并回执本“科龙图书读者意见反馈表”的读者，我们将为您建立服务档案，并定期给您发送我社的出版资讯或目录；同时将定期抽取幸运读者，赠送我社出版的新书。如果您发现本书的内容有个别错误或纰漏，烦请另附勘误表。

回执地址：北京市朝阳区华严北里 11 号楼 3 层

科学出版社东方科龙图文有限公司电工电子编辑部(收)

邮编：100029